財務管理

主　編／陶水俠、王青亞
副主編／肖　飛、馬香品、李玉銘

財經錢線

前 言

當前產業結構不斷調整，經濟環境和信息技術不斷變化，財務會計職能的發展趨勢——「財務業務一體化、管理會計升級、共享財務、財務引領價值創造」，驅使著我們對目前的人才培養模式、課程內容、教學方法等進行再思考，明確新經濟環境下對於財務管理專業人才的知識結構、實踐應用能力需求等。為了努力適應會計環境和教育環境的變化，培養「應用型」人才，編制與之相適應的「應用型」本科教材勢在必行。

「財務管理」作為本科院校財務管理、會計學、審計學專業的一門主幹課程，教學的重點是激發學生的好奇心、求知欲，培養學生自主學習、獨立思考的能力，鼓勵學生發現問題、提出問題和解決問題，提高學生的籌劃、分析、決策能力。因此，我們著重於學生應用能力的培養，本書從結構到內容，力求有所突破，有所創新，主要體現在以下兩點：

（1）體現財務管理在理論、實踐與政策三個方面的有機統一。本書根據財務管理理論和實踐的特點，致力於培養學生分析問題、解決問題的專業能力。本書可以作為應用型本科相關專業的教材，也可作為自學教材及在職人員的培訓教材，對企業財務管理人員也有重要的參考價值。

（2）本書是遵循提出問題→分析問題→解決問題的思路編寫的。每個章節都通過「案例導讀」引導學生進入本章節知識的學習，課後通過「思考與練習」提高學生解決問題的能力，為學生設計了一個較為科學的知識體系，以幫助其更輕鬆、有效地學習財務管理這門學科。

本書共分為十一個章節，由陶水俠、王青亞擔任主編並負責統稿，肖飛、馬香品、李玉銘老師參與編寫。第1~3章由陶水俠執筆，第4~5章由肖飛執筆，第6~7章由王青亞執筆，第8~9章由馬香品執筆，第10~11章由李玉銘執筆。由於編者水平有限，本書可能存在不足之處，恭請廣大師生和讀者批評指正。

編者

目 錄

第一章　總論 ……………………………………………………………（1）
  第一節　企業財務管理概述 ………………………………………（1）
  第二節　企業財務管理目標 ………………………………………（7）
  第三節　企業財務管理原則 ………………………………………（13）
  第四節　企業財務管理環境 ………………………………………（19）
  思考與練習 …………………………………………………………（25）

第二章　貨幣時間價值與風險分析 ……………………………………（28）
  第一節　貨幣時間價值 ……………………………………………（28）
  第二節　風險和收益 ………………………………………………（40）
  思考與練習 …………………………………………………………（52）

第三章　財務分析 ………………………………………………………（55）
  第一節　財務分析概述 ……………………………………………（55）
  第二節　財務分析的方法 …………………………………………（59）
  第三節　財務比率分析 ……………………………………………（63）
  思考與練習 …………………………………………………………（82）

第四章　籌資管理 ………………………………………………………（87）
  第一節　籌資概述 …………………………………………………（87）
  第二節　企業資金需要量預測 ……………………………………（93）
  第三節　權益資金的籌集 …………………………………………（95）
  第四節　負債資金的籌集 …………………………………………（100）
  思考與練習 …………………………………………………………（111）

第五章　資金成本和資本結構 ……………………………………………… (113)

 第一節　資金成本觀念 …………………………………………………… (114)

 第二節　槓桿收益與風險 ………………………………………………… (123)

 第三節　資本結構決策與優化 …………………………………………… (130)

 思考與練習 ………………………………………………………………… (137)

第六章　投資管理 …………………………………………………………… (141)

 第一節　投資的含義與特點 ……………………………………………… (141)

 第二節　投資的分類與內容 ……………………………………………… (142)

 第三節　項目投資的相關概念 …………………………………………… (145)

 第四節　現金流量及淨現金流量的確定 ………………………………… (148)

 第五節　項目投資決策的方法 …………………………………………… (151)

 第六節　項目投資決策評價指標的運用 ………………………………… (160)

 思考與練習 ………………………………………………………………… (163)

第七章　營運資金管理 ……………………………………………………… (165)

 第一節　營運資金的含義與特點 ………………………………………… (165)

 第二節　現金管理 ………………………………………………………… (167)

 第三節　應收帳款管理 …………………………………………………… (176)

 第四節　存貨管理 ………………………………………………………… (184)

 第五節　銀行短期借款 …………………………………………………… (194)

 第六節　商業信用 ………………………………………………………… (197)

 第七節　短期融資券 ……………………………………………………… (200)

 思考與練習 ………………………………………………………………… (203)

第八章　股利分配管理 ……………………………………………………… (206)

 第一節　利潤分配概述 …………………………………………………… (207)

 第二節　股利理論 ………………………………………………………… (210)

第三節　股利政策 ……………………………………………………（212）
　　第四節　股票分割與股票回購 ………………………………………（217）
　　思考與練習 ……………………………………………………………（220）

第九章　企業併購與收購 …………………………………………（223）
　　第一節　企業兼併與收購概述 ………………………………………（224）
　　第二節　企業併購的成本效益分析 …………………………………（232）
　　思考與練習 ……………………………………………………………（237）

第十章　企業重組、破產與清算 …………………………………（241）
　　第一節　企業重組 ……………………………………………………（243）
　　第二節　企業破產和清算 ……………………………………………（246）
　　思考與練習 ……………………………………………………………（250）

第十一章　財務控製 ………………………………………………（252）
　　第一節　財務控製概述 ………………………………………………（254）
　　第二節　責任中心 ……………………………………………………（256）
　　第三節　內部轉移價格 ………………………………………………（261）
　　思考與練習 ……………………………………………………………（263）

參考文獻 ……………………………………………………………（264）

附錄　常用貨幣時間價值係數表 …………………………………（265）

第一章　總論

案例導讀：

　　馬里奧·瓦倫丁擁有一家經營十分成功的汽車經銷商店——瓦倫丁商店。25年來，瓦倫丁一直堅持獨資經營，身兼所有者和管理者兩職。目前他已經70多歲了，打算從管理崗位退下來，但他希望商店仍能掌握在家族手裡，他的長遠目標是將這份產業留給自己的兒孫。

　　瓦倫丁正在考慮是否應該將他的商店轉為股份制經營。如果他將商店改組為股份公司，那麼他將可以給自己的每一位兒孫留下數目合適的股份。另外，他可以將商店整個留給兒孫們讓他們進行合夥經營。為了能夠選擇正確的企業組織形式，瓦倫丁制定了一系列目標。

　　（1）所有權。瓦倫丁希望他的兩個兒子各擁有25%的股份，五個孫子各擁有10%的股份。

　　（2）經營權。瓦倫丁希望即使發生兒孫死亡或放棄所有權的情況也不會影響經營的存續性。

　　（3）管理。當瓦倫丁退休後，他希望將產業交給一位長期服務於商店的雇員喬漢茲來管理。因為他不相信家族成員有足夠的時間和經驗來完成日常的管理工作。事實上，瓦倫丁認為他有兩個孫子根本不具有經濟頭腦，所以他並不希望他們參與管理。

　　（4）所得稅。瓦倫丁希望產業所採用的組織形式可以盡可能減少他的兒孫們應繳納的稅金。他希望每年的經營所得都可以盡可能多地分配給商店的所有人。

　　（5）所有者的債務。瓦倫丁知道經營汽車商店會出現諸如對顧客汽車修理不當而發生車禍之類的意外事故，這要求商店有大量的資金。雖然商店已投了保，但他還是希望能夠確保在商店發生損失時，他的兒孫們的個人財產不受任何影響。

　　資料來源：王化成. 財務管理教學案例［M］. 北京：中國人民大學出版社，2000.

第一節　企業財務管理概述

一、企業組織形式

　　企業一般是指以營利為目的，運用土地、勞動力、資本和技術等各種生產要素，向市場提供商品或服務，實行自主經營、自負盈虧、獨立核算的具有法人資格的社會

經濟組織。從本質上來看，企業可以配置資源，能夠實現整個社會經濟資源的優化配置，降低整個社會的交易成本。

企業的組織形式是法定的，但在市場經濟條件下，生產力的發展水平是多層次的。企業的組織形式依法律形式為標準來劃分有三種類型：獨資企業、合夥制企業和公司制企業。

（一）獨資企業

獨資企業也稱為業主制企業，是由一個自然人投資並興辦的企業，其業主享有全部的經營所得，同時對債務負有完全責任。獨資企業易與建立，企業內部結構簡單，開辦費用低，政府限制少；業主對儲蓄等各種個人財產進行投資，擁有企業完全的經營管理與決策權，獨自享有公司盈餘，獨自承擔風險；業主擁有企業的全部財產，個人資產與企業資產一致，並對企業債務承擔無限責任；獨資企業的收入即為業主個人的收入，以此為依據計算繳納個人所得稅，而不是企業所得稅；獨資企業的規模都較小，經營者和所有者合一，經營方式靈活，建立和停業程序簡單。這些優點使這種組織形式的企業在發達資本主義國家佔有相當大的比重（主要是中小型企業）。缺點是受自身財力所限，抵禦風險的能力較弱。

（二）合夥制企業

合夥制企業是由兩個以上的自然人訂立合夥協議，共同出資、合夥經營、共享收益和共擔風險，對合夥企業債務承擔無限連帶責任的營利性組織。合夥制企業按其合夥業主對企業在企業債務所負責任的不同，又分為普通合夥制和有限合夥制兩種。合夥制企業與獨資企業在許多方面有類似之處，但又有其自身的特點。

合夥制企業容易組成，開辦費用較低，但在開辦時，不論是何種合夥制企業都應有相關的書面文件；合夥制企業中普通合夥人對合夥企業債務承擔無限連帶責任，有限合夥人以其認繳的出資額為限對合夥企業債務承擔責任；合夥制企業實現的盈餘，有限合夥人按預定比例分紅，普通合夥人按合約分配其餘收入，並以此為依據計算繳納個人所得稅。有限合夥人不得以勞務和信用出資，只能以貨幣、實物或其他財產出資，而普通合夥人則不受上述限制，在出資方式上更為靈活。普通合夥制企業的產權轉讓必須經全體合夥人一致同意，但有限合夥人對其在企業所擁有的權益有轉讓權；合夥制企業的權益資本總量取決於合夥人自身的財力，企業要籌集更多的資金難度很大。

（三）公司制企業

公司制企業是企業組織發展到一定階段的高層次組織形式。公司制企業依法設立並享有民事權利，承擔民事責任。股東作為出資者，依其投資額的大小享有收益權、重大決策表決權，並以其出資為限對公司承擔有限責任。中國的公司制企業主要有兩種組織形式：股份有限責任公司和有限責任公司。

股份有限責任公司，簡稱股份有限公司，是指全部註冊資金由等額股份構成並通過發行股票籌集資本的企業法人。股份有限公司的基本特徵：一是將公司的資本總額劃分為等額且每股金額相等的股份，以股份形式向投資者發行，投資者以其所持有股

份為限對公司承擔責任，公司以全部資產對公司債務承擔責任；二是公司發行的股票同股同權、同股同利，投資者持有的股票可依法自由轉讓；三是股份有限公司的股東人數有下限而無上限，股東可以是自然人，也可以是法人；四是公司涉及大量公開信息的披露，如公司章程、發行公告、股東大會決議、經過註冊會計師審計的年度財務報告等。

有限責任公司，是指由兩個以上五十個以下的股東共同出資，每個股東以其認繳的出資額為限對公司承擔責任，公司以其全部資產對公司債務承擔責任。有限責任公司的基本特徵如下：一是設立程序比股份有限公司簡單，一般沒有公開信息披露義務；二是公司資本無須劃分為等額股份，公司向股東簽發出資證明，而不是發行股票；三是股東持有的證明可在公司內部股東之間相互轉讓，而不能在市場上自由買賣；四是股東人數有限額；五是股東按出資比例享受權利和承擔義務。

企業各種組織形式的比較如表1-1所示。

表1-1　　　　　　　　　　企業組織形式的比較

內容	獨資企業	合夥制企業	有限責任公司	股份有限公司
管理	獨資人擁有和經營企業	普通合夥人擁有和經營企業。任命普通合夥人之一為經理，合夥協議規定其經營和管理權限	公司擁有和經營企業，員工管理企業	公司擁有和經營企業，員工管理企業
責任性質	獨資人承擔全部責任	普通合夥人對企業的全部義務以及任意合夥人發生的特定負債負責；有限合夥人除特別承擔的義務，不對企業的義務負責	股東不對公司的財務義務直接負責	股東對公司的財務義務不承擔責任
責任大小	責任無限	普通合夥人的責任是無限的，有限合夥人的責任以出資額為限	限於所投入的權益	限於所投入的權益

二、企業財務管理管理對象

英文「financial management」「corporate finance」中的「finance」「financial」有財務、金融、財政、籌措資金、理財等多種含義，但都與「錢」的獲取、運用和管理有關，即理財。通常，當涉及微觀層面的內容時，人們習慣上稱「finance」為財務，如公司財務、財務狀況、財務報表等；當涉及宏觀層面的內容時，習慣上稱其為金融、財政。

企業財務管理主要是對資金的管理，其對象是資金及其週轉。資金週轉的起點和終點都是貨幣資金，其他資產是貨幣資金在週轉過程中的轉化形式，因此，財務管理的對象也可以說是資金運動。企業財務管理也會涉及成本、收入和利潤等問題。從財務的觀點來看，成本和費用是貨幣資金的耗費，收入和利潤是貨幣資金的來源。企業財務管理主要在這種意義上研究成本和收入。

資金的循環週轉有多種途徑。例如，企業進行生產經營活動，首先要用貨幣資金去購買材料物資，為生產過程做準備；生產產品時，再到倉庫領取材料物資；生產出產品後，還要對外銷售，銷售後還應收回已售產品的貨款。這樣，製造業企業的資金就陸續經過供應過程、生產過程和銷售過程。資金的形態也在發生變化，用貨幣購買

材料物資的時候，貨幣資金轉化為儲備資金（材料物資等所占用的資金）；車間生產產品領用材料物資時，儲備資金又轉化為生產資金（生產過程中各種在產品所占用的資金）；將車間加工完畢的產品驗收到產成品庫後，生產資金又轉化為成品資金（待售產成品或自製半成品占用的資金，簡稱成品資金）；將產成品出售又收回貨幣資金時，成品資金又轉化為貨幣資金。在以上的資金週轉中，還應考慮固定資產的價值轉移問題。企業用貨幣購買的固定資產在生產產品的過程中要逐漸損耗掉，其價值逐漸轉移到新生產出來的成品中去。因此，每一單位產品的價值都包含了一部分固定資產的轉移價值。為了維持生產能力，企業必須將部分回攏的資金投資於購買新的固定資產。初始現金在購買材料和固定資產上的現金週轉速度不同，即從現金開始投入到收回現金所需的時間不同。購買材料的現金可能一個月以內就可以回流，購買機器的現金可能需要許多年才能全部返回現金狀態。總之，整個資金循環和週轉的目的就是使循環產生的現金超過初始現金。

三、企業財務活動與財務關係

（一）企業財務活動

企業資金運動過程的各階段總是與一定的財務活動相對應。所謂財務活動是指企業資金的籌集、投放、營運及收益分配等活動。

1. 資金籌集引起的財務活動

企業無論是新建、擴建，還是組織正常的生產經營活動，都必須以能夠佔有和支配一定數量的資金為前提。企業可以通過發行股票和債券、吸收直接投資等各種籌資方式籌集資金，表現為企業資金的流入。企業償還借款、支付利息、分配股利以及支付各種籌資費用，則表現為企業資金的流出。這種由資金籌集而產生的資金流入流出，就是籌資引起的企業中最基本的財務活動。企業籌資活動的結果，一方面表現為取得所需要的貨幣形態和非貨幣形態的資金，另一方面表現為形成了一定的資金結構。

2. 資金投放引起的財務活動

企業取得資金後，必須將資金投入使用，以謀求最大的經濟利益；否則，籌資就失去了目的和意義。投資可分為廣義的投資和狹義的投資。廣義的投資是指企業將籌集的資金投入使用的過程，包括企業將資金投入企業內部使用的過程（如購置固定資產、無形資產等）和對外投放資金的過程（如投資購買其他企業的股票、債券或與其他企業聯營）；而狹義的投資僅指對外投資。無論企業購買內部所需資產，還是購買各種有價證券，都需要支付資金，這表現為企業資金的流出，而當企業變賣其對內投資的各種資產或收回其對外投資時，則會產生企業資金的流入。這種因企業投資活動而產生的資金的流動，便是由投資引起的財務活動。企業投資活動的結果是形成各種具體形態的資產及一定的資產結構。

3. 資金營運引起的財務活動

資金營運活動是指日常生產經營活動中所發生的一系列資金的收付活動。首先，企業要採購材料或商品，以便從事生產和消費活動，同時，還要支付工資和其他營業費用；其次，當企業把產品或商品售出後，便可取得收入，收回資金；最後，企業在

生產經營過程中還會形成應付帳款等債務，並最終需要償還。這種因企業日常生產經營活動而產生的資金流入流出屬於企業經營引起的財務活動，都稱為資產營運活動。相較於其他財務活動而言，資產營運活動是最頻繁的財務活動。資金營運活動圍繞著營運資金展開，如何加快營運資金的週轉，提高營運資金的利用效果，是資金營運活動的關鍵。

4. 收益分配引起的財務活動

企業通過投資活動和資金營運活動會取得一定的收入，並相應實現資本的增值。企業必須依據現行法律和法規對企業取得的各項收入進行分配。所謂收入分配，廣義地講，是指對各項收入進行分割和分派的過程，這一分配的過程分為企業取得的銷售收入要用以彌補生產經營損耗費，繳納流轉稅，剩餘部分形成企業的營業毛利，營業毛利考慮企業的期間費用、投資收益後構成企業的營業利潤；營業利潤和營業外收支淨額等構成企業的利潤總額；利潤總額首先要按法律規定繳納所得稅，繳納所得稅後形成淨利潤；淨利潤在彌補虧損後要提取盈餘公積金，然後向投資者分配利潤。狹義地說，收益分配僅指淨利潤的分派過程，即廣義分配的第四個層次。

上述四項財務活動並非孤立、互不相關的，而是相互依存、相互制約的，它們構成了完整的企業財務活動體系，這也是財務管理活動的基本內容。

(二) 企業財務關係

企業財務關係是指企業在組織財務活動過程中與各有關方面發生的各種各樣的經濟利益關係。企業進行籌資、投資、營運及收益分配，會因交易雙方在經濟活動中所處的地位不同，各自擁有的權利、承擔的義務和追求的經濟利益不同而形成不同性質和特色的財務關係。

(三) 企業與投資者之間的財務關係

企業與投資者之間的財務關係是指企業的投資者，包括國家、法人、個人和外商向企業投入資金，企業向其支付投資報酬而形成的經濟利益關係。一方面，企業投資者要按照投資合同或協議、章程的約定履行出資義務，以便及時形成企業的資本；另一方面，企業利用投資者投入的資金進行經營，並按照出資比例或合同章程的規定，向投資者支付投資報酬。這種關係體現了經營權和所有權分離的特點。

(四) 企業與債權人之間的財務關係

企業與債權人之間的財務關係，主要是指企業向債權人借入資金，並按借款合同的規定按時還本付息所形成的經濟關係。企業除利用投資者投入的資本進行經營活動外，還要借入一定數量的債務資本，以擴大企業經營規模，並相應降低企業的資本成本。企業的債權人主要有本公司債券持有人、金融信貸機構、商業信用提供者及其他出借資金給企業的單位或個人。企業利用債權人的資金，要按約定的利率及時向債權人支付利息。債務到期時，企業要合理調度資金，按時向債權人償還本金。

(五) 企業與受資者之間的關係

企業可以將生產經營中閒置下來、遊離於生產過程以外的資金投放於其他企業，

形成對外的股權性投資。企業向外單位投資應當按照合同、協議的規定，按時、足額地履行出資義務，以取得相應的股份從而參與被投資企業的經營管理和利潤分配。被投資企業在形成收益後必須將實現的稅後利潤按照規定的分配方案在不同的投資者之間進行分配。企業與被投資者之間的財務關係表現為所有權性質上的投資與受益關係。

（六）企業與債務人之間的財務關係

企業與債務人之間的財務關係主要是指企業將資金通過購買債券、提供借款或商業信用等形式出借給其他單位而形成的經濟利益關係。企業將出資出借後，有權要求債務人按照事先約定的條件支付利息和償還本金。企業與債務人之間的財務關係體現為債權與債務的關係。

（七）企業與政府之間的財務關係

企業從事生產經營活動所取得的各項收入應按照稅法的規定依法納稅，從而形成企業與國家稅務機關之間的財務關係。在市場經濟條件下，任何企業都有依法納稅的義務，以保證國家財政收入的實現，滿足社會公共需要。因此，企業與國家稅務機關之間的財務關係體現為企業在妥善安排稅收戰略籌劃基礎上依法納稅和依法徵稅的權利、義務關係，是一種強制和無償的分配關係。

（八）企業與內部各單位之間的財務關係

企業內部各單位之間的財務關係是指企業內部各單位之間在生產經營各環節中相互提供產品或勞務所形成的經濟利益關係。企業在生產經營活動中，由於分工協作會產生內部各單位相互提供產品或勞務的情況，在實行內部獨立核算以及履行經營責任制的要求下，各單位相互提供產品、勞務應按照獨立企業的原則計價結算，從而形成內部的資金結算關係和利益分配關係，體現的是內部單位之間的關聯關係。

（九）企業與職工之間的財務關係

企業與職工之間的財務關係是在企業向職工支付勞務報酬的過程中形成的經濟利益關係。它主要表現為：企業接受職工提供的勞務，並從營業所得中按照一定的標準向職工支付工資、獎金、津貼、社會保險和住房公積金，並按規定提取公益金等。此外，企業還可根據自身發展的需要，為職工提供培訓的機會等。這種企業與職工之間的財務關係屬於勞動成果上的分配關係。

企業財務是指企業在生產經營過程中客觀存在的資金運動及其所體現的經濟利益關係。前者稱為財務活動，表現企業財務的內容和形式特徵；後者稱為財務關係，揭示了企業財務的實質。因此，企業財務管理是組織財務活動，處理財務關係的一項價值管理工作。它涉及面廣，靈敏度高，綜合性強。

四、企業財務管理環節

企業財務管理的基本環節是指財務管理的一般工作步驟和程序。財務管理的環節是否嚴密、科學和完善，直接關係到企業管理工作的成敗。實踐表明，一個完善的財務管理系統至少應包括財務預測、財務決策、財務預算、財務控制和財務分析五個基

本環節。

　　財務預測是根據企業以往的歷史資料，結合現實條件與企業未來發展的前景，運用特定方法對企業預測期的財務活動和財務成果做出科學的預計或測算。財務預測可以提高企業財務活動的自覺性，為財務決策和財務預算奠定堅實的信息基礎。財務預測所採用的方法主要有兩種：一種是定性預測，是指企業在缺乏完整的歷史資料或有關變量之間不存在較為明顯的數量關係下，專業人士進行的主觀判斷與推測；另一種是定量預測，是指企業根據比較完備的資料，運用數學方法，建立數學模型，對事物的未來進行的預測。在實際工作中，通常將兩者結合起來進行財務預測。

　　財務決策是財務人員在財務目標的總體要求下，運用專門的方法從各種備選方案中選出最滿意方案的過程。在現代企業財務管理系統中，財務決策是核心，決定著企業未來的發展方向，關係到企業的興衰成敗。它一般包括三個步驟的工作：確定決策目標，提出備選方案，選擇最滿意方案。

　　財務預算是以財務決策確立的方案和財務預測提供的信息為基礎編制的，是財務預測和財務決策所確定的經營目標的系統化、具體化，是控制、分析財務收支的依據。財務預算是運用先進的技術手段和方法，對預算目標進行綜合平衡，制定出主要的計劃指標的過程。它一般包括三個步驟的工作：分析財務環境，確定預算指標；協調財務能力，組織綜合平衡；選擇運算方法，編制財務預算。

　　財務控製是保證財務目標和財務計劃得以實現的重要手段。財務管理機構及人員以財務制度或預算指標為依據，採用特定的手段和方法，對各項財務收支進行日常的計算、審核和調節，將其控製在制度和預算規定的範圍之內，發現偏差時，及時進行糾正，以保證企業目標實現的過程就是財務控製。它一般包括三個步驟的工作：分析指標，落實責任；計算誤差，實時調控；考核業績，獎優罰劣。

　　財務分析是以財務報告為主要依據，對企業一定時期的財務活動和財務成果所做的分析和評價。財務分析既是本期財務活動的總結，也是下期財務預測的前提，具有承上啓下的作用。通過財務分析，企業可以掌握財務預測的完成情況，評價財務狀況，研究和掌握企業財務活動的規律，改善財務預測、財務決策、財務預算和財務控製，提高企業財務管理水平。

第二節　　企業財務管理目標

　　企業的目標是增加企業價值，創造社會財富。企業財務管理目標是為企業目標服務的，所以企業財務管理目標是企業組織財務活動、處理財務關係的根本目的，是一切理財活動的出發點和歸宿，是企業理財活動想要達到的目的，是評價企業財務活動合理性的標準，決定著企業財務管理的基本方向。

一、企業財務管理目標理論

　　隨著經濟的發展，人們對企業財務目標的認識是不同的，在理論界關於企業財務

管理目標的觀點很多，主要有三種具有代表性的理論。

(一) 利潤最大化

利潤最大化是西方微觀經濟學的理論基礎。西方經濟學家以往都是以利潤最大化這一概念來分析和評價企業行為和業績的。這種觀點認為，企業是營利性經濟組織，將利潤最大化作為企業的發展目標有其合理性。因為利潤是企業新創造的價值，是企業的新財富，是企業生存和發展的必要條件，是企業和社會經濟發展的重要動力；利潤是一項綜合性指標，反應了企業綜合運用各種資源的能力和經營管理狀況，是評價企業績效的重要指標，也是社會優勝劣汰的自然法則的基本尺度；企業追求利潤最大化是市場體制發揮作用的基礎。企業作為社會經濟生活的基本單位，自主經營，自負盈虧，可以在價值規律和市場機制的調解下，達到優化資源配置和提高社會經濟效益的目標。

但這種觀點存在以下問題：①利潤最大化沒有充分考慮貨幣時間價值。例如，今年獲利 10 萬元和明年獲利 10 萬元，哪一個更符合企業的目標？若不考慮貨幣的時間價值，就難以做出正確判斷。②以利潤總額形式作為企業目標，忽視了投入與產出的關係。例如，同樣獲得 10 萬元利潤，一個企業投入資本 50 萬元，另一個企業投入 80 萬元，哪一個更符合企業的目標？若不與投入的資本額聯繫起來，就難以做出正確判斷。不考慮利潤和投入資本的關係，也會使財務決策優先選擇高投入的項目，而不利於高效率項目的選擇。③沒有考慮利潤和所承擔的風險的關係，而事實上高風險才能取得高收益。不考慮風險大小，會使財務決策優先選擇高風險的項目，一旦不利現實狀況出現，企業將陷入困境，甚至可能破產。④短期行為及忽視企業社會責任。片面追求利潤最大化，容易使企業目光短淺，經常會為了獲得眼前利益而忽略或舍棄長遠利益，或者忽視社會責任，導致出現一系列社會問題，如環境污染、勞動保護差、產品質量低劣等。

利潤最大化的另一表現形式是每股收益最大化，又稱每股盈餘最大化。每股收益最大化是將股東的利益放到首位來考慮的。所有者作為企業的投資者，其投資目標是取得資本收益，具體表現為淨利潤與投資額或股份數（普通股）的對比關係，這種關係可以用每股收益這一指標來反應。每股收益是一定時期稅後利潤額與普通股股數的比值。這種觀點認為，每股收益將收益和企業的資本聯繫起來，體現了資本投資額與資本增值——利潤額之間的關係。

以每股收益最大化作為財務管理目標，可以有效地克服利潤最大化目標的缺陷，如不能反應出企業所得利潤額同投入資本額之間的投入產出關係，不能在不同資本規模企業或同一企業不同時期之間進行比較等。每股收益最大化既能反應企業的盈利能力和發展前景，又便於投資者憑藉其評價企業經營狀況的好壞，分析和揭示不同企業盈利水平的差異，確定投資方向和規模。但該指標同利潤最大化目標一樣，仍然沒有考慮每股收益的風險性，可能會導致與企業戰略目標相背離的行為；同時仍然沒有考慮貨幣時間價值，也不能避免企業的短期行為。

(二) 股東財富最大化

公司制企業是企業組織形式的典型形態，股份有限公司是現代企業的主要形式。股東財富最大化，就是指通過企業財務管理，為股東謀求最大限度的財富。雖然股東

財富直接取決於持有的股票的數量和股票的市場價值兩個因素,在股票數量一定的情況下,股票價格將是股東財富的決定性因素。因此,股東財富最大化可以表現為股票每股市價最大化。但是,眾所周知,股票價格的變動受諸多因素的影響,是一個極其複雜的過程。因此,股東財富最大化表現為每股市價最大化的前提條件是資本市場的運行是健康有效的。

與利潤最大化相比較而言,以股東財富最大化作為企業理財目標的優點是:股東財富,特別是每股市價的概念明晰具體;考慮了貨幣時間價值因素,因為股票的市場價值是股東持有股票未來現金淨流量的現值之和;考慮了風險因素,因為在運行良好的資本市場中每股市價的變動已反應了風險情況;股東財富的計量,是以現金流量為基礎而不是以利潤為標準,有利於克服片面追求利潤的短期行為。以股東財富最大化作為企業理財目標,其不足之處主要有以下幾個方面:只適用於上市公司;只強調了股東利益的最大化而忽略了其他利益相關者;要求具有運行良好的資本市場這一重要前提條件,資本市場即使運行良好,股票價格本身也受多種因素影響。

(三) 企業價值最大化

這種觀點站在企業整體角度,認為財務管理目標與企業多個利益集團相關,是多個利益集團共同作用和相互博弈的結果,而各個利益集團的目標都可以折中為企業長期穩定發展和企業總價值的不斷增長。企業價值是其全部資產的市場價值,企業價值最大化強調的是包括負債與股東權益在內的全部資產市場價值的最大化,而股東財富最大化強調的僅是股東權益市場價值的最大化。現代意義上的企業與傳統企業有很大差異,現在企業是多邊契約關係的總和,股東、債權人和職工都要承擔風險,政府也承擔了相當大的風險。企業價值最大化目標既考慮了股東利益,又充分考慮了其他利益集團的利益;企業價值最大化目標科學地考慮了風險與收益的關係;企業價值最大化能克服企業在追求利益上的短期行為,因為不僅目前的利潤會影響企業的價值,預期未來的利潤對企業價值的影響所起的作用更大。企業價值最大化比股東財富最大化更抽象,不易操作。從理論上講,企業總價值等於自有資本價值與債務價值之和。債務的價值較容易計算,一般就是債務的面值。而自有資本價值的估價則相當困難,它既受資本結構的影響,也與公司股利政策直接相關。因此以此價值最大化為目標的難點在於企業價值的評估。

以上三種觀點的優缺點如表 1-2 所示。

表 1-2　　　　　　　　企業財務管理目標的優缺點

目標	優點	缺點
利潤最大化(或)每股收益最大化	1. 直接反應企業新創造的價值	1. 沒有考慮貨幣時間價值
	2. 反應企業綜合運用各種資源的能力和經營管理狀況	2. 沒有反應利潤(產出)與投入資本的關係
		3. 沒考慮風險因素
	3. 有助於市場機制發揮作用	4. 短期行為及忽視企業社會責任

表1-2(續)

目標	優點	缺點
股東財富最大化	1. 考慮了貨幣時間價值	1. 非上市公司難以估價
	2. 考慮了風險的作用	2. 忽略了其他利益相關者
	3. 克服片面性和短期行為	3. 要求具有運行良好的資本市場
	4. 有利於社會資源的合理配置	
企業價值最大化	同股東財富最大化優點中的前四點	同股東財富最大化缺點中的第1、3點
	充分考慮了股東之外的其他利益集團的利益	實務操作困難

企業作為財務管理的目標，除了上述典型觀點以外，還有許多其他觀點，如資本利潤率最大化、經濟附加值最大化等。這些觀點雖然都有一定的理論基礎，但事實上都難以超越以上的三種觀點。公司制企業，特別是股份有限公司，以股東財富最大化或企業價值最大化作為理財目標，應該是一個比較合理的選項，但是並不意味著就應該徹底拋棄利潤最大化的目標。

二、影響企業財務管理目標實現的因素

從企業的可控因素來看，企業的報酬率和風險決定著企業價值。企業的風險和報酬是由企業的投資項目、資本結構和股利政策等決定的。影響企業財務管理目標實現的因素有投資報酬率、財務風險、投資項目、資本結構和股利政策。投資報酬率，也叫投資收利率，是企業收益除以投資額的值，它可以反應股東財富的變化。風險是結果偏離預期的程度，財務風險是指在各項財務活動中，由於各種內外環境中難以預料、控制的因素作用，使企業在一定時期內一定範圍中所獲取的財務收益與預期目標發生偏離，因而造成企業蒙受經濟損失的可能性。它是一種客觀的經濟現象，有財務活動，就肯定有財務風險，其存在是客觀必然的，而且風險與收益是對稱的。投資項目是決定企業投資報酬率和風險的首要因素，是企業價值增加的源泉。其投資項目只要被選中，從理論上來說它就會增加企業的預期收益。企業可以通過資本預算選擇合適的投資項目，對企業價值的增加數額做出合理的預計和規劃。廣義的資本結構是指權益資本和債務資本的比例關係。企業在利用財務槓桿的同時會增加企業的財務風險。股利政策要解決的核心問題是企業的當期盈餘裡有多少作為股利發放給股東，會留下多少。股東既想分紅又想每股收益在未來不斷增長。所以，企業在進行相關決策的選擇時，要關注其與企業價值實現的關係，要使財務方案和財務行為能夠提升企業價值。

三、股東與利益相關者目標的衝突和協調

股東與經營者、債權人等利益相關人之間的關係是企業最重要的財務關係。股東是企業的所有者，財務管理的目標主要指的是股東的目標。股東委託經營者代表他們管理企業，為實現他們的目標而努力，但經營者與股東的目標並不完全一致。債權人

把資金借給企業，並不是為了「股東財富最大化」和「企業價值最大化」，與股東的目標也不一致。企業必須協調這三方面的衝突，才能實現理財的目標。

(一) 股東與經營者目標的衝突和協調

兩權分離是現代公司企業組織的重要特徵。股東的目標是使股東財富或企業價值最大化，並要求經營者盡其所能去完成這個目標。但經營者也是個人效益最大化的追求者，他們是理性的經濟人，其具體行為目標與股東不一致。經營者追求增加各種物質和非物質的報酬，如提高薪酬、榮譽和社會地位，增加閒暇時間，避免風險等。經營者可能會為了自身的目標而背離股東的利益。

公司的所有者和經營者是一種委託代理關係，經營者和所有者目標的不一致性，很可能導致經營者在不違反合同的前提下，竭力追求自身目標的最大化，而忽視所有者的利益。比如，經理人員在工作時並非「鞠躬盡瘁」，而是「當一天和尚撞一天鐘」。這樣做僅僅是道德問題，不構成法律和行政責任問題，股東很難追究責任。經營者可能為了自己的目標而直接背離股東的目標，例如，以工作需要為借口亂花股東的錢，裝修豪華的辦公室，要求企業提供公費旅遊、好的配車，以參加國際會議為名公費旅行，更多地增加享受成本，蓄意壓低股票價格，以自己的名義購回，從中獲利而不顧股東的利益等。

股東可以採用監督和激勵兩種方法來預防經營者太過偏離股東的目標。股東對經營者的監督，一是通過公司的監事會來檢查公司財務，當發現經營者的行為損害股東利益時，要求董事會和經理予以糾正，解聘有關責任人員；二是股東也可以支付審計費聘請註冊會計師進行審查。防止經營者背離股東權益的另一個途徑是制定並實行一套激勵制度，使經營者的利益與公司未來的利益相結合，鼓勵其自覺採取符合企業最大化利益的行動。例如，可以通過「股票期權」「績效股」等形式，使經營者自覺自願地採取各種措施增加股票價值，從而達到股東財富最大化的目標。

(二) 股東與債權人目標的衝突和協調

當公司向債權人借入資金時，兩者也形成一種委託代理關係。債權人把資金交給企業，其目標是到期時收回本金，並獲得約定的利息收入；公司借款的目的是用它擴大經營，投入高效益的生產經營項目。兩者的目標並不一致。債權人事先知道借出資金是有風險的，並把這種風險的相應報酬納入利率。通常要考慮的因素包括：公司現有資產的風險、預計新添資產的風險、公司現有的負債比率、預期公司未來的資本結構等。

但是資金一旦到了企業，債權人就失去了控制權，股東可能通過經營者為了自身利益而傷害債權人的利益。一是股東不經債權人的同意，投資於比債權人預期風險要高的新項目。如果高風險的計劃僥幸成功，超額的利潤歸股東獨吞；如果計劃不幸失敗，公司無力償還，債權人與股東將共同承擔由此造成的損失。儘管《中華人民共和國企業破產法》規定，債權人先於股東分配破產財產，但多數情況下，破產財產不足以償債。所以，對債權人來說，超額利潤肯定拿不到，發生損失卻有可能要分擔。二是股東為了提高公司的利潤，不徵得債務人的同意而迫使管理當局發行新債，致使舊債券的價值下降，使舊債權人蒙受損失。舊債券價值下降的原因是發行新債券後公司

負債比例加大，公司破產的可能性增加，如果公司破產，舊債權人和新債權人要共同分配破產後的財產，使舊債券的風險增加，其價值下降。尤其是不能轉讓的債券或其他借款，債權人沒有出售債權來擺脫困境的出路，處境更加不利。

債權人為了防止其利益被損害，除了尋求立法保護，如破產時優先接管外，通常可以在借款合同中加入限制性條款，如規定資金的用途，規定不得發行新債或限制發行新債的數額等；發現公司有剝奪其財產意圖時，拒絕進一步合作，不再提供新的借款或提前收回借款。

(三) 企業財務管理目標與社會責任

任何事物的價值一定存在於其所在的系統中，只有貢獻價值於系統，其自身才有存在價值，所以企業的價值在於對所處的系統即社會貢獻價值，也就是為社會貢獻財富並承擔相應的社會責任。從心理、地理、文化、社會等方面來看，企業都必須是社會的一部分，企業的本質是社會組織。因而企業在謀求自身利益的同時，應該為增加社會福利做出貢獻。發達國家的許多相關研究都表明：企業承擔社會責任和企業的績效成正相關關係，即企業承擔社會責任會促進企業經濟效益的實現。

當然，有時兩者也會出現矛盾。當企業過分關注自身利益而忽視社會公眾利益時，企業的目標和社會公眾的目標會出現矛盾。例如，公司為了獲利，可能生產偽劣產品，不顧工人的健康和利益，造成環境污染，損害其他企業的利益等。為解決這一矛盾，政府通過頒布保護公眾利益的法律，如公司法、反不正當競爭法、反暴力法、環境保護法、合同法、消費者權益保護法和有關產品質量的法規等來調節股東和社會公眾的利益衝突；企業也應受到道德的約束，接受政府以及社會公眾的監督。企業理財的基本職能是有效培育與配置財務資源，這個過程的實質是恰當地協調相關者之間財務利益的過程，而構成這一過程的不僅僅是財務資本與收益等經濟因素，還有社會因素和倫理道德因素。因此，企業從其社會屬性出發必須提高承擔社會責任的主動意識，在社會保障體系尚不完善的情況下將自己應承擔的社會責任融入企業的理財活動中，調整理財目標定位和理財責任結構，把道德和社會責任滲透到理財文化中，把社會元素融入企業的預算內容，在財務責任指標體系中增加應承擔的社會責任的指標內容，將企業一定會計期間的社會責任目標逐層細分，滲透到各車間、班組或項目部的定額指標中，以強化企業承擔社會責任的群體意識。

以上所述股東與經營者、債權人和社會公眾目標的衝突與協調如表1-3所示。

表 1-3　　　　股東與經營者、債權人和社會公眾目標的衝突與協調

關係人	目標	衝突的表現	協調辦法
經營者	報酬、閒暇、低風險	道德風險、逆向選擇	監督、激勵
債權人	到期收回本息	違約投資高風險項目，發新債使舊債貶值	契約限制，終止合同
社會公眾	可持續發展	偽劣產品、環境污染、勞動保護不夠	法律、道德約束，行政和輿論監督

第三節　企業財務管理原則

　　企業財務管理原則是指人們對財務活動的共同的、理性的認識，是企業實現財務管理目標的行為規範，是連接企業財務管理理論與企業財務管理實踐的橋樑。遵循科學、有效的財務管理原則，有利於財務管理目標的實現。企業財務管理原則具有以下特徵：企業財務管理原則是財務假設、概念和原理的推論；是財務交易和財務決策的基礎；必須符合大量觀察數據和事實，並被大多數人接受。

一、企業財務管理原則應具有的特徵

（一）以財務管理目標為導向

　　企業財務管理是一種目的性很強的工作。企業財務管理目標是財務管理工作的出發點和歸宿點。因此，企業財務管理原則作為財務管理工作的行為規範和行動指南，應該有助於引導財務管理，實現其財務管理目標。企業財務管理原則的構建應該緊緊圍繞實現財務管理目標而進行。企業財務管理的目標是企業在未來一定時期內的動態現金淨流量最大化，是企業價值最大化。因此，財務管理原則應該引導企業去實現盡可能大的企業價值，要解決企業如何衡量價值和創造價值的問題。

（二）以財務管理假設為前提

　　財務管理假設是為了實現財務管理目標，而對影響財務管理行為的理財主體、客體（對象）、環境等狀況所做出的合理判斷。這是財務管理的基礎。企業財務管理原則是財務管理假設前提下的財務管理行為規範，不同的假設前提會導致不同的行為規範。因此，財務管理假設是企業財務管理原則的前提條件。財務管理假設之一是財務管理主體假設。企業是財務管理的主體。

（三）對財務管理實踐活動具有實際的指導意義

　　企業財務管理原則是連接財務管理假設理論與財務管理實踐的橋樑。因此，企業財務管理原則既具有一定的理論性，也應該具有一定的實踐性。作為一種理論，它不應該過於籠統和抽象，應該貼近實踐，便於實踐，否則將失去其實際的指導意義。

（四）在內容上涵蓋企業財務活動的各個方面

　　企業的財務活動主要包括投資活動和籌資活動。財務管理工作主要包括投資管理工作和籌資管理工作。財務管理原則在內容上既應該適用於投資管理工作，也應該適用於籌資管理工作。

（五）源自於實踐而指導實踐，並隨著財務管理實踐的發展變化而發展變化

　　企業財務管理原則對實踐有指導作用，但它來源於實踐。因此，企業財務管理原則會隨著財務管理實踐和人們認識世界能力的發展變化而發展變化。

二、企業財務管理原則的內容

關於企業財務管理的具體原則，理論界尚未取得一致的結論。美國道格拉斯·R. 愛默瑞（Douglas R. Emery）與約翰·D. 芬尼特（John D. Finnerty）著的《公司財務管理》（1999 年中譯本）中講了十二項原則，歸納概括為三大類。第一大類：競爭環境原則，包括自利行為原則、雙方交易原則、信號傳遞原則、引導原則。第二大類：有關創造價值的原則，包括有價值創意原則、比較優勢原則、期權原則、淨增效益原則。Douglas R. Emery 與 John D. Finnerty 的觀點較具代表性。第三大類：有關財務交易的原則。其中包括風險與收益權衡原則、投資分散化原則、貨幣時間價值原則。

（一）有關競爭環境的原則

1. 自利行為原則

自利行為原則是指在進行決策時，人們會按照自己的財務利益行事，即選擇自己經濟利益最大化的行動。此條原則依據的是理性的經濟人假設。在該原則指導下，美國企業出於自利，盡力節省各種資源，包括時間、金錢、精力等，這對提高管理效率是有益的。這樣做不符合東方文化所講的人情味，但卻節省了大量的人力、物力。而中國不少企業每年僅業務招待費就占管理費用的很大比重，這無疑加大了企業的財務負擔，減弱了企業的資金獲利能力。難怪有的民營企業家無奈地說：「若能在辦事時減少些請客吃飯、送禮這樣一些潛規則，我就能讓我的企業運行得更有效率，創造更多價值。」所以，將自利行為原則引入中國企業，並且融入企業的內外部環境，對於挖掘企業潛力大有益處。

企業是經濟活動單位，講求創造價值、獲取利潤，難免蒙上功利色彩，按自利行為原則，這無可厚非，但不能急功近利。例如公關活動不同於其他生產或經營活動，它產生的效應難以定量衡量，並且唯有持之以恆，才能奏效。當然，適當節省開支，也是大型公關活動應當注意的問題。公關活動不是為了擺闊比富，而是講究實效。中國有句古話，叫「好鋼用於刀刃上」，就是告誡我們不要亂花錢，而要會花錢，這也符合自利行為原則。

2. 雙方交易原則

雙方交易原則是指每一項交易都至少存在兩方，在一方根據自己的經濟利益決策時，另一方也會按照其經濟利益進行決策並採取行動，並且對方也聰明、勤奮和富有創造力，因此在決策時要正確預見對方的反應。

雙方交易原則要求企業在行事時，不能一味以自我為中心，要合理顧及對方的利益，只有一方在對方能夠接受的條件下行事時，才能使交易進行下去。從這種意義上說，雙方交易原則是對自利行為原則的有力補充。這就不難理解西方企業非常注重誠信，而且注重客戶的利益，不拖欠其款項，不對其施行欺詐行為。因為他們懂得，只有在誠信的基礎上才能使雙方的交易長期、穩定地維持，且不斷擴大，以期達到「雙贏」局面。在此原則指導下，20 世紀 60 年代美國僅用了短短五年的時間，從根本上扭轉了金融秩序的混亂局面，創造了歷史上罕見的信用奇跡：0.25%～0.5% 的壞帳率，

帳款拖欠期平均為 7 天，無效成本僅占 2%～3%。臺灣學者將誠信視為企業倫理，認為企業倫理的根本要旨，是要做到「四安」，即「安顧客、安員工、安股東、安社會」；同時強調社會裡的各個企業，都是大系統下的子系統，擁有共生共滅的互動關係。企業既要公平競爭，又要互助合作，並勇於承擔自身社會責任。現代企業既要追求經濟利益，又要講究社會效益，而企業家則需在「利」與「義」之間尋求到平衡點。正如著名管理學家克拉倫斯·沃爾頓所言：「企業經理人應該用一種全局觀念來看待企業的責任，因為在這種觀念之下，企業被看成講信用、講商譽、講道德的組織而不是賺錢的機器。」魏杰在《企業文化塑造》中認為誠信理念包含三種形式：①以契約為基礎的誠信。即企業應當信守自身承諾，遵守各種契約，不能曲解契約內容，更不能毀約。②信息非對稱條件下的誠信，指一方當事人可能因為信息獲取上的阻滯性，無法清楚把握全部信息；而另一方可能全面擁有信息，從而能夠真實把握事物全貌，處於交易的優勢地位。這種情況下處於優勢的一方不能恃強凌弱。③完全考慮當事者利益的誠信。這就是說，一方當事人並非僅從自身利益出發，而是在追求自身利益的同時，充分考慮到另一方當事人的利益，告訴對方應該怎麼做利益才能最大化，這是對雙方交易原則性的詮釋，理應作為中國企業經濟活動的準則。

3. 信號傳遞原則

信號傳遞原則是指行動可以傳遞信息，並且比公司的聲明更有說服力；同時，信號傳遞原則要求公司善於根據對方的行動判斷其未來的收益狀況。該原則認為，行動可以傳遞信息，並且比公司的聲明更有說服力，與中國傳統文化中「觀其行」而不要片面「聽其言」的忠告，具有異曲同工之妙。例如，一個公司決定退出一個領域，反應出管理層對自己公司的實力以及該領域的未來前景並不看好；一個大量發放現金股利的公司，很可能經營狀況較好，產生現金的能力較強；一個頻頻購買固定利率債券的公司，很可能缺少其他更好的投資機會；上市公司高管紛紛辭職，拋售手中股利套現，常常是公司盈利能力惡化的重要信號。事實證明，行動通常比語言更有說服力。

另外，信號傳遞原則要求公司在決策時不僅要考慮行動方案本身，還要考慮該項行動可能給人們傳遞的信息，根據信號傳遞原則，企業的一言一行、一舉一動都關乎其在公眾中的形象，無論是產品性能和包裝、銷售環境和服務，還是宣傳廣告和公關活動，概莫能外。澳柯瑪的「沒有最好，只有更好」傳遞的信號是：我們一直在不懈努力；「鄂爾多斯羊毛衫，溫暖全世界」是申明以天下為己任，且傳遞出產品邁出國門的信息。據此原則，就容易解釋為什麼實力雄厚的跨國公司總是建設（或租用）高樓大廈作為辦公場所，要求員工西裝革履，出差不能乘坐簡陋的交通工具，且在高檔賓館食宿。所以，當把某種商品或服務的價格降至難以置信的程度時，不僅要考慮決策本身帶來的收益和成本，還要考慮信息效應。

4. 引導原則

引導原則是指當所有辦法都失效時，尋找一個可以信賴的榜樣作為自己的行為引導。所謂「當所有辦法都失敗」，是指我們的理解力存在局限性，不知道如何做會對自己更有利；或者尋找最準確答案成本過高，以至於不值得把問題完全搞清楚。在這種情況下，不妨直接模仿成功榜樣或者大多數人的做法。例如，你到外地旅行，不清楚

當地飯館的飯菜質量，而且時間寶貴，不值得去調查每個飯館的信息時，你應當去找一個顧客比較多的飯館就餐。

引導原則不能混同於「盲目模仿」。引導原則不一定能幫你找到最好的答案，卻常常可以使你避免採取最差的行動。引導原則的一個重要應用是行業標準概念。引導原則的另一個重要應用就是「自由跟莊」概念。一個「領頭人」花費資源得出一個最佳的行動方案，其他「追隨者」通過模仿節約了信息處理成本。當然，「莊家」也會利用「自由跟莊」現象，進行惡意炒作，掠奪小股民，所以中小投資者不能盲目跟莊。

(二) 有關創造價值的原則

1. 有價值創意原則

有價值創意原則，是指新創意能獲得額外收益。競爭理論認為，企業的競爭優勢可以分為差異化和成本領先兩方面。差異化，是指產品本身、銷售交貨、行銷渠道等客戶廣泛重視的方面在行業內獨樹一幟。任何獨樹一幟都來源於新的創意。創造和保持經營差異化的企業，如果其產品溢價超過了為產品的獨特性而附加的成本，它就能獲得高於平均水平的利潤。正是許多新產品的發明，使得發明人和生產企業變得非常富有。

有價值的創意原則主要應用於直接投資項目。一個項目依靠什麼取得正的淨現值？它必須是一個有創意的投資項目。重複過去的投資項目或者別人的已有做法，最多只能取得平均的收益率。新的創意遲早要被別人效仿，失去原有的優勢，因此創新的優勢都是暫時的。企業長期的競爭優勢，只有通過一系列的短期優勢才能維持。只有不斷創新，才能維持經營的差異化並不斷增長股東財富。該項原則還應用於經營和銷售活動。例如，某種新式烤肉的方式使其發明者變得非常富有，麥當勞的連鎖經營方式也幫助它賺取了相當可觀的利潤。當然，創意不僅體現在產品設計上，還體現在市場開發、公共關係活動等各個方面，有價值的創意可讓企業或者商家取得超額利潤。1992年第25屆奧運會在西班牙巴塞羅那舉行，甲是一家電器商場的經理，在奧運會召開前夕向市民宣稱：如果西班牙運動員在本屆奧運會上得到金牌大於或等於10枚，那麼奧運會期間在該商場購買電器的人將得到全額退款。此舉並非鋌而走險，而是蘊含著極富智慧的創意。早在消息發布之前，此商場先在保險公司申請專項保險，保險公司的專家們仔細分析西班牙可能得到的金牌數，一致認為不可能達到10枚。結果那屆奧運會西班牙金牌數超過10枚，商家與顧客雙方樂不可支，而保險公司虧了大錢。

2 比較優勢原則

比較優勢原則是指專長能夠創造價值。在市場上想要賺錢，必須發揮企業的專長。沒有比較優勢的人，很難取得超出平均水平的收入；沒有比較優勢的企業，很難增加股東財富。比較優勢理論的核心內容是「兩利相權取其重，兩害相權取其輕」。比較優勢原則的依據是分工理論。只有讓每個人去做最適合他做的工作，讓每一個企業生產最適合它生產的產品，社會的經濟效益才會提高。比較優勢原則的一個應用是「人盡其才，物盡其用」，另一個應用是優勢互補。比較優勢原則要求企業把主要精力放在自己的比較優勢上，而不是日常營運上。建立和維持比較優勢，是企業長期獲利的根本。

日產公司總裁卡洛斯・戈恩談及與中國東風汽車集團合作時曾說：「我們提供產品設計以及專門技術，實現了『添加價值』。而與此相對，當前的中國合作夥伴除了提供低成本勞動力和銷售渠道外，對實際經營和管理的貢獻幾乎為零。」此語可能言過其實，但卻尖銳地道出中國轎車企業尚未發揮自身專長，形成比較優勢。東風汽車集團也曾試圖改變這種狀況，嘗試過聯合開發，花不少資金向日產本部派出技術設計人員，但本部總是執行嚴格的保密措施，拒中方人員於核心技術之外，致使「聯合設計開發」徒有虛名。尺有所短，寸有所長。這裡的長，即指比較優勢。國外大型轎車企業資金雄厚，技術先進，生產廠家遍布世界，銷售網路覆蓋全球，但亦各具特色：美國轎車大氣而富有個性；日本轎車性能卓越，性價比極高；而德國轎車以其穩定性名揚世界。中國轎車業面對「列強」的入侵，要認清形勢，冷靜面對，重視比較優勢的挖掘和培育，特別應致力於技術研究與開發，充分發揮「地利」「人和」優勢，組成中國轎車企業聯盟，打造內資「聯合艦隊」。

　　3. 期權原則

　　期權是指不附帶義務的權利，它是有經濟價值的。期權原則是指在估價時要考慮期權的價值。期權概念最初產生於金融期權交易。在金融交易中，一個明確的期權合約經常是按照預先約定的價格買賣一項資產的權利，如可轉換債券、可轉換優先股、股票期權等。廣義的期權不限於金融合約，任何不附帶義務的權利都屬於期權。許多資產都是隱含的期權。例如，一個企業可以決定某項設備出售或者不出售，如果價格不令人滿意就什麼事也不做，如果價格令人滿意就出售。這種選擇是廣泛存在的。一個投資項目，未來預期有正的淨現值，因此被採納並實施了。但上馬以後發現它並沒有原先設想得那麼好，決策者此時可以考慮修改方案或讓方案下馬，以使損失降到最低。這種後續的選擇權是有價值的，它增加了項目的淨現值。在評價項目時就應考慮到後續選擇權是否存在以及它的價值有多大，有時一項資產附帶的期權比該資產本身更有價值。

　　4. 淨增效益原則

　　淨增效益原則是指財務決策建立在競爭效益的基礎上，一項決策的價值取決於它和替代方案相比所增加的淨收益。一項決策的優劣，是與其他可替代方案（包括維持現狀而不採取行動）相比較而言的。如果一個方案的淨收益大於替代方案，我們就認為它是一個比替代方案好的決策，其價值是增加的淨收益。在財務決策中淨收益通常用現金流量計量，主要指該方案現金流入減去現金流出的差額，也稱為現金流量淨額。現金流入是指該方案引起的現金流入量的增加額，現金流出是指該方案引起的現金流出量的增加額。「方案引起的增加額」，是指某些現金流量依存於特定方案，如果不採納該方案就不會發生這些現金流入和流出。

　　淨增效益原則的應用領域之一是差額分析法。例如，在固定資產更新改造決策中，需要對是繼續使用舊設備還是購買新設備做差額現金流量分析。淨增效益原則的另一個應用是沉沒成本。沉沒成本是指已經發生、不會被以後的決策改變的成本。沉沒成本與將要採納的決策無關，因此在分析決策方案時應將其排除。

（三）有關財物交易的原則

1. 風險與收益權衡原則

一般而言，風險和收益之間存在著一種對等關係，即高收益的投資機會必然伴隨較大的風險，風險小的投資機會必然只有較低的收益。風險與收益權衡原則就是指公司必須對收益和風險做出權衡，為追求較高的收益而承擔較大的風險，或者為減少風險而接受較低的收益。它要求公司在財務管理中盡可能對產生的風險的各種因素加以充分估計，預先找出分散風險、化解風險的措施。如在籌資時，可以從多種渠道、各種方式獲取資金；在投資時，認真分析影響投資決策的各種因素，科學地進行投資項目的可行性研究，既要考慮投資收益項目的高低，更要考慮其風險的大小。總之，風險與收益權衡原則的核心是公司不能承擔超過收益限度的風險，在收益既定的條件下，應最大限度地降低、分散風險；在風險既定的情況下，應最大限度地爭取收益。

2. 投資分散化原則

投資分散化原則是指不要把全部資金投放於一個項目或者一項資產，而應該分散投資。投資分散化原則的理論依據是投資組合理論。馬克維茨的投資組合理論認為，若干種股票組成的投資組合，其收益是這些股票收益的加權平均數，但其風險要小於這些股票的加權平均數，所以投資組合能夠降低風險。通俗的理解就是，在投資組合中，一些股票會獲得低於市場平均收益的報酬，它們可能相互抵消從而獲得與市場平均收益較為接近的穩定的報酬。分散化原則具有普遍意義，不僅僅適用於證券投資，公司各項決策都應注意分散化原則。不應當把公司的全部投資集中於個別項目、個別產品和個別行業，不應當把銷售集中於少數客戶，不應當使資源供應集中於個別供應商，重要的事情不要一個人完成，重要的決策不要由一個人做出。凡是有風險的事情，都要運用分散化原則，以降低風險。

3. 資本市場有效原則

資本市場是指證券買賣的市場。資本市場有效原則，是指在資本市場上頻繁交易的金融資產的市場價格反應了所有可獲得的信息，而且對新信息能完全迅速地做出調整。有效市場假說根據資本市場在形成證券價格中對信息的反應程度的大小進一步將有效資本市場區分為弱勢有效、半強勢有效和強式有效。具體如下：

弱勢市場有效是假設證券的價格反應了所有過去的信息。半強勢市場有效是假設股票的價格已經反應了所有公開的信息。強勢市場有效是假設股票的價格反應了所有相關的信息。

資本市場有效原則要求理財時重視市場對企業的估價。通過改變會計處理方法是無法影響企業價值的，資本市場有效原則還要求企業在理財過程中慎重使用金融工具。如果資本市場是有效的，購買或出售金融工具交易的淨現值就為零。在資本市場上，只獲得與投資風險相稱的收益（即與資本成本相同的收益）是不會增加企業價值的。因此企業應該努力通過提高企業的競爭能力，使企業在同等風險水平下，獲取較高的投資收益來增加企業的價值。

4. 貨幣時間價值原則

資金的時間價值是指資金隨著時間的推移，由於被運用會創造出新的價值即增值，

用利率形式表示即是無風險情況下的社會平均資金利潤率。資金投入市場後其數額會隨著時間的延續而不斷增加，這是一種客觀的經濟現象。資金的時間價值觀念是財務管理的重要觀念，它告訴我們現在的一元錢比明年的一元錢更值錢，這是因為現在的一元錢到明年會帶來新的增值。以資金的時間價值作為財務管理的原則要求：作為投資者，投入資本應獲得時間價值報酬；作為籌資者，籌集資本應向出資者付出時間價值回報。

第四節　企業財務管理環境

環境構成了企業財務活動的客觀條件。企業財務管理環境是指對企業財務活動產生影響的外部條件，是企業財務決策難以改變的外部約束，企業在開展財務活動中必須不斷增強對環境的適應能力，只有根據環境的變化，採取相應的財務政策，才能保證財務活動的順利進行。企業財務管理環境涉及的範圍很廣，其中最重要的是經濟環境、法律環境、金融市場環境和社會文化環境。

一、經濟環境

企業財務管理的經濟環境是指對財務管理有重要影響的一系列經濟因素，一般包括經濟週期、經濟政策、通貨膨脹和行業市場競爭等。

（一）經濟週期

經濟發展總是呈現出週期性更替的變化態勢，經濟發展的週期變化對企業理財活動有著重大影響。當經濟發展進入不同階段時，首先對企業的營業額產生直接影響，當企業的營業額發生變化時，將會使企業的經營發生變化。經濟發展的週期性變化一般要經歷四個階段：經濟復甦期、經濟繁榮期、經濟衰退期和經濟蕭條期。在不同的經濟發展時期，企業應相應地採取不同的財務管理策略，具體如表1-4所示。

表1-4　　　企業在經濟發展週期的不同階段相應採取的財務策略

	經濟復甦期	經濟繁榮期	經濟衰退期	經濟蕭條期
固定資產投入	1. 增加廠房設備	1. 擴充廠房設備	1. 處置不用或閒置的設備	1. 處置不用或閒置的設備
存貨策略	2. 增加存貨	2. 繼續增加存貨	2. 減少存貨	2. 削減存貨
人力資源策略	3. 增加雇員	3. 增加雇員	3. 適當減員增效	3. 實施減員增效
戰略調整	4. 開發新產品 5. 擬定進入戰略 6. 尋求適當的資金來源（如租賃等）	4. 制定並實施擴張戰略 5. 制定適宜的籌資策略	4. 停止擴張 5. 調整產品結構和資本結構	4. 保持份額 5. 縮減不必要的支出和管理費用 6. 制定並實施退出戰略

(二）經濟政策

經濟政策是國家進行宏觀經濟調控的重要手段。國家的產業政策、金融政策、財稅政策對企業的籌資活動、投資活動和分配活動都會產生重大影響。如金融政策中的貨幣發行量、信貸規模會影響企業的資本結構和投資項目的選擇；價格政策會影響資本的投向、投資回收期及預期收益等。因此，財務管理人員應當深刻領會國家的經濟政策，研究經濟政策的調整對財務管理活動可能造成的影響。

（三）通貨膨脹

經濟發展中的通貨膨脹也會給企業財務管理帶來較大的不利影響，主要表現在：資金占用額迅速增加；利率上升，企業籌資成本加大，籌資難度增加；利潤虛增，資金流失。通貨膨脹不僅對消費者不利，也會給企業理財帶來很大困難。企業對通貨膨脹本身無能為力，只有政府才能控製通貨膨脹的速度。為了減小通貨膨脹對企業造成的不利影響，財務人員應當採取措施予以防範。在通貨膨脹初期，貨幣面臨著貶值的風險，這時企業可以進行投資以避免風險，實現資本保值增值；可以與客戶簽訂長期購貨合同，降低物價上漲造成的損失；可以取得長期負債，保持資本成本的穩定。在通貨膨脹持續期，企業可以採用比較嚴格的信用條件，減少企業債券；調整財務政策，防止和減少企業的資本流失等。

（四）行業市場競爭

競爭廣泛存在於市場經濟之中，除完全壟斷性行業與企業外，其他行業與企業都無法迴避。企業之間的競爭名義上是產品與市場的競爭，實際上是企業的綜合能力，包括設備、技術、人才、行銷、管理乃至文化等各個方面的比拼。競爭對企業來說，既是機會，也是挑戰。它能促使企業採用先進的技術，生產更好的產品以獲取穩定的收入和高額的利潤，同時競爭會導致產品價格的下降，從而減少企業的利潤，過分的競爭會導致企業虧損，甚至導致全行業虧損。一個企業所在行業的競爭狀況往往是變化的，有時十分殘酷，有時又相對緩和。企業應該洞悉行業競爭狀況變化的規律，抓住時機，將企業的財務資源投入下一輪競爭的關鍵點，獲取並保持競爭優勢。

二、法律環境

財務管理的法律環境是企業組織財務活動、處理與各方經濟關係所必須遵循的法律規章。

當企業的理財目標與其利益相關者的目標存在矛盾時，這時政府將通過法律手段來規範企業的行為，例如政府通過制定環境保護法與稅法來約束企業由於生產而污染環境的行為。企業財務活動作為一種政府行為，會在很多方面受到法律規範的約束和保護。影響企業財務管理的法律環境主要有企業組織法規、財務會計法規以及稅法等。

（一）企業組織法規

企業組織必須依法成立，不同類型的企業在組建過程中適用不同的法律。在中國，這些法律包括《中華人民共和國公司法》《中華人民共和國個人獨資企業法》《中華人

民共和國合夥企業法》《中華人民共和國中外合資經營企業法》《中華人民共和國外資企業法》等。這些法規詳細規定了不同類型的企業組織設定的條件、設立的程序、組織機構變更及終止的條件和程序等。

例如，在組建公司時，要遵照《中華人民共和國公司法》（以下簡稱《公司法》）中規定的條件和程序進行；公司成立後，企業的經營活動及其財務活動，也要按照《公司法》的規定來進行。《公司法》是約束公司財務管理最重要的法規，公司的財務活動不能違反該法律。

(二) 財務會計法規

財務會計法規主要包括《企業財務通則》《企業會計準則》《企業會計制度》等。《企業財務通則》是各類企業進行財務活動、實施財務管理的基本規範。中國第一個《企業財務通則》於1994年7月1日起施行。隨著經濟環境的不斷變化，2005年中國重新修訂了財務通則，新的《企業財務通則》於2007年1月1日開始實施。新通則圍繞企業財務管理環節，明確了資金籌集、資產營運、成本控制、收益分配、信息管理、財務監督六大財務管理要素，並結合不同財務管理要素，對財務管理方法和政策要求做出了規範。

《企業會計準則》是針對所有企業制定的會計核算規則，分為基本準則和具體準則，實施範圍是大中型企業，自2007年1月1日起在上市公司實施，2008年1月1日起在國有大中型企業實施。為規範小企業的會計行為，財政部頒布了《小企業會計制度》，自2005年1月1日起在全國小企業範圍內實施。

近年來，國家財政部針對會計準則在執行中的重點、難點問題，陸續出抬了多項修訂及解釋，不斷補充和完善中國的會計準則體系。2010年4月，財政部發布了《中國企業會計準則與國際財務報告準則持續趨同路線圖》，表明中國與國際財務報告準則持續趨同的立場和明確態度。2014年以來，財政部結合經濟形勢和企業經營的變化，陸續對企業會計準則——基本準則、職工薪酬、財務報表列報等準則進行了修訂，這是近年來中國對會計準則進行的規模最大的一次調整。這些最新準則變化對於財務報告信息質量的提高和企業決策都有十分重要的意義。

除了上述法規之外，與企業財務管理有關的經濟法規還包括證券法規、結算法規等。財務人員要在守法的前提下完成財務管理的職能，實現企業的理財目標。

(三) 稅法

稅法即稅收法律制度，是調整稅收關係的法律規範的總稱，是國家法律的重要組成部分。它是以憲法為依據，調整國家與社會成員在徵納稅上的權利與義務關係，維護社會經濟秩序和稅收秩序，保障國家利益和納稅人合法權益的一種法律規範，是國家稅務機關及一切納稅單位和個人依法徵稅的行為規則。廣義的稅法是指，國家制定的用以調節國家與納稅人之間在徵納稅方面的權利及義務關係的法律規範的總稱。狹義的稅法特指由全國人民代表大會及其常務委員會制定和頒布的稅收法律。稅法構成要素是稅收課徵制度構成的基本因素，具體體現在國家制定的各種基本法中。主要包括納稅人、徵稅對象、納稅地點、稅率、稅收優惠、納稅環節、納稅期限、違章處理等。其中納稅人、徵稅對象、稅率三項是一種稅收課徵制度或一種稅收基本的構成因素。

按各稅法的立法目的、徵稅對象、權益劃分、適用範圍、職能作用的不同，可進行不同的分類。一般按照稅法的功能作用的不同，將稅法分為稅收實體法和稅收程序法兩大類。①稅收實體法。稅收實體法主要是指確定稅種立法，具體規定各稅種的徵收對象、徵收範圍、稅目、稅率、納稅地點等。它包括增值稅、消費稅、營業稅、企業所得稅、個人所得稅、資源稅、房產稅、城鎮土地使用稅、印花稅、車船稅、土地增值稅、城市維護建設稅、車輛購置稅、契稅和耕地占用稅等，例如《中華人民共和國增值稅暫行條例》《中華人民共和國營業稅暫行條例》《中華人民共和國企業所得稅法》《中華人民共和國個人所得稅法》都屬於稅收實體法。②稅收程序法。稅收程序法是指稅務管理方面的法律，主要包括稅收管理法、發票管理法、稅務機關法、稅務機關組織法、稅務爭議處理法等。例如《中華人民共和國稅收徵收管理法》。根據《中華人民共和國憲法》第五十六條「中華人民共和國公民有依照法律納稅的義務」的規定，制定稅收徵收管理的相關法律。

企業在經營過程中有依法納稅的義務。稅負是企業的一種支出，因此企業都希望在不違反稅法的前提下減少稅負。稅負的減少只能靠財務人員在理財活動中精心安排、仔細籌劃，而不能通過逃避繳納稅款的方式實現，這就要求財務人員要熟悉並精通稅法，合理合法地進行納稅籌劃，為企業的理財目標服務。

三、金融市場環境

金融市場又稱為資金市場，包括貨幣市場和資本市場，是資金融通市場。所謂資金融通，是指經濟運行過程中，資金供求雙方運用各種金融工具調節資金盈餘的活動，是所有金融交易活動的總稱。在金融市場上交易的是各種金融工具，如股票、債券、儲蓄存單等。資金融通簡稱為融資，一般分為直接融資和間接融資兩種。直接融資是資金供求雙方直接進行資金融通的活動，也就是資金需求者直接通過金融市場向社會上有資金盈餘的機構和個人籌資；間接融資則是指通過銀行所進行的資金融通活動，也就是資金需求者採取向銀行等金融仲介機構申請貸款的方式籌資。

金融市場發揮著金融仲介調節資金餘缺的功能。熟悉金融市場的各種類型以及管理規則，可以讓企業財務人員有效地組織資金的籌措和資本投資活動。

金融市場可以根據不同的標準來進行分類，常見的分類方法如圖1-1所示。

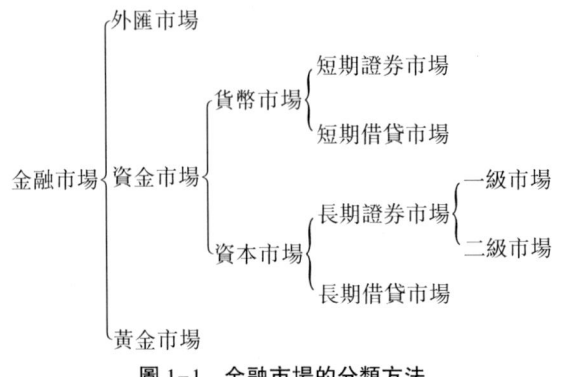

```
                    ┌ 外匯市場
                    │
                    │              ┌ 貨幣市場 ┌ 短期證券市場
                    │              │         └ 短期借貸市場
            金融市場 ┤ 資金市場 ┤
                    │              │                    ┌ 一級市場
                    │              │         ┌ 長期證券市場
                    │              └ 資本市場 ┤         └ 二級市場
                    │                        │
                    │                        └ 長期借貸市場
                    │
                    └ 黃金市場
```

圖1-1　金融市場的分類方法

1. 金融市場與公司理財

金融市場對公司財務活動的影響主要體現在：①為公司籌資和投資提供場所。金融市場上存在多種多樣靈活的籌資方式，公司需要資金時，可以到金融市場上選擇合適的籌資方式籌集所需資金，以保證生產經營的順利進行。當公司有多餘的資金時，又可以到金融市場選擇靈活多樣的投資方式，為資金的使用尋找出路。②公司可通過金融市場實現長短期資金的互相轉化。當公司持有的是長期債券和股票等長期資產時，可以在金融市場轉手變現，成為短期資金，而遠期票據也可以通過貼現變為現金。與此相反，短期資金也可以在金融市場上轉變為股票和長期債券等長期資產。③金融市場為公司理財提供相關信息。金融市場的利率變動和各種金融資產的價格變動，都反應了資金的供求狀況、宏觀經濟狀況，甚至反應了股票發行情況及債券公司的經營狀況和盈利水平。這些信息是公司進行財務管理的重要依據，財務人員應隨時關注。

2. 金融市場的構成

金融市場是由主體、客體和參加人組成的。主體是指銀行和非銀行金融機構，它們是連接投資人和籌資人的橋樑。客體是指金融市場上的交易對象，如股票、債券、商業票據等。參加人是指客體的供應者和需求者，如企業、政府部門和個人等。

金融市場的構成十分複雜，它是由許多不同的市場組成的一個龐大體系。但是，一般根據金融市場上交易工具的期限，把金融市場分為貨幣市場和資本市場兩大類。貨幣市場是融通短期（一年以內）資金的市場，資本市場是融通長期（一年以上）資金的市場。貨幣市場和資本市場又可以進一步劃分為若干不同的子市場。貨幣市場包括金融同業拆借市場、回購協議市場、商業票據市場、銀行承兌匯票市場、短期政府債券市場、大面額可轉讓存單市場等。資本市場包括中長期信貸市場和證券市場。中長期信貸市場是金融機構與工商企業之間的貸款市場；證券市場是通過證券的發行與交易進行融資的市場，包括債券市場、股票市場、基金市場、保險市場、融資租賃市場等。

3. 金融工具

財務管理人員想要深入瞭解金融市場，必須熟悉各種金融工具。金融工具按照發行和流通場所的不同，劃分為貨幣市場證券和資本市場證券。

（1）貨幣市場證券。貨幣市場證券屬於短期債務，到期日通常為一年或更短的時間，主要是政府、銀行及工商業企業發行的短期信用工具，具有期限短、流動性強和風險小的特點。貨幣市場證券包括商業本票、銀行承兌匯票、國庫券、銀行同業拆借、短期債券等。

（2）資本市場證券。資本市場證券是公司或政府發行的長期證券。其到期期限超過1年，實質上是1年期以上的中長期資本市場證券。資本市場證券包括普通股、優先股、長期公司債券、國債、衍生金融工具等。

4. 利息率及其測算

企業的財務活動均與利息率有一定的聯繫，離開了利息率這一因素，就無法正確做出籌資決策和投資決策。因此，利息率是進行財務決策的基本依據，利息率原理是財務管理中的一項基本原理。

利息率簡稱利率，是衡量資金增值量的基本單位，即資金的增值同投資人資金的價值之比。從資金流通的借貸關係來看，利率是特定時期運用資金這一資源的交易價格。也就是說，資金作為一種特殊商品，其在資金市場上的買賣，是以利率作為價格標準的，資金的融通實質上是資金資源通過利率這個價格體系在市場機制作用下進行再分配。因此，利率在資金的分配及個人和企業做出財務決策過程中起著重要作用。例如，一個企業擁有投資利潤率很高的投資機會，就可以發行較高利率的證券以吸引資金，投資者把過去投資的利率較低的證券賣掉，來購買這種利率較高的證券，這樣一來，資金將從低利率的投資項目不斷向高利率的投資項目轉移。因此，在發達的市場經濟條件下，資金從高報酬項目到低報酬項目的依次分配，是由市場機制通過資金的價格——利率的差異來決定的。

綜上所述，利率在企業財務決策和資金分配方面非常重要。那麼，究竟應該怎樣測算特定條件下未來的利率水平呢？這就必須分析利率的構成。一般而言，資金的利率由三部分構成：①純利率；②通貨膨脹補償（或稱通貨膨脹貼水）；③風險報酬。其中，風險報酬又分為違約風險報酬、流動性風險報酬和期限風險報酬三種。利率的一般計算為：

$$K = K_0 + IP + DP + LP + MP$$

式中，K 表示利率（指名義利率），K_0 表示純利率，IP 表示通貨膨脹補償，DP 表示違約風險報酬，LP 表示流動性風險報酬，MP 表示期限風險報酬。

（1）純利率。純利率是指沒有風險和沒有通貨膨脹情況下的均衡利率。影響純利率的基本因素是資金供應量和需求量，因而純利率不是一成不變的，而是隨資金供求的變化而不斷變化的。精確測定純利率是非常困難的，在實際工作中，通常以無通貨膨脹情況下的無風險證券的利率來代表純利率。

（2）通貨膨脹補償。通貨膨脹已成為世界上大多數國家經濟發展過程中難以醫治的「病症」。持續的通貨膨脹會不斷降低貨幣的實際購買力，對投資項目的投資報酬率也會產生影響。資金的供應者在通貨膨脹的情況下，必然要求提高利率水平以補償其購買力損失，所以，無風險證券的利率，除純利率之外還應加上通貨膨脹因素，以補償因通貨膨脹所遭受的損失。因此，政府發行的短期無風險證券（如國庫券）的利率就是由這兩部分組成的。其表達式為：

$$短期無風險證券利率 = 純利率 + 通貨膨脹補償$$

即：

$$R_F = K_0 + IP$$

例如，假設純利率 K_0 為 3%，預計下一年度的通貨膨脹率是 7%，則 1 年期無風險證券的利率應為 10%。計入利率的通貨膨脹率不是過去實際達到的通貨膨脹水平，而是對未來通貨膨脹的預期，當然，這是未來時期內的平均數。

（3）違約風險報酬。違約風險是指借款人無法按時支付利息或償還本金而給投資人帶來的風險。違約風險反應了借款人按期支付本金、利息費用的信用程度。借款人如果經常不能按期支付本息，則說明該借款人的違約風險較高。為了彌補違約風險，必須提高利率，否則，借款人就無法借到資金，投資人也不會進行投資。國庫券等證券由政府發行，可以視為沒有違約風險，其利率一般較低。企業債券的違約風險則要

根據企業的信用程度來決定，企業的信用程度可分為若干等級。等級越高，信用越好，違約風險越小，利率水平也越低；信譽不好，違約風險大，利率水平自然也高。

（4）流動性風險報酬。流動性是指某項資產迅速轉化為現金的可能性。如果一項資產能迅速轉化為現金，則說明其變現能力強，流動性好，流動性風險小；反之，則說明其變現能力弱，流動性不好，流動性風險大。政府債券、大公司的股票與債券，由於信用好、變現能力強，因此流動性風險小，而一些不知名的中小企業發行的證券，則流動性風險較大。一般而言，在其他因素均相同的情況下，流動性風險小和流動性風險大的證券利率差距在1~2個百分點，這就是所謂的流動性風險報酬。

（5）期限風險報酬。一項負債到期日越長，債權人承受的不確定因素就越多，承擔的風險也越大。為彌補這種風險而增加的利率水平就叫期限風險報酬。例如，同時發行的國庫券，3年期的利率就比1年期的利率高，銀行存貸款利率也一樣。因此，長期利率一般要高於短期利率，這便是期限風險報酬。

綜上所述，影響某一特定借款或投資的利率主要有以上五大因素，只要能合理預測上述因素，便能比較合理地測定利率水平。

四、社會文化環境

社會文化環境包括教育、科學、文學、藝術、新聞出版、廣播電視、衛生體育、世界觀、理想、信念、道德、習俗，以及同社會制度相適應的權利義務觀念、道德觀念、組織紀律觀念、價值觀念、勞動態度等。企業的財務活動不可避免地受到社會文化的影響。但是，社會文化對企業財務管理的影響程度不盡相同，有的具有直接影響，有的只有間接影響，有的影響比較明顯，有的影響微乎其微。

例如，隨著社會的發展，財務管理工作的內容越來越豐富，對財務管理人員的教育水平和綜合素質都提出了更高的要求。事實證明，在教育落後的情況下，財務管理水平很難獲得大幅度的提高。社會文化環境的整體優化，會從各個方面促進財務管理理論的發展。

思考與練習

一、名詞解釋

企業財務管理

獨資企業

合夥企業

公司制企業

財務管理目標

企業價值最大化

企業財務管理環境

二、單項選擇題

1. 中國財務管理的最優目標是（　　）。
   A. 利潤最大化　　　　　　　　B. 股東財富最大化
   C. 企業價值最大化　　　　　　D. 每股盈餘最大化
2. 企業同其所有者之間的財務關係反應的是（　　）。
   A. 經營權與所有權關係　　　　B. 債權與債務關係
   C. 投資與受資關係　　　　　　D. 債務與債權關係
3. 企業同其債權人之間的財務關係反應的是（　　）。
   A. 經營權與所有權關係　　　　B. 債權與債務關係
   C. 投資與受資關係　　　　　　D. 債務與債權關係
4. 企業同其投資單位之間的財務關係反應的是（　　）。
   A. 經營權與所有權關係　　　　B. 債權與債務關係
   C. 投資與受資關係　　　　　　D. 債務與債權關係
5. 在下列各項中，從甲公司的角度看，能構成「本企業與債務人之間財務關係」的業務是（　　）。
   A. 甲公司購買乙公司發行的債券　　B. 甲公司歸還所欠丙公司的貨款
   C. 甲公司為丁公司支付利息　　　　D. 甲公司從戊公司賒購產品
6. （　　）組織形式最具優勢，稱為企業普遍採用的組織形式。
   A. 普通合夥企業　　　　　　　B. 獨資企業
   C. 公司制企業　　　　　　　　D. 有限合夥企業
7. 上市公司財務管理目標實現程度的衡量標準是（　　）。
   A. 公司實現的利潤額　　　　　B. 公司的投資收益率
   C. 公司的股票價格　　　　　　D. 公司的每股盈餘
8. 下列關於財務管理活動的表述錯誤的是（　　）。
   A. 財務管理活動的主體是政府
   B. 財務管理活動應具有主動性、靈活性
   C. 企業財務管理活動具有相對穩定性
   D. 對於企業財務管理活動而言，財務管理環境是可觀的、不可控製的

三、多項選擇題

1. 企業財務活動包括（　　）。
   A. 企業籌資引起的財務活動　　B. 企業投資引起的財務活動
   C. 企業經營引起的財務活動　　D. 企業分配引起的財務活動
   E. 企業管理引起的財務活動
2. 企業的長期負債包括（　　）。
   A. 長期借款　　　　　　　　　B. 應付長期債券
   C. 應付款項　　　　　　　　　D. 應收款項

E. 長期應付款項
3. 企業內部的財務關係表現在（　　　）。
   A. 企業內部各職工之間的財務關係
   B. 企業財務管理部門與企業內部各單位之間的財務關係
   C. 企業內部各單位與各職工之間的財務關係
   D. 企業內部各單位之間的財務關係
   E. 企業與職工之間的財務關係
4. 財務管理的主要內容包括（　　　）。
   A. 資金籌集管理　　　　　　B. 投資管理
   C. 營運資金管理　　　　　　D. 利潤及其分配管理
   E. 成本費用管理
5. 按企業的經濟性質，在中國目前可將企業分為（　　　）。
   A. 全民所有制企業　　　　　B. 集體所有制企業
   C. 私營企業　　　　　　　　D. 合夥企業
   E. 混合所有制企業

四、簡答題

1. 簡述企業的財務關係。
2. 試問與合夥企業相比，公司制企業有何優缺點？
3. 簡述財務管理的原則。
4. 為什麼說企業價值最大化是財務管理的最優目標？
5. 試述財務管理環境對企業財務管理的影響。

第二章 貨幣時間價值與風險分析

案例導讀：

　　案例1：假設你和一個朋友路過一家甜餅店，一個特色甜餅要5美元，你身上剛好只有5美元，而你的朋友身無分文。你的朋友向你借了5美元用來買甜餅自己享用（不考慮兩人分享），並答應下個星期還錢。此外你的朋友堅持要為這5美元支付合理的報酬。那麼你所要求的報酬應該是多少呢？這個問題的答案表明了貨幣時間價值的含義：對放棄當前消費的機會成本所給予的公平回報。對於理性經濟人來說，只有當他們能在未來獲得更多的消費時，他們才會放棄當期的消費。放棄消費今天的一個小甜餅，你有可能會在將來消費更多的小甜餅。

　　注意：本例中，已經隱含地假定小甜餅的預期價格不會上漲（也就是不存在通貨膨脹），此外也不存在你的朋友不換錢的違約風險。如果我們預計到其中任何一種情況發生，那麼我們就應該對今天借出的資金要求更多的償還。但是我們最需要考慮的是機會成本，這是最基本的。

　　資料來源：斯蒂芬·R.福斯特.財務管理基礎[M].佚名，譯.北京：中國人民大學出版社，2006：139.

　　案例2：孫女士看到在鄰近的城市中一種品牌的火鍋餐館生意很火爆。她也想在自己所在的縣城開一家火鍋餐館，於是找到業內人士進行諮詢。花了很多時間，她終於聯繫到了火鍋餐館的中國總部。總部工作人員告訴她，如果她要加入火鍋餐館的經營隊伍必須一次性支付50萬元，並按該火鍋品牌的經營模式和經營範圍營業。孫女士提出現在沒有這麼多現金，可否分次支付，得到的答覆是如果分次支付，必須從開業當年起，每年年初支付20萬元，並支付3年。三年中如果有一年沒有按期付款，則總部將停止專營權的授予。假設孫女士現在身無分文，需要到銀行貸款開業，而按照孫女士所在縣城有關扶持下崗職工創業投資的計劃，她可以獲得年利率為5%的貸款扶持。請問孫女士現在應該一次支付還是分次支付？

第一節　貨幣時間價值

一、時間價值的概念

　　任何企業的財務活動都是在特定的時空中進行的。離開了時間價值因素，就無法

正確計算不同時期的財政收支，也無法正確評價企業盈虧。貨幣的時間價值原理正確地揭示了在不同時點上資金之間的換算關係，是財務決策的基本依據。

關於時間價值的概念和成因，國外傳統的定義是：即使在沒有風險和沒有通貨膨脹的條件下，今天1元錢的價值亦大於1年以後1元錢的價值。股東投資1元錢，就失去了當時使用或消費這1元錢的機會或權利，按時間計算的這種付出的代價或投資收益，就叫作時間價值（time value）。

上述定義只說明了時間價值的現象，並沒有說明時間價值的本質。想想看，如果資金所有者把錢埋入地下保存能否得到報酬呢？顯然不能。因此，並不是所有貨幣都有時間價值，只有把貨幣作為資本投入經營過程才能產生時間價值。也就是說，資金投入經營以後，勞動者會生產出新的產品，創造出新的價值，產品銷售以後得到的收入要大於原來投入的資金額，形成資金的增值，即時間價值是在生產經營中產生的。在一定時期內，資金從投放到回收形成一次週轉循環。每次資金週轉需要的時間越長，在特定時期之內，資金的價值就越大，投資者獲得的報酬也就越多。因此，隨著時間的推移，資金總量在循環週轉中不斷增長，使得資金具有時間價值。

需要注意的是，將貨幣作為資本投入生產過程所獲得的價值增加並不全是貨幣的時間價值。這是因為，所有的經營都不可避免地具有風險，而投資者承擔風險也要獲得相應的報酬；此外，通貨膨脹也會影響貨幣的實際購買力，因此，對所投資項目的報酬率也會產生影響。資金的供應者在通貨膨脹的情況下，必然要求索取更高的報酬以補償其購買力損失，這部分補償成為通貨膨脹貼水。可見貨幣在經營過程中產生的報酬不僅包括時間價值，還包括貨幣資金提供者要求的風險報酬和通貨膨脹貼水。因此，時間價值是扣除風險報酬和通貨膨脹貼水後的真實報酬率。

貨幣的時間價值有兩種表現形式：相對數形式和絕對數形式。相對數形式，即時間價值率，是指扣除風險報酬和通貨膨脹貼水後的平均資金利潤率或平均報酬率；絕對數形式，即時間價值額，是指資金與時間價值率的乘積。時間價值雖有兩種表示方法，但在實際工作中並不進行嚴格的區分。因此，在述及貨幣的時間價值的時候，有時用絕對數，有時用相對數。

銀行存款利率、貸款利率、各種債券利率、股票的股利率都可以看作投資報酬率，它們與時間價值都是有區別的，只有在沒有風險和通貨膨脹的情況下，時間價值才與上述各報酬率相等。

為了分層地、由簡到難地研究問題，在論述貨幣時間價值時採用抽象分析法，一般假定沒有風險、沒有通貨膨脹，以利率代表時間價值，本章也是以此假設為基礎的。

二、現金流量時間線

計算貨幣資金的時間價值，首先要清楚資金運動發生的時間和方向，即每筆資金在哪個時點上發生，資金流向是流入還是流出。現金流量時間線提供了一個重要的計算貨幣資金時間價值的工具，它可以直觀、便捷地反應資金運動發生的時間和方向。典型的現金流量時間線如圖 2-1 所示。

```
       -1 000          600            600
   ┌─────────────────────────────────────────►
   t=0             t=1            t=2
```

圖 2-1　典型的現金流量時間線

如圖 2-1 所示，橫軸為時間軸，箭頭所指方向表示時間的增加。橫軸上的坐標代表各個時點，$t=0$ 表示現在，$t=1$、2、…，分別表示從現在開始的第 1 期期末、從現在開始的第 2 期期末，依此類推。如果每期的時間間隔為 1 年，則 $t=1$ 表示從現在起第 1 年年末，$t=2$ 表示從現在起第 2 年年末。換句話說，$t=1$ 也表示第 2 年年初。

圖 2-1 中現金流量表時間線表示在 $t=0$ 時刻有 1,000 單位的現金流出，在 $t=1$ 及 $t=2$ 時刻各有 600 單位的現金流入。

現金流量時間線對於更好地理解和計算貨幣時間價值很有幫助。

三、複利終值和複利現值

利息的計算有單利和複利兩種方法。單利是指一定期間內只根據本金計算利息，當期產生的利息在下一期不作為本金，不重複計算利息。例如，本金為 1,000 元、年利率為 3.6% 的 5 年期單利定期存款，到期時的利息收入為 180 元，每年的利息收入為 36 元（1,000×3.6%）。而複利則是不僅本金要計算利息，利息也要計算利息，即通常所說的「利滾利」。複利的概念充分體現了資金時間價值的含義，因為資金可以再投資，而且理性的投資者總是盡可能快地將資金投入合適的方向，以賺取報酬。在討論資金的時間價值時，一般都按複利計算。

1. 複利終值

終值（future value，FV）是指當前的一筆資金在若干期後所具有的價值。複利終值的計算公式為：

$$FV_n = PV(1+i)^n$$

式中，FV_n 表示複利終值，PV 表示複利現值（資金當前的價值），i 表示利息率，n 表示計息期數。

式中的 $(1+i)^n$ 稱為複利終值系數（future value interest factor，FVIF），可以寫成 $FVIF_{i,n}$，也可以寫成（F/P, i, n），則複利終值的計算公式也可以表示為：

$$FV_n = PV(1+i)^n = PV \cdot FVIF_{i,n} = PV \cdot (F/P, i, n)$$

式中，符號含義同前。

利用複利終值系數表（見本書附錄）可以使上述計算變得更加方便，表 2-1 是其中的一部分。

表 2-1　　　　　　　　　複利終值系數表

利息率 i 時間 n	5.00%	6.00%	7.00%	8.00%	9.00%	10.00%
1	1.050	1.060	1.070	1.080	1.090	1.100
2	1.103	1.124	1.145	1.166	1.188	1.210
3	1.158	1.191	1.225	1.260	1.295	1.331
4	1.216	1.262	1.311	1.360	1.412	1.464
5	1.276	1.338	1.403	1.469	1.539	1.611
6	1.340	1.419	1.501	1.587	1.667	1.772
7	1.407	1.504	1.606	1.714	1.828	1.949
8	1.477	1.594	1.718	1.851	1.993	2.144
9	1.551	1.689	1.838	1.999	2.172	2.385
10	1.629	1.791	1.967	2.159	2.367	2.594

【例2-1】將1,000元錢存入銀行，年利息率為7%，按複利計算，5年後終值應為：

$$FV_n = PV(1+i)^5 = 1,000 \times (1+7\%)^5 = 1,403（元）$$

或可查表計算如下：

$$FV_5 = 1,000 \times (1+7\%)^5 = 1,000 \times FVIF_{7\%,5} = 1,000 \times 1.403 = 1,403（元）$$

2. 複利現值

複利現值（present value，PV）是指未來年份收到或支付的現金在當前的價值。由終值求現值，稱為折現或貼現，折現時使用的利息率稱為折現率。

複利現值的計算公式可由終值的計算公式導出。

由公式 $FV_n = PV(1+i)^n$ 可以得到：

$$PV = \frac{FV_n}{(1+i)^n} = FV_n \cdot \frac{1}{(1+i)^n}$$

上式中的 $\frac{1}{(1+i)^n}$ 稱為複利現值系數（present value interest factor，PVIF）或折現系數，可以寫成 $PVIF_{i,n}$，也可以寫成 $(P/F, i, n)$，PV 表示複利現值系數，其他符號含義同前。因此複利現值的計算公式也可以表示為：

$$PV = FV_n \cdot PVIF_{i,n} = FV_n \cdot (P/F, i, n)$$

為了簡化計算，也可以查閱複利現值系數表（見本書附錄），表2-2是摘自其中的一部分。

表 2-2　　　　　　　　　　　複利現值系數表

折現率 i 時間 n	5.00%	6.00%	7.00%	8.00%	9.00%	10.00%
1	0.952	0.943	0.935	0.926	0.917	0.909
2	0.907	0.890	0.873	0.857	0.842	0.826
3	0.864	0.840	0.816	0.794	0.772	0.751
4	0.823	0.792	0.763	0.735	0.708	0.683
5	0.784	0.747	0.713	0.681	0.650	0.621
6	0.746	0.705	0.666	0.630	0.596	0.564
7	0.711	0.665	0.623	0.583	0.547	0.513
8	0.677	0.627	0.582	0.540	0.502	0.467
9	0.645	0.592	0.544	0.500	0.460	0.424
10	0.614	0.558	0.508	0.463	0.422	0.386

【例 2-2】 如果計劃在 4 年後得到 3,000 元，年利率為 8%，以複利計息，則現在應存入多少錢？

計算如下：

$$PV = \frac{FV_n}{(1+i)^n} = FV_n \cdot \frac{1}{(1+i)^n} = 3,000 \times \frac{1}{(1+8\%)^4} = 2,205 （元）$$

或可查複利現值系數表計算如下：

$$PV = FV_n \cdot PVIF_{i,n} = FV_n \cdot (P/F, i, n) = 3,000 \times 0.735 = 2,205 （元）$$

四、年金終值和現值

年金（annuity）是指一定時期內每期相等金額的收付款項。折舊、利息、租金、保險費等均表現為年金的形式。年金按照付款方式，可以分為後付年金（普通年金）、預付年金（即付年金）、遞延年金和永續年金。

1. 後付年金

後付年金（ordinary annuity）是指每期期末有等額收付款項的年金。在現實經濟生活中，這種支付方式的年金最為常見，因此也稱為普通年金。

（1）後付年金終值

後付年金終值猶如零存整取的本利和，是一定時期內每期期末等額收付款項的複利終值之和。

假設：A 代表年金數額，i 代表利息，n 代表計息期數，FVA_n 代表年金終值，則後付年金終值的計算可用圖 2-2 來說明。

```
  0     1     2         n-2   n-1    n
        |     |          |     |     |
        A     A          A     A     A
                                     └──→ A(1+i)⁰
                               └─────────→ A(1+i)¹
                         └───────────────→ A(1+i)²
        └────────────────────────────────→ A(1+i)ⁿ⁻²
  └─────────────────────────────────────→ A(1+i)ⁿ⁻¹
                                          ─────────
                                            FVAₙ
```

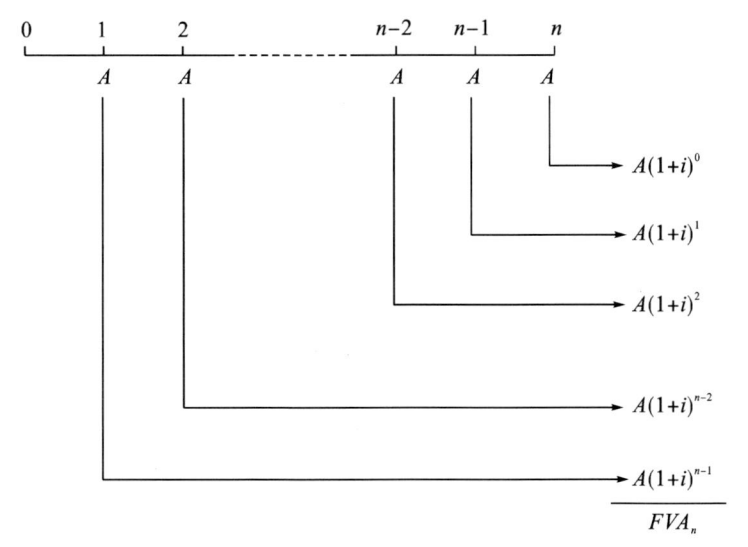

圖 2-2　後付年金終值計算示意圖

由圖 2-2 可知，後付年金終值的計算公式為：

$$FVA_n = A(1+i)^0 + A(1+i)^1 + A(1+i)^2 + \cdots + A(1+i)^{n-2} + A(1+i)^{n-1}$$

$$= A[(1+i)^0 + (1+i)^1 + (1+i)^2 + \cdots + (1+i)^{n-2} + (1+i)^{n-1}]$$

$$= A \sum_{t=1}^{n} (1+i)^{t-1}$$

式中，$\sum_{t=1}^{n}(1+i)^{t-1}$ 稱為年金終值系數或年金複利系數，通常寫作 $FVIFA_{i,n}$ 或 $(F/A, i, n)$，其他符號含義同前。因此，後付年金終值的計算公式也可以表示為：

$$FVA_n = A \cdot FVIFA_{i,n} = A \cdot (F/A, i, n)$$

式中，符號含義同前。

為了簡化計算，也可利用年金終值系數表（簡稱 FVIFA 系數表，見本書附錄），表中各年金終值系數可按下列公式計算：

$$FVIFA_{i,n} = \frac{(1+i)^n - 1}{i}$$

式中，表示各期年金終值系數，其他符號意義同前。

公式推導過程如下：

$$FVIFA_{i,n} = (1+i)^0 + (1+i)^1 + (1+i)^2 + \cdots + (1+i)^{n-2} + (1+i)^{n-1} \quad ①$$

將①式兩邊同乘以 (1+i)，得：

$$FVIFA_{i,n} \cdot (1+i) = (1+i)^1 + (1+i)^2 + (1+i)^3 + \cdots + (1+i)^{n-1} + (1+i)^n$$

②-①得：

$$FVIFA_{i,n} \cdot (1+i) - FVIFA_{i,n} = -1 + (1+i)^n$$

$$FVIFA_{i,n} \cdot i = (1+i)^n - 1$$

$$FVIFA_{i,n} = \frac{(1+i)^n - 1}{i}$$

即：$FVIFA_{i,n} = (1+i)^0 + (1+i)^1 + (1+i)^2 + \cdots + (1+i)^{n-2} + (1+i)^{n-1}$

$$= \frac{(1+i)^n - 1}{i}$$

表 2-3 為年金終值系數表的一部分。

表 2-3　　　　　　　　　　年金終值系數表

折現率 i 時間 n	5.00%	6.00%	7.00%	8.00%	9.00%	10.00%
1	1.000	1.000	1.000	1.000	1.000	1.000
2	2.050	2.060	2.070	2.080	2.090	2.100
3	3.153	3.184	3.215	3.246	3.278	3.310
4	4.310	4.375	4.440	4.506	4.573	4.641
5	5.526	5.637	5.751	5.867	5.985	6.105
6	6.802	6.975	7.153	7.336	7.523	7.716
7	8.142	8.394	8.654	8.923	9.200	9.487
8	9.549	9.897	10.260	10.637	11.028	11.436
9	11.027	11.491	11.978	12.488	13.021	13.579
10	12.578	13.181	13.816	14.487	15.193	15.937

【例 2-3】某人在 5 年中於每年年底存入銀行 100,000 元，年存款利率為 8%，以複利計息，則第 5 年年末年金終值為：

$FVA_5 = A \cdot FVIFA_{8\%,5} = 100,000 \times 5.867 = 586,700$（元）

（2）償債基金的計算

償債基金是指為使年金終值達到既定金額每期末應支付的年金數額。其實際上就是已知普通年金終值 F，求年金 A。

根據普通年金終值計算公式：

$$F = A \frac{(1+i)^n - 1}{i}$$

可知：

$$A = F \cdot \frac{i}{(1+i)^n - 1}$$

式中，$\frac{i}{(1+i)^n - 1}$ 是普通年金終值系數的倒數，稱為償債基金系數，記作 $(A/F, i, n)$。它可以把普通年金終值折算為每期需要支付的金額。償債基金系數可以製成表格備查，亦可根據普通年金終值系數求倒數確定。

【例 2-4】擬在 5 年後還清 10,000 元債務，從現在起每年年末等額存入銀行一筆款項。假設銀行存款利率為 10%，每年需要存入多少元?

解答：由於有利息因素，不必每年存入 2,000 元（10,000÷5），只要存入較少的金額，5 年後本利和即可達到 10,000 元，可用以清償債務。將有關數據代入公式：

$$A = 10,000 \times (A/F, 10\%, 5) = 10,000 \times \frac{1}{(F/A, 10\%, 5)} = 10,000 \times \frac{1}{6.105,1} = 1,638 \text{ （元）}$$

因此，在銀行存款利率為 10% 時，每年存入 1,638 元，5 年後可得 10,000 元，用來還清債務。

結論：①普通年金終值和償債基金，計算互為逆運算；②普通年金終值系數 $\frac{(1+i)^n - 1}{i}$ 和償債基金系數 $\frac{i}{(1+i)^n - 1}$ 互為倒數。

(3) 後付年金現值

一定期間每期期末等額的系列收付款項的現值之和，即為後付年金現值。年金現值的符號為 PVA_n，後付年金現值的計算過程可用圖 2-3 加以說明。

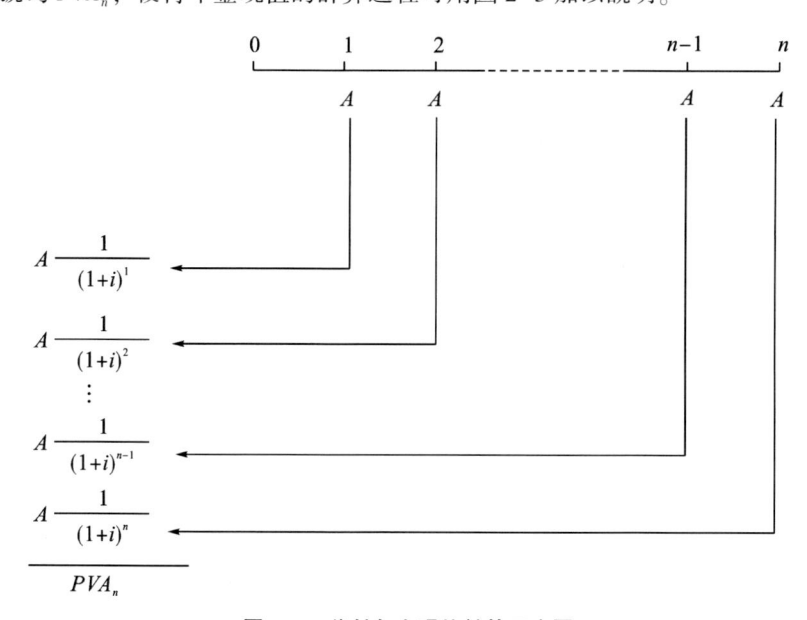

圖 2-3　後付年金現值計算示意圖

由圖 2-3 可知，後付年金現值的計算公式為：

$$PVA_n = A \frac{1}{(1+i)^1} + A \frac{1}{(1+i)^2} + \cdots + A \frac{1}{(1+i)^{n-1}} + A \frac{1}{(1+i)^n}$$

$$= A \sum_{t=1}^{n} \frac{1}{(1+i)^t}$$

式中，$\sum_{t=1}^{n} \frac{1}{(1+i)^t}$ 稱為年金現值系數，可簡寫成 $PVIFA_{i,n}$ 或 $(P/A, i, n)$，其他符號含義同前。其計算推導過程如下：

例如，1~4 年每年年末有等額收付款 10,000 元，則第一年年初的普通年金現值計算的表達式為：

$$P = 10,000 \times (1+i)^{-1} + 10,000 \times (1+i)^{-2} + 10,000 \times (1+i)^{-3} + 10,000 \times (1+i)^{-4}$$

如果年金的個數很多，用上述方法計算現值顯然相當繁瑣。因為每期取款額相等，

折算現值的系數又是有規律的，所以，可找出簡便的計算方法。

設每期末的取款金額為 A，利率為 i，期數（或年金個數）為 n，則按複利計算的普通年金現值 P 為：

$$P = A(1+i)^{-1} + A(1+i)^{-2} + \cdots + A(1+i)^{-n}$$

$$= A[(1+i)^{-1} + (1+i)^{-2} + \cdots + (1+i)^{-n}]$$

$$= A\frac{(1+i)^n - 1}{i}(1+i)^{-n}$$

$$= A\frac{1-(1+i)^{-n}}{i}$$

式中，$\dfrac{1-(1+i)^{-n}}{i}$ 是普通年金為 1 元、利率為 i、經過 n 期的年金現值，記作（P/A, i, n）。可據此編制「年金現值系數表」（見本書附錄），以供查閱。

【例2-5】某人出國 3 年，請你代付房租，每年租金為 10,000 元，設銀行存款利率為 10%，他應當現在給你在銀行存入多少錢？

解答：
$P = 10,000 \times (1+10\%)^{-1} + 10,000 \times (1+10\%)^{-2} + 10,000 \times (1+10\%)^{-3}$

$= 10,000 \times (P/A, 10\%, 3)$

$= 10,000 \times 2.486,9$

$= 24,869$（元）

(4) 資本回收額的計算

資本回收額是指為使年金現值達到既定金額每期期末應取款的年金數額。其實際上就是已知普通年金現值 P，求年金 A。根據普通年金現值計算公式：

$$P = A\frac{1-(1+i)^{-n}}{i}$$

可知：

$$A = P \cdot \frac{i}{1-(1+i)^{-n}}$$

式中，$\dfrac{i}{1-(1+i)^{-n}}$ 是普通年金現值系數的倒數，稱資本回收系數，記作（A/P, i, n）。它可以把普通年金現值折算為每期需要取款的金額。資本回收系數可以制成表格備查，亦可根據普通年金現值系數求倒數確定。

【例2-6】假設以 10% 的利率借款 20,000 元，投資於某個壽命為 10 年的項目，每年至少要收回多少現金才是有利的？

解答：

$$A = 20,000 \times \frac{1}{(P/A, 10\%, 10)} = 20,000 \times \frac{1}{6.144,6} = 3,254 \text{（元）}$$

因此，每年至少要收回 3,254 元，才能還清貸款本利。

結論：①普通年金現值和資本回收額，計算互為逆運算；②普通年金現值系數

$\dfrac{1-(1+i)^{-n}}{i}$ 和資本回收系數 $\dfrac{i}{1-(1+i)^{-n}}$ 互為倒數。

需要說明的是，若已知普通年金現值（或者普通年金終值）、年金 A 以及期數 n（或者利率 i），應計算出對應的利率 i（或者期數 n）。

【例2-7】 某人投資 100,000 元，按複利計算，在折現率為多少時，才能保證在以後 10 年中每年年末得到 14,000 元收益？

解答：

$(P/A, i, 10) = 100,000 \div 14,000 = 7.142,9$

∵ $(P/A, 6\%, 10) = 7.360,1 > 7.142,9$

$(P/A, 7\%, 10) = 7.023,6 < 7.142,9$

∴ $6\% < i < 7\%$，運用內插法：

$\dfrac{i-6\%}{7\%-6\%} = \dfrac{7.142,9-7.360,1}{7.023,6-7.360,1}$

$i = 6.45\%$

因此，在折現率為 6.45% 時，才能保證在以後 10 年中每年年末得到 14,000 元的收益。

【例2-8】 某企業擬購置一臺 A 設備，更新目前使用的 B 設備，每月可節約燃料費用 800 元，但 A 設備價格較 B 設備高出 14,500 元。問：A 設備應使用多少年才合算？（假設利率為 12%，每月計複利一次）

解答：

$14,500 = 800 \times (P/A, 1\%, n)$

$(P/A, 1\%, n) = 14,500/800 = 18.125$

查「年金現值係數表」可知：

$(P/A, 1\%, 20) = 18.045,6 < 18.125$

$(P/A, 1\%, 21) = 18.857,0 > 18.125$

∴ $20 < n < 21$，運用內插法：

$\dfrac{n-20}{21-20} = \dfrac{18.125-18.045,6}{18.857,0-18.045,6}$

$n = 20.1$

因此，A 設備的使用壽命至少應達到 20.1 個月，否則不如購置價格較低的 B 設備。

2. 預付年金

預付年金是指在每期期初收付的年金，又稱即付年金或先付年金。預付年金收付形式如圖 2-4 所示。

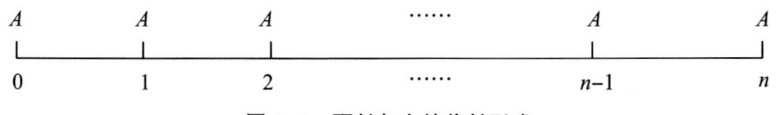

圖 2-4　預付年金的收付形式

(1) 預付年金終值計算

n 期預付年金與 n 期普通年金的付款次數相同，但由於付款時間的不同，n 期預付年金終值（即 n 期預付年金在第 n 期期末的價值）比 n 期普通年金終值多計算一次利息，或者說比 $n+1$ 期普通年金終值少付一次款，所以，可根據普通年金終值公式來計算預付年金終值。預付年金終值的計算如下：

$$F = A(F/A, i, n)(1+i)$$
$$= A(F/A, i, n+1) - A$$
$$= A[(F/A, i, n+1) - 1]$$

式中，$(F/A, i, n)(1+i)$、$(F/A, i, n+1)-1$ 是預付年金終值系數，或稱 1 元的預付年金終值。它和普通年金終值系數相比，期數加 1，而系數減 1，並可利用「年金終值系數表」查得 $(n+1)$ 期的值，減去 1 後得出 1 元的預付年金終值。

【例 2-9】$A=200$，$i=8\%$，$n=6$ 的預付年金終值是多少？

解答：

$$F = A[(F/A, i, n+1) - 1] = 200 \times [(F/A, 8\%, 6+1) - 1]$$
$$= 200 \times [(F/A, 8\%, 7) - 1]$$
$$= 200 \times (8.922, 8-1) = 1,584.56 \text{（元）}$$

或者：

$$F = A(F/A, i, n)(1+i) = 200 \times (F/A, 8\%, 6)(1+8\%)$$
$$= 200 \times 7.335, 9 \times 1.08 = 1,584.55 \text{（元）}$$

(2) 預付年金現值計算

n 期預付年金與 n 期普通年金的付款次數相同，但由於付款時間的不同，n 期預付年金現值（即 n 期預付年金在 0 時點的價值）比 n 期普通年金現值多計算一次利息，或者說比 $n-1$ 期普通年金多一期不用貼現的付款 A，所以，可根據普通年金現值公式來計算預付年金現值。預付年金現值的計算如下：

$$P = A(P/A, i, n)(1+i)$$
$$= A + A(P/A, i, n-1)$$
$$= A[(P/A, i, n-1) + 1]$$

式中，$(P/A, i, n)(1+i)$、$(P/A, i, n-1)+1$ 是預付年金現值系數，或稱 1 元的預付年金現值。它和普通年金現值系數 $(P/A, i, n)$ 相比，期數要減 1，而系數要加 1，可利用「年金現值系數表」查得 $(n-1)$ 期的值，然後加 1，得出 1 元的預付年金現值。

【例 2-10】某項購物採取 6 年分期付款的方式，每年年初付 200 元，設銀行利率為 10%，該項分期付款相當於一次性現金支付的購價是多少？

解答：

$$P = A[(P/A, i, n-1) + 1] = 200 \times [(P/A, 10\%, 5) + 1]$$
$$= 200 \times (3.790, 8+1) = 958.16 \text{（元）}$$

或者：

$$P = A(P/A, i, n)(1+i) = 200 \times (P/A, 10\%, 6) \times (1+10\%)$$
$$= 200 \times 4.355, 3 \times 1.1 = 958.166 \text{（元）}$$

3. 遞延年金

遞延年金是指第一次收付發生在第二期或第二期以後的年金。遞延年金的收付形式如圖2-5所示。從圖2-5中可以看出，前三期沒有發生收付。一般用 m 表示遞延期數，本例的 $m=3$。第一次收付發生在第四期期末，連續收付4次，即 $n=4$。

遞延年金終值的計算方法和普通年金終值類似。

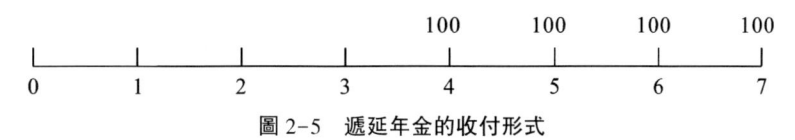

```
                        100    100    100    100
├──────┼──────┼──────┼──────┼──────┼──────┼──────┤
0      1      2      3      4      5      6      7
```

圖2-5　遞延年金的收付形式

$F = A(F/A, i, n)$

　　$= 100 \times (F/A, 10\%, 4)$

　　$= 100 \times 4.641\,0$

　　$= 464.10$（元）

遞延年金的現值計算方法有兩種：

第一種方法，是把遞延年金視為 n 期普通年金，求出遞延期期末的現值，然後再將此現值調整到第一期期初（即圖2-5中0的位置）。

$P_3 = A(P/A, i, n) = 100 \times (P/A, 10\%, 4)$

　　$= 100 \times 3.170$

　　$= 317$（元）

$P_0 = P_3(1+i)^{-m}$

　　$= 317 \times (1+10\%)^{-3}$

　　$= 317 \times 0.751\,3$

　　$= 238.16$（元）

第二種方法，是假設遞延期期中也進行支付，先求出 $(m+n)$ 期的年金現值，然後，扣除實際並未支付的遞延期 (m) 的年金現值，即可得出最終結果。

$P_0 = 100 \times (P/A, i, m+n) - 100 \times (P/A, i, m)$

　　$= 100 \times (P/A, 10\%, 3+4) - 100 \times (P/A, 10\%, 3)$

　　$= 100 \times 4.868\,4 - 100 \times 2.486\,9$

　　$= 486.84 - 248.69$

　　$= 238.15$（元）

4. 永續年金

無限期定額支付的年金，稱為永續年金。現實中的存本取息，可視為永續年金的一個例子。

永續年金沒有終止的時間，也就沒有終值。永續年金的現值可以通過普通年金現值的計算公式導出：

$$P = A \cdot \frac{1-(1+i)^{-n}}{i}$$

當 $n \to \infty$ 時，$(1+i)^{-n}$ 的極限為0，故上式可寫成：

$$P = \frac{A}{i}$$

【例2-11】 擬建立一項永久性的獎學金，每年計劃頒發10,000元獎金。若利率為10%，現在應存入多少錢？

$$P = 10,000 \times \frac{1}{10\%}$$
$$= 100,000 \text{（元）}$$

第二節　風險和收益

本節主要討論風險和收益的關係，目的是解決估價時如何確定折現率的問題。折現率應當根據投資者要求的必要收益率來確定。實證研究表明，必要收益率取決於投資的風險，風險越大要求的必要收益率越高。不同風險的投資，需要使用不同的折現率。那麼，投資的風險如何計量？特定的風險需要多少收益來補償？這些就成為選擇折現率的關鍵問題。

一、風險的概念與類別

(一) 風險的概念

風險是現代企業財務管理環境的一個重要特徵，在企業財務管理的每一個環節都不可避免地要面對風險。

風險是預期結果的不確定性。風險不僅包括負面效應的不確定性，還包括正面效應的不確定性。風險的負面效應，可以稱為「危險」，人們對於危險，需要識別、衡量、防範和控製，即對危險進行管理。風險的另一部分即正面效應，可以稱為「機會」。人們對於機會，需要識別、衡量、選擇和獲取。理財活動不僅要管理危險，還要識別、衡量、選擇和獲取增加企業價值的機會。

在理解風險概念時，首先應明確風險是事件本身的不確定性，具有客觀性。特定投資的風險是客觀的，是否去冒風險及冒多大風險，是可以選擇的，是主觀決定的。其次，風險可能給投資人帶來超出預期的收益，也可能帶來超出預期的損失。但從財務管理的角度看，風險主要指無法達到預期報酬的可能性。最後，風險和不確定性是有區別的。風險是指事前可以知道所有可能的後果，以及每種後果的概率；不確定性指事前無法知道所有可能的後果，更不清楚每種後果的概率。

(二) 風險的類別

風險可按不同的分類標誌進行分類：

1. 從個別理財主體的角度看，風險分為系統風險和非系統風險

系統風險是指那些影響所有公司的因素引起的風險，例如戰爭、經濟衰退、通貨膨脹、高利率等。由於系統風險是影響整個資本市場的風險，所以也被稱為「市場風

險」。由於系統風險沒有有效的方法消除，所以也被稱為「不可分散風險」。

非系統風險是指發生於個別公司的特有事件造成的風險，例如，一家公司的工人罷工、新產品開發失敗、失去重要的銷售合同、訴訟失敗，或者宣告發現新礦藏、取得一個重要合同等。這類事件是非預期的、隨機發生的，只影響一個或少數公司，不會對整個市場產生太大影響。這種風險可以通過多樣化投資來分散，即發生於一家公司的不利事件可以被其他公司的有利事件所抵銷。由於非系統風險是個別公司或個別資產所特有的，因此也被稱為「特殊風險」或「特有風險」。由於非系統風險可以通過投資多樣化分散掉，因此也被稱為「可分散風險」。

2. 從企業的角度看，風險分為經營風險和財務風險

經營風險是指因生產經營方面的原因給企業盈利帶來的不確定性。企業生產經營的許多方面都會受到來源於企業外部和內部的諸多因素的影響，具有很大的不確定性。比如：由於原材料供應地的政治經濟情況變動，運輸路線改變，原材料價格變動，新材料、新設備的出現等因素帶來的供應方面的風險；由於產品生產方向不對頭，產品更新時期掌握不好，生產質量不合格，新產品、新技術開發試驗不成功，生產組織不合理等因素帶來的生產方面的風險；由於出現新的競爭對手，消費者愛好發生變化，銷售決策失誤，產品廣告推銷不力以及貨款回收不及時等因素帶來的銷售方面的風險。所有這些生產經營方面的不確定性，都會引起企業的利潤或利潤率的高低變化。

財務風險是指由於舉債而給企業盈利帶來不利影響的可能性。對財務風險的管理，關鍵是要保證有一個合理的資本結構，維持適當的負債水平，既要充分利用舉債經營這一手段獲取財務槓桿收益，提高自有資金盈利能力，同時要注意防止過度舉債而引起的財務風險的加大，避免陷入財務困境。

二、單項資產的風險和收益

風險的衡量需要使用概率和統計方法。

（一）概率

在經濟活動中，某一事件在相同的條件下可能發生也可能不發生，這類事件稱為隨機事件。概率就是用來表示隨機事件發生可能性大小的數值。通常，把必然發生的事件的概率定為 1，把不可能發生的事件的概率定為 0，而一般隨機事件的概率是介於 0 與 1 之間的一個數。概率越大就表示該事件發生的可能性越大。

【例 2-12】某公司有兩個投資機會，A 投資機會是一個高科技項目。該領域競爭很激烈，如果經濟發展迅速並且該項目搞得好，取得較大市場佔有率，利潤會很大；否則，利潤很小甚至虧本。B 項目是一個老產品並且是必需品，銷售前景可以準確預測出來。假設未來的經濟情況只有三種：繁榮、正常、衰退。有關的概率分佈和預期收益率如表 2-4 所示。

表 2-4　　　　　　　　　　　　公司未來經濟情況表

經濟情況	發生概率	A項目預期收益率	B項目預期收益率
繁榮	0.3	90%	20%
正常	0.4	15%	15%
衰退	0.3	-60%	10%
合計	1.0		

在這裡，概率表示每一種經濟情況出現的可能性同時也就是各種不同預期收益率出現的可能性。例如，未來經濟情況出現繁榮的可能性有0.3。假如這種情況真的出現，A項目可獲得高達90%的收益率。也就是說，採納A項目獲利90%的可能性是0.3。當然，收益率作為一種隨機變量，受多種因素的影響。我們這裡為了簡化，假設其他因素都相同，只有經濟情況一個因素影響收益率。

(二) 離散型分佈和連續型分佈

如果隨機變量（如收益率）只取有限個值，並且對應於這些值有確定的概率，則稱隨機變量是離散型分佈。前面的【例2-12】就屬於離散型分佈，它有三個值，如圖2-6所示。

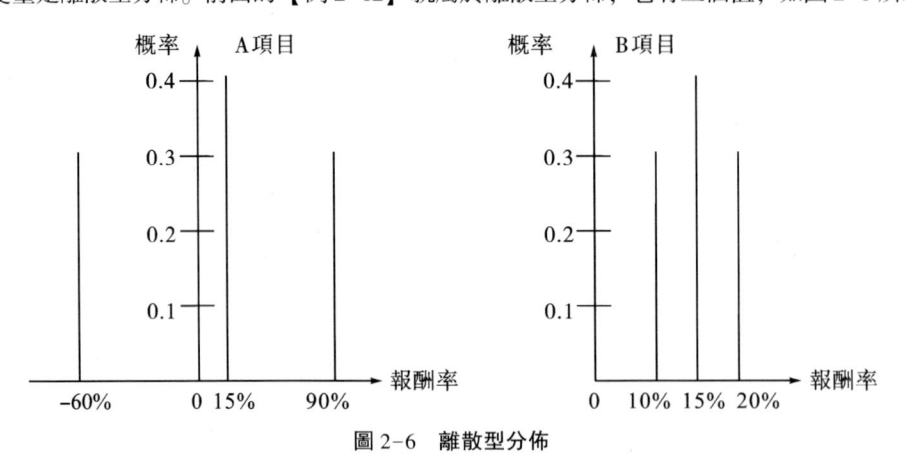

圖 2-6　離散型分佈

實際上，出現的經濟情況遠不止三種，有無數可能的情況會出現。如果對每種情況都賦予一個概率，並分別測定其收益率，則可用連續型分佈描述，如圖2-7所示。

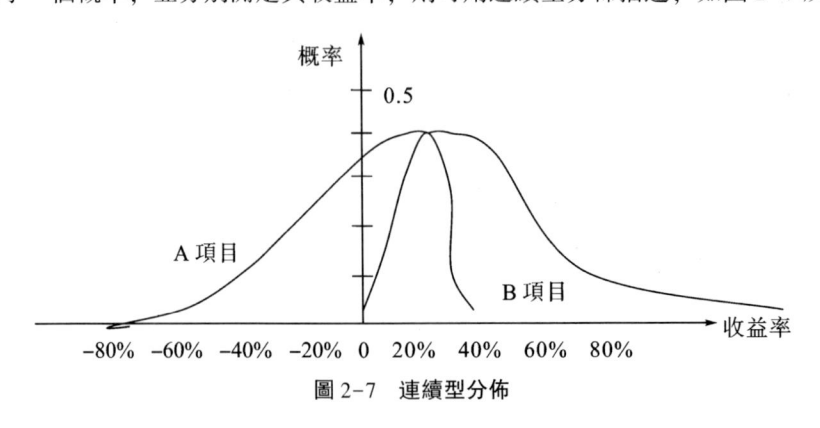

圖 2-7　連續型分佈

從圖 2-7 可以看到，我們給出例子的收益率呈正態分佈，其主要特徵是曲線為對稱的鐘形。實際上並非所有問題都按正態分佈。但是，按照統計學的理論，不論總體分佈是正態還是非正態，當樣本很大時，其樣本平均數都呈正態分佈。一般說來，如果被研究的量受彼此獨立的大量偶然因素的影響，並且每個因素在總的影響中只佔很小一部分，那麼，這個總影響所引起的數量上的變化，就近似服從於正態分佈。所以，正態分佈在統計上被廣泛使用。

（三）預期值

隨機變量的各個取值，以相應的概率為權數的加權平均數，叫作隨機變量的預期值（數學期望或均值）。它反應隨機變量取值的平均化。

$$預期值(\bar{K}) = \sum_{i=1}^{N}(P_i \times K_i)$$

式中：P_i——第 i 種結果出現的概率；

K_i——第 i 種結果出現後的預期收益率；

N——所有可能結果的數目。

根據【例 2-12】的資料，據此計算：

預期收益率（A）= 0.3×90%+0.4×15%+0.3×(−60%) = 15%

預期收益率（B）= 0.3×20%+0.4×15%+0.3×10% = 15%

兩者的預期收益率相同，但其概率分佈不同（見圖 2-6）。A 項目的收益率的分散程度大，變動範圍為−60%~90%；B 項目的收益率的分散程度小，變動範圍為 10%~20%。這說明兩個項目的收益率相同，但風險不同。為了定量地衡量風險大小，還要使用統計學中衡量概率分佈離散程度的指標。

需要說明的是，現實中要找到隨機變量的概率是相當困難的，因此還可以採用如下方法計算預期值：

首先收集能夠代表預測期收益率分佈的歷史收益率的樣本，假定所有歷史收益率的觀察值出現的概率相等，那麼預期收益率就是所有數據的簡單算術平均值。

【例 2-13】某公司股票的歷史收益率數據如表 2-5 所示，請用算術平均值估計預期收益率。

表 2-5　　　　　　　　　某公司股票的歷史收益率

年度	1	2	3	4	5	6
收益率	26%	11%	15%	27%	21%	32%

解答：

預期收益率 =（26%+11%+15%+27%+21%+32%）÷6 = 22%

（四）離散程度

離散程度是用以衡量風險大小的統計指標。一般說來，離散程度越大，風險越大；離散程度越小，風險越小。

反應隨機變量離散程度的指標包括平均差、方差、標準差、標準離差率和全距等。

本書主要介紹標準差和標準離差率兩項指標。

1. 標準差

標準差是用來表示隨機變量與期望值之間離散程度的一個數值。在已經知道每個變量值出現概率的情況下，標準差可以按下式計算：

$$標準差(\sigma) = \sqrt{\sum_{i=1}^{n}(K_i - \bar{K})^2 \times P_i}$$

在已知歷史收益率（樣本）的情況下，樣本標準差可以按下式計算：

$$樣本標準差 = \sqrt{\frac{\sum_{i=1}^{N}(K_i - \bar{K})^2}{N-1}}$$

標準差是一個絕對數，在預期收益率相同的情況下，標準差越大，風險越大；標準差越小，風險越小。它用於預期收益率相同的各項投資的風險程度的比較。

根據【例2-12】的有關數據，據此計算：

A項目的標準差：

$$\sigma_A = \sqrt{(90\%-15\%)^2 \times 0.30 + (15\%-15\%)^2 \times 0.40 + (-60\%-15\%)^2 \times 0.30}$$
$$= 58.09\%$$

B項目的標準差：

$$\sigma_B = \sqrt{(20\%-15\%)^2 \times 0.30 + (15\%-15\%)^2 \times 0.40 + (10\%-15\%)^2 \times 0.30}$$
$$= 3.87\%$$

由於它們的預期收益率相同，因此可以認為A項目的風險比B項目大。

2. 標準離差率

標準離差率是標準差同預期值之比，也稱變化系數。其計算公式為：

$$標準離差率 = \frac{標準差}{預期值}$$

標準離差率是一個相對指標，無論預期值是否相同，標準離差率越大，風險越大；標準離差率越小，風險越小。

【例2-14】A證券的預期收益率為10%，標準差是12%；B證券的預期收益率為18%，標準差是20%。

變化系數（A）= 12%÷10% = 1.20

變化系數（B）= 20%÷18% = 1.11

直接從標準差看，B證券的離散程度較大，那麼能否說B證券的風險比A證券大呢？不能輕易下這個結論，因為B證券的平均收益率較大。如果以各自的平均收益率為基礎觀察，A證券的標準差是其均值的1.20倍，而B證券的標準差只是其均值的1.11倍，B證券的相對風險較小。也就是說，A的絕對風險較小，但相對風險較大，B與此正相反。

（五）風險控製對策

1. 規避風險

當資產風險所造成的損失不能由該資產可能獲得的收益予以抵銷時，應當放棄該資產，以規避風險。例如，拒絕與不守信用的廠商業務往來，放棄可能明顯導致虧損的投資項目。

2. 減少風險

減少風險主要有兩方面意思：一是控製風險因素，減少風險的發生；二是控製風險發生的頻率和降低風險損害程度。減少風險的常用方法有：進行準確的預測；對決策進行多方案優選和替代；及時與政府部門溝通獲取政策信息；在發展新產品前，充分進行市場調研；採用多領域、多地域、多項目、多品種的經營或投資以分散風險。

3. 轉移風險

對可能給企業帶來災難性損失的資產，企業應以一定的代價，採取某種方式轉移風險。如向保險公司投保，採取合資、聯營、聯合開發等措施實現風險共擔，通過技術轉讓、租賃經營和業務外包等實現風險轉移。

4. 接受風險

接受風險包括風險自擔和風險自保。風險自擔是指風險損失發生時，直接將損失攤入成本或費用，或衝減利潤；風險自保是指企業預留一筆風險金或隨著生產經營的進行，有計劃地計提資產減值準備等。

三、投資組合的風險和收益

投資組合理論認為，若干種證券組成的投資組合，其收益是這些證券收益的加權平均數，但是其風險不是這些證券風險的加權平均風險，投資組合能降低風險。

這裡的「證券」是「資產」的代名詞，可以是任何產生現金流的東西，例如一項生產性實物資產、一條生產線或者一個企業。

（一）投資組合的預期收益率

兩種或兩種以上證券的組合，其預期收益率可以直接表示為：

$$K_p = \sum_{i=1}^{n} K_i W_i$$

式中：K_i 是第 i 種證券的預期收益率，W_i 是第 i 種證券在全部投資額中的比重，n 是組合中的證券種類總數。

（二）投資組合預期收益率的標準差

投資組合預期收益率的標準差，並不是單個證券標準差的簡單加權平均。投資組合的風險不僅取決於組合內的各個證券的風險，還取決於各個證券之間的關係。

投資組合收益率概率分佈的標準差是：

$$\sigma_p = \sqrt{\sum_{j=1}^{n} \sum_{k=1}^{n} W_j W_k \sigma_{jk}}$$

式中：n 是組合內證券種類總數，W_j 是第 j 種證券在投資總額中的比例，W_k 是第 k 種證

券在投資總額中的比例，σ_{jk}是第j種證券與第k種證券收益率的協方差。

協方差的計算如下：

$$\sigma_{jk} = r_{jk}\sigma_j\sigma_k$$

式中：r_{jk}是證券j和證券k收益率之間的預期相關係數，σ_j是第j種證券的標準差，σ_k是第k種證券的標準差。

證券j和證券k收益率概率分佈的標準差的計算方法，在前面講述單項證券標準差時已經介紹過。

1. 兩種證券組合的風險

兩種證券組合的收益率的方差：

$$\sigma_p^2 = W_1^2\sigma_1^2 + W_2^2\sigma_2^2 + 2W_1W_2r_{12}\sigma_1\sigma_2$$

式中：r_{12}為相關係數，反應兩種證券收益率的相關程度，即兩種證券收益率之間相對運動的狀態。理論上，相關係數介於區間[-1，1]內。

當$r_{12}=1$時，表明兩種證券的收益率具有完全正相關的關係，即它們的收益率變化方向和變化程度完全相同。這時，$\sigma_p^2 = W_1^2\sigma_1^2 + W_2^2\sigma_2^2 + 2W_1W_2\sigma_1\sigma_2$，標準差$\sigma_p = W_1\sigma_1 + W_2\sigma_2$，即$\sigma_p^2$或$\sigma_p$達到最大。由此表明，組合的風險等於組合中各項證券風險的加權平均值。換句話說，當兩種證券的收益率完全正相關時，兩種證券的風險完全不能互相抵消，所以這樣的證券組合不能降低任何風險。

當$r_{12}=-1$時，表明兩種證券的收益率具有完全負相關的關係，即它們的收益率變化方向和變化程度完全相反。此時，$\sigma_p^2 = (W_1\sigma_1 - W_2\sigma_2)^2$，$\sigma_p = |W_1\sigma_1 - W_2\sigma_2|$，即$\sigma_p^2$或$\sigma_p$達到最小，甚至可能是零。因此，當兩種證券的收益率具有完全負相關關係時，兩者之間的風險可以充分地相互抵消，甚至完全消除。因而，由這樣的證券組成的組合就可以最大限度地抵消非系統風險。

當$r_{12}=0$時，每種證券的收益率相對於其他證券的收益率獨立變動。此時，$\sigma_p^2 = W_1^2\sigma_1^2 + W_2^2\sigma_2^2$，比完全正相關時的小，比完全負相關時的大，這樣的證券組合具有風險分散化效應。

在實際中，兩項證券的收益率具有完全正相關和完全負相關的情況幾乎是不可能的。絕大多數證券兩兩之間都具有不完全的相關關係，即$-1<r_{12}<1$。因此，證券投資組合可以降低風險，但不能完全消除風險，組合中的證券種類越多，風險越小。若投資組合中包括全部證券，證券組合就不承擔非系統風險，只承擔系統風險。因此，只要兩種證券之間的相關係數小於1，證券組合收益率的標準差就小於各證券收益率標準差的加權平均數。

【例2-15】假設投資100萬元，A和B各占50%。如果A和B完全負相關，即一個變量的增加值永遠等於另一個變量的減少值，組合的風險被全部抵銷，如表2-6所示。如果A和B完全正相關，即一個變量的增加值永遠等於另一個變量的增加值。組合的風險不減少也不擴大，如表2-7所示。

表 2-6　　　　　　　　　　　完全負相關的證券組合數據

方案	A		B		組合	
年度	收益	收益率	收益	收益率	收益	收益率
20×1	20	40%	-5	-10%	15	15%
20×2	-5	-10%	20	40%	15	15%
20×3	17.5	35%	-2.5	-5%	15	15%
20×4	-2.5	-5%	17.5	35%	15	15%
20×5	7.5	15%	7.5	15%	15	15%
平均數	7.5	15%	7.5	15%	15	15%
標準差		22.6%		22.6%		0

表 2-7　　　　　　　　　　　完全正相關的證券組合數據

方案	A		B		組合	
年度	收益	收益率	收益	收益率	收益	收益率
20×1	20	40%	20	40%	40	40%
20×2	-5	-10%	-5	-10%	-10	-10%
20×3	17.5	35%	17.5	35%	35	35%
20×4	-2.5	-5%	-2.5	-5%	-5	-5%
20×5	7.5	15%	7.5	15%	15	15%
平均數	7.5	15%	7.5	15%	15	15%
標準差		22.6%		22.6%		22.6%

【例 2-16】假設 A 證券的預期收益率為 10%，標準差是 12%。B 證券的預期收益率為 18%，標準差是 20%。假設等比例投資於兩種證券，即各占 50%。

該組合的預期收益率為：

$K_p = 10\% \times 0.50 + 18\% \times 0.50 = 14\%$

如果兩種證券的相關係數等於 1，沒有任何抵銷作用，在等比例投資的情況下該組合的標準差等於兩種證券各自標準差的簡單算術平均數，即 16%。

如果兩種證券之間的預期相關係數是 0.2，那麼組合的標準差會小於標準差的加權平均數。其標準差是：

$$\sigma_p = \sqrt{(0.5 \times 0.5 \times 1.0 \times 0.12^2 + 2 \times 0.5 \times 0.5 \times 0.20 \times 0.12 \times 0.2 + 0.5 \times 0.5 \times 1.0 \times 0.2^2)}$$
$$= \sqrt{0.003,6 + 0.002,4 + 0.01}$$
$$= 12.65\%$$

從這個計算過程可以看出：只要兩種證券之間的相關係數小於 1，證券組合收益率的標準差就小於各證券收益率標準差的加權平均數。

2. 多種證券組合的風險

一般來講，隨著證券組合中證券個數的增加，證券組合的風險會逐漸降低，當證

券的個數增加到一定程度時，證券組合的風險程度將趨於平穩，這時組合風險的降低將非常緩慢直到不再降低，如圖 2-8 所示。

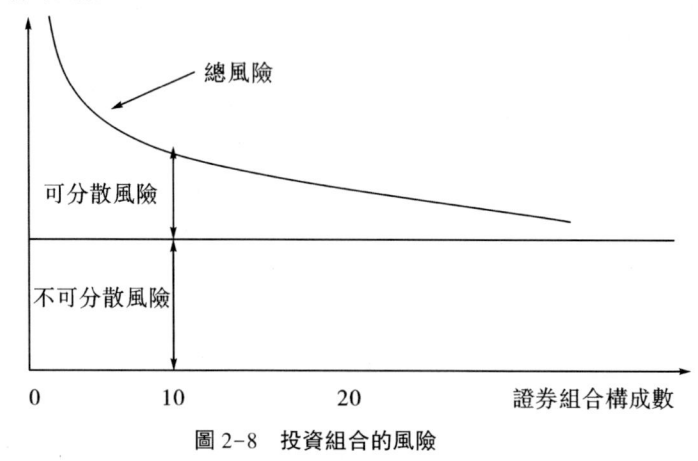

圖 2-8　投資組合的風險

值得注意的是，在風險分散的過程中，不應當過分誇大證券多樣性的作用。實際上，在證券組合中證券數目較少時，增加證券的個數，分散風險的效應會比較明顯，但證券數目增加到一定程度時，風險分散的效應就會逐漸減弱。經驗數據表明，組合中不同行業的證券個數達到 20 個時，絕大多數非系統風險已被消除掉。此時，如果繼續增加證券數目，對分散風險已經沒有多大的實際意義，只會增加管理成本。另外不要指望通過證券多樣化達到完全消除風險的目的，因為系統風險是不能夠通過風險的分散來消除的。

四、資本資產定價模型（CAPM 模型）

1964 年，威廉·夏普（William Sharp）根據投資組合理論提出了資本資產定價模型（CAPM）。資本資產定價模型，是財務學形成和發展中最重要的里程碑。它第一次使人們可以量化市場的風險程度，並且能夠對風險進行具體定價。

資本資產定價模型的研究對象，是充分組合情況下風險與要求的收益率之間的均衡關係。資本資產定價模型可用於回答如下不容迴避的問題：為了補償某一特定程度的風險，投資者應該獲得多大的收益率？在前面的討論中，我們將風險定義為預期收益率的不確定性；然後根據投資理論將風險區分為系統風險和非系統風險，知道了在高度分散化的資本市場裡只有系統風險，並且會得到相應的回報。現在我們將討論如何衡量系統風險以及如何給風險定價。

（一）系統風險的度量

既然一項資產的期望收益率取決於它的系統風險，那麼度量系統風險就成了一個關鍵問題。

度量一項資產系統風險的指標是貝他係數，用希臘字母 β 表示。貝他係數被定義為某個證券的收益率與市場組合之間的相關性。其計算公式如下：

$$\beta_j = \frac{r_{jm}\sigma_j\sigma_m}{\sigma_m^2} = r_{jm}\left(\frac{\sigma_j}{\sigma_m}\right)$$

根據上式可以看出，一種股票的 β 值取決於：①該股票與整個股票市場的相關性；②它自身的標準差；③整個市場的標準差。

【例2-17】J 股票歷史已獲得收益率以及市場歷史已獲得收益率的有關資料如表 2-8 所示，並且已知 J 股票與市場收益率的相關係數為 0.892,7，要求計算 J 股票的 β 值。

表 2-8　　　　　　　　　　計算 β 值的數據

年度	J 股票收益率（Y_i）	市場收益率（X_i）
1	1.8	1.5
2	-0.5	1
3	2	0
4	-2	-2
5	5	4
6	5	3

解答：計算 J 股票 β 值的數據準備過程如表 2-9 所示。

表 2-9　　　　　　　　　　計算 β 值的數據準備

年度	J 股票收益率（Y_i）	市場收益率（X_i）	($X_i-\bar{X}$)	($Y_i-\bar{Y}$)	($X_i-\bar{X}$)²	($Y_i-\bar{Y}$)²
1	1.8	1.5	0.25	-0.08	0.062,5	0.006,4
2	-0.5	1	-0.25	-2.38	0.625	5.664,4
3	2	0	1.25	0.12	1.562,5	0.014,4
4	-2	-2	-3.25	-3.88	10.562,5	15.054,4
5	5	4	2.75	3.12	7.562,5	9.734,4
6	5	3	1.75	3.12	3.062,5	9.734,4
合計	11.3	7.5			22.875	40.208,4
平均數	1.88	1.25				
標準差	2.835,8	2.138,9				

標準差的計算：

$$\sigma_m = \sqrt{\frac{22.875}{6-1}} = 2.138,9$$

$$\sigma_j = \sqrt{\frac{40.208,4}{6-1}} = 2.835,8$$

貝他係數的計算：

$$\beta_j = r_{jm}\left(\frac{\sigma_j}{\sigma_m}\right)$$

$$= 0.892,7 \times \frac{2.835,8}{2.138,9} = 1.18$$

貝他系數的經濟意義在於，它告訴我們相對於市場組合而言，特定資產的系統風險是多少。例如，市場組合相對於它自己的貝他系數是 1；如果某股票的 $\beta=0.5$，表明它的系統風險是市場組合系統風險的 0.5，其收益率的變動性只有一般市場變動性的一半；如果某股票的 $\beta=2.0$，說明這種股票的變動幅度為一般市場變動的 2 倍。總之，某一股票的 β 值反應了這種股票收益的變動與整個股票市場收益變動之間的相關性及其程度。

(二) 投資組合的貝他系數

投資組合的 β_p 等於被組合各證券 β 值的加權平均數：

$$\beta_p = \sum_{i=1}^{n} X_i \beta_i$$

如果一個高 β 值股票（$\beta>1$）被加入一個平均風險組合（β_p）中，則組合風險會提高；如果一個低 β 值股票（$\beta<1$）加入一個平均風險組合中，則組合風險會降低。所以，一種股票的 β 值可以度量該股票對整個組合風險的貢獻，β 值可以作為這一股票風險程度的一個大致度量。

【例2-18】某證券組合中有三只股票，有關的信息如表 2-10 所示，試計算證券組合的 β 系數。

表 2-10　　　　　　　　　　某證券組合的相關信息

股票	β 系數	股票的每股市價（元）	股票的數量（股）
A	0.7	4	200
B	1.1	2	100
C	1.7	10	100

解答：

首先計算 A、B、C 三種股票所占的價值比例：

A 股票的價值比例：$(4 \times 200) \div (4 \times 200 + 2 \times 100 + 10 \times 100) \times 100\% = 40\%$

B 股票的價值比例：$(2 \times 100) \div (4 \times 200 + 2 \times 100 + 10 \times 100) \times 100\% = 10\%$

C 股票的價值比例：$(10 \times 100) \div (4 \times 200 + 2 \times 100 + 10 \times 100) \times 100\% = 50\%$

然後，計算加權平均 β 系數，即為所求：

$\beta_p = 40\% \times 0.7 + 10\% \times 1.1 + 50\% \times 1.7 = 1.24$

(三) 資本資產定價模型的概念

1. 資本資產定價模型的基本原理

根據風險與收益的一般關係，某資產的必要收益率是由無風險收益率和該資產的風險收益率決定的，即必要收益率＝無風險收益率＋風險收益率。

資本資產定價模型的一個主要貢獻就是解釋了風險收益率的決定因素和度量方法，並且給出了一個簡單易用的表達形式：

$$R = R_f + \beta(R_m - R_f)$$

式中，R 表示某資產（或某證券組合，下同）的必要收益率；R_f 表示無風險收益率，通常以國庫券的收益率作為無風險收益率；R_m 是平均股票的要求收益率（指 $\beta=1$ 的股票要求的收益率，也是指包括所有股票的組合即市場組合要求的收益率）。$(R_m - R_f)$ 是投資者為補償承擔超過無風險收益率的平均風險而要求的額外收益率，即市場風險溢酬。

這是資本資產定價模型的核心關係式。

不難看出：某項資產的風險收益率是該資產系統風險系數與市場風險溢酬的乘積。即：

$$風險收益率 = \beta(R_m - R_f)$$

2. 證券市場線

資本資產定價模型的關係式在數學上就是一個直線方程，叫作證券市場線，簡稱 SML，如圖 2-9 所示。

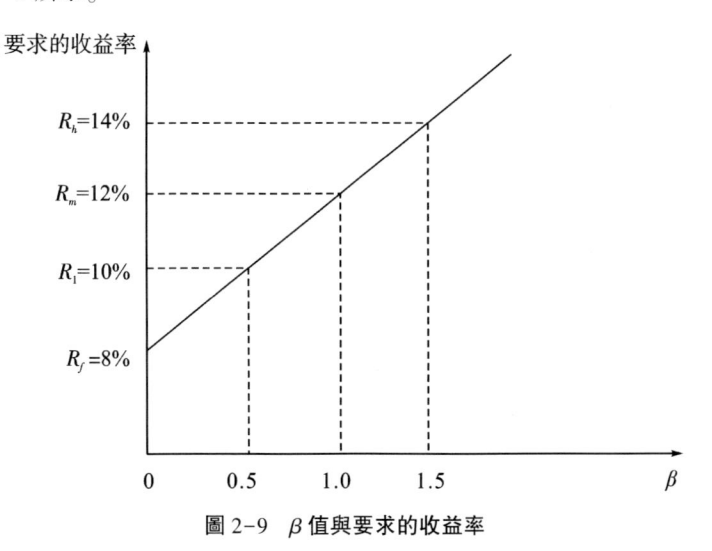

圖 2-9　β 值與要求的收益率

證券市場線的主要含義如下：

（1）縱軸為要求的收益率，橫軸則是以 β 值表示的風險。

（2）無風險證券的 $\beta=0$，故 R_f 是證券市場線在縱軸的截距。

（3）證券市場線的斜率（$R_m - R_f = 12\% - 8\% = 4\%$）表示經濟系統中風險厭惡感的程度。一般地說，投資者對風險的厭惡感越強，證券市場線的斜率越大，對風險資產所要求的風險補償越大，對風險資產的要求收益率越高。

（4）在 β 值分別為 0.5、1 和 1.5 的情況下，必要收益率由最低 $R_l = 10\%$，到市場平均的 $R_m = 12\%$，再到最高的 $R_h = 14\%$。β 值越大，要求的收益率越高。

從證券市場線可以看出，投資者要求的收益率不僅僅取決於市場風險，而且取決

於無風險利率（證券市場線的截距）和市場風險補償程度（證券市場線的斜率）。因為這些因素始終處於變動之中，所以證券市場線也不會一成不變。預計通貨膨脹提高時，無風險利率會隨之提高，進而導致證券市場線的向上平移。風險厭惡感的加強，會提高證券市場線的斜率。

(四) 資本資產定價模型的假設

資本資產定價模型建立在如下基本假設之上：

（1）所有投資者均追求單期財富的期望效用最大化，並以各備選組合的期望收益和標準差為基礎進行組合選擇。

（2）所有投資者均可以無風險利率無限制地借入或貸出資金。

（3）所有投資者擁有同樣預期，即對於所有資產收益的均值、方差和協方差等，投資者均有完全相同的主觀估計。

（4）所有的資產均可被完全細分，擁有充分的流動性且沒有交易成本。

（5）沒有稅金。

（6）所有投資者均為價格接受者，即任何一個投資者的買賣行為都不會對股票價格產生影響。

（7）所有資產的數量是給定的和固定不變的。

在以上假設的基礎上，威廉·夏普提出了具有奠基意義的資本資產定價模型。隨後，每一個假設逐步被放開，並在新的基礎上進行研究，這些研究成果都是對資本資產定價模型的突破與發展。多年來，資本資產定價模型經受住了大量的經驗上的證明，尤其是貝他概念。

自提出資本資產定價模型以來，各種理論爭議和經驗證明便不斷湧現。儘管該模型存在許多問題和疑問，但是以其科學的簡單性、邏輯的合理性贏得了人們的支持。各種實證研究驗證了貝他概念的科學性及適用性。

思考與練習

一、名詞解釋

資金的時間價值

普通年金

預付年金

遞延年金

風險

系統風險、非系統風險

財務風險

β 系數

離散程度

資本資產定價模型

二、簡答題

1. 什麼是資金的時間價值？它是否就是政府債券的利率？
2. 什麼是系統風險和非系統風險？
3. 什麼是經營風險和財務風險？
4. 風險控製對策有哪些？
5. 簡述資本資產定價模型的假設。

三、計算題

1. 甲公司於2010年年初對A設備投資1,000,000元，該項目於2012年年初完工投產，2012年、2013年、2014年年末預期收益分別為200,000元、300,000元、500,000元，銀行存款利率為12%。

【要求】

(1) 按單利計算2012年年初投資額的終值；

(2) 按複利，並按年計息，計算2012年年初投資額的終值；

(3) 按複利，並按季計息，計算2012年年初投資額的終值；

(4) 按單利計算2012年年初各年預期收益的現值之和；

(5) 按複利，並按年計息，計算2012年年初各年預期收益的現值之和；

(6) 按複利，並按季計息，計算2012年年初各年預期收益的現值之和。

2. 某公司有一項付款業務，有甲、乙、丙三種付款方式可供選擇。

甲方案：1~5年每半年末付款2萬元，共20萬元；

乙方案：1~5年每年年初付款3.8萬元，共19萬元；

丙方案：三年後每年年初付款7.5萬元，連續支付三次，共22.5萬元。

假定該公司股票的β系數為0.75，平均股票要求的收益率為12.5%，無風險收益率為2.5%，請代該公司做出付款方式的決策。

3. 已知：A、B兩種證券構成證券投資組合。A證券的預期收益率為10%，方差是0.014,4，投資比重為80%；B證券的預期收益率為18%，方差是0.04，投資比重為20%；A證券收益率與B證券收益率的協方差是0.004,8。

【要求】

(1) 計算下列指標：①該證券投資組合的預期收益率；②A證券的標準差；③B證券的標準差；④A證券與B證券的相關係數；⑤該證券投資組合的標準差。

(2) 當A證券與B證券的相關係數為0.5時，投資組合的標準差為12.11%，結合(1) 的計算結果回答以下問題：①相關係數的大小對投資組合收益率有沒有影響？②相關係數的大小對投資組合風險有什麼樣的影響？

4. 股票 A 和股票 B 的部分年度資料如表 2-11 所示。

表 2-11　　　　　　　　　股票 A 和股票 B 的收益率

年度	A 股票收益率（%）	B 股票收益率（%）
1	26	13
2	11	21
3	15	27
4	27	41
5	21	22
6	32	32

【要求】

（1）分別計算投資於股票 A 和股票 B 的預期收益率和標準差。

（2）如果投資組合中，股票 A 占 40%，股票 B 占 60%，股票 A 和股票 B 收益率的相關係數為 0.35，該組合的預期收益率和標準差是多少？

（3）如果股票 A 和股票 B 收益率的相關係數為 1，證券組合中股票 A 占 40%，股票 B 占 60%，該組合的預期收益率和標準差是多少？

（4）根據上述（2）、（3）的計算結果，說明相關係數的大小對證券組合的收益率和風險的影響。

（5）如果資本市場有效，假設證券市場平均收益率為 25%，無風險收益率為 10%，根據 A、B 股票的 β 系數，分別評價這兩種股票相對於市場投資組合而言的投資風險大小。

（6）如果資本市場有效，證券市場平均收益率為 15%，無風險收益率為 5%，市場組合的標準差為 6%，計算（2）中證券組合的 β 系數以及它與市場組合的相關係數。

第三章　財務分析

案例導讀：

河南天豐節能板材科技股份有限公司財務造假案例

1. 天豐節能在 2010 年至 2012 年，通過虛增銷售收入、虛增固定資產、虛列付款等多種手段虛增利潤且存在關聯交易披露不完整等行為，導致報送的首次公開募股（IPO）申報文件（含《招股說明書》、相關財務報表等）及《河南天豐節能板材科技股份有限公司關於報告期財務報告專項檢查的說明》（以下簡稱《天豐節能檢查說明》）存在虛假記載。

(1) 虛增銷售收入。
(2) 虛增固定資產。
(3) 虛增利潤。
(4) 虛列付款。
(5) 關聯交易披露不完整。
(6) 帳銀不符，偽造銀行對帳單。

2. 天豐節能財務不獨立，在獨立性方面有嚴重缺陷，《招股說明書》中相關內容存在虛假記載。

(1) 天豐節能的資金運營不獨立。
(2) 高級管理人員任職不獨立。

綜上，天豐節能報送的 IPO 申請文件及《天豐節能檢查說明》存在虛假記載，違反了《中華人民共和國證券法》第二十條第一款的規定，構成了《中華人民共和國證券法》第一百九十三條第二款所述情形。

第一節　財務分析概述

一、財務分析的作用

財務報表分析是以企業基本活動為對象、以財務報表為主要信息來源、以分析和綜合為主要方法的系統認識企業的過程，其目的是瞭解過去、評價現在和預測未來，以幫助報表使用人改善決策。

財務報表分析的對象是企業的各項基本活動。財務報表分析就是從報表中獲取符

合報表使用人分析目的的信息，認識企業活動的特點，評價其業績，發現其問題。

企業的基本活動分為籌資活動、投資活動和經營活動三類。籌資活動是指籌集企業投資和經營所需要的資金，包括發行股票和債券、取得借款，以及利用內部累積資金等。投資活動是指將所籌集到的資金分配於資產項目，包括購置各種長期資產和流動資產。投資是企業基本活動中最重要的部分。經營活動是在必要的籌資和投資前提下，運用資產賺取收益的活動，它至少包括研究與開發、採購、生產、銷售和人力資源管理五項活動。經營活動是企業收益的主要來源。

企業的三項基本活動是相互聯繫的，在業績評價時不應把它們割裂開來。

因此，財務分析也是對財務報告所提供的會計信息的進一步加工和處理，其目的是為會計信息使用者提供更具相關性的會計信息，以提高其決策質量。

二、財務分析的目的

財務報表分析的起點是閱讀財務報表，終點是做出某種判斷（包括評價和找出問題），中間的財務報表分析過程，由比較、分類、類比、歸納、演繹、分析和綜合等認識事物的步驟和方法組成。其中分析與綜合是兩種最基本的邏輯思維方法。因此，財務報表分析的過程也可以說是分析與綜合的統一。

財務分析的目的取決於會計信息使用者使用會計信息的目的。雖然財務分析所依據的資料是客觀的，但是，不同的信息使用者所關心的問題不同，因此，他們進行財務分析的目的也各不相同。會計信息使用者也是企業的利益相關者，主要包括債權人、股權投資者、企業管理層、審計師、政府部門等。

1. 債權人進行財務分析的目的

債權人按照給企業借款方式的不同，可以分為貿易債權人和非貿易債權人。貿易債權人是向企業出售商品或者提供服務時產生的。非貿易債權人向企業提供籌資等服務，可以直接與企業簽訂借款合同，將資金貸給企業，也可以通過購買企業發行的債券將資金借給企業。

債權人為了保證其債權的安全，非常關注債務人現有資源以及未來現金流量的可靠性、及時性和穩定性。在進行財務分析時，債權人對債務企業的償債能力較為關注。債權人的分析就集中於評價企業控制現金流量的能力和在多變的經濟環境下保持穩定的財務基礎的能力。

2. 股權投資者進行財務分析的目的

股權投資者將資金投入企業後，就稱為企業的所有者，對於股份公司來說就是普通股股東。股權投資者進行財務分析的主要目的是分析企業的盈利能力和風險狀況，以便據此評估企業價值或股票價值，進行有效的投資決策。企業價值是企業未來的預期收益以適當的折現率進行折現的現值。股權投資者進行財務分析的內容更加全面，包括對企業的盈利能力、資產管理水平、財務風險、競爭能力、發展前景等方面的分析與評價。

3. 企業管理層進行財務分析的目的

企業管理層主要是指企業的經理，他們受託於企業所有者，對企業進行有效的經

營管理。管理層對企業現時的財務狀況、盈利能力和未來持續發展能力非常關注，他們進行財務分析的主要目的在於通過財務分析所提供的信息來監控企業的經營活動和財務狀況的變化，以便盡早發現問題，採取改進措施。

4. 審計師進行財務分析的目的

審計師對企業的財務報表進行審計，其目的是在某種程度上確保財務報表的編制符合公認會計準則，沒有重大錯誤和不規範的會計處理。審計師需要依據其審計結果對財務報表的公允性發表審計意見。審計意見是審計師按照一定的財務分析程序通過分析不同財務數據之間以及財務數據與非財務數據之間的內在關係，對財務信息做出評價。

5. 政府部門進行財務分析的目的

許多政府部門都需要使用企業的會計信息，如財政部門、稅務部門、統計部門以及監督機構等。政府部門進行財務分析的主要目的是更好地瞭解宏觀經濟的運行情況和企業的經營活動是否遵守法律法規，以便為其制定相關政策提供決策依據。比如通過財務分析可以瞭解一個行業是否存在超額利潤，為制定稅法提供合理的依據。

三、財務分析的內容

1. 償債能力分析

償債能力是指企業到期償還債務的能力。企業償債能力是關係到企業財務風險的重要內容，分為短期償債能力和長期償債能力。通過對企業的財務報告等會計資料進行分析，瞭解企業資產的流動性、負債水平以及償還債務的能力，進而反應企業財務風險的大小。

2. 營運能力分析

企業營運能力主要是指企業運用資產的效率與效益。企業營運能力分析包括流動資產營運能力分析和總資產營運能力分析。對營運能力進行分析，可以瞭解到企業資產的保值和增值情況，分析企業資產的利用效率、管理水平、資金週轉狀況等，為評價企業的經營管理水平提供依據；同時，通過營運能力分析，也可以發現企業資產利用效率的不足，挖掘資產潛力。

3. 盈利能力分析

企業盈利能力也稱為獲利能力，是指企業賺取利潤的能力。企業存在的目的就是最大限度地獲取利潤，所以盈利能力分析是財務分析中重要的一個部分。盈利能力是評估企業價值的基礎，企業的價值取決於企業未來獲取盈利的能力。企業的盈利能力指標還可以用於評價內部管理業績。

4. 發展能力分析

企業發展的內涵是指企業價值的增長，是企業通過自身的生產經營，不斷擴大累積而形成的發展潛能。對企業發展能力的評價是一個全方位、多角度的評價過程。無論是企業的管理者還是投資者、債權人，都十分關注企業的發展能力，因為只有企業具有強勁的發展能力，他們的利益才能得到保障。

5. 財務綜合分析

財務綜合分析就是解釋各種財務能力之間的相關關係，得出企業整體財務狀況及效果的結論，說明企業總體目標的事項情況。財務綜合分析採用的具體方法有杜邦分析法、沃爾評分法。

四、財務報表分析的局限性

財務報表分析對於瞭解企業的財務狀況和經營成績，評價企業的償債能力和經營能力，幫助制定經濟決策，有著顯著的作用。但由於種種因素的影響，財務報表分析也存在著一定的局限性。在分析中，應注意這些局限性的影響，以保證分析結果的正確性。

（一）報表數據的完整性問題

財務報告沒有披露企業的全部信息，管理層擁有更多的信息，披露的只是其中一部分。對報表使用者來說，有些需用的信息，在報表或附註中根本找不到。

（二）報表數據的真實性問題

由於現行財務報表採用的是權責發生制基礎，因此在編制財務報表的過程中不可避免地需要大量的職業判斷。加之中國會計準則賦予管理層一定的會計政策選擇權，從而使已經披露的財務信息存在會計估計誤差，不一定是真實情況的準確計量，可能使財務報表無法反應企業的實際情況。其結果極有可能使信息使用者所看到的報表信息與企業實際狀況相距甚遠，從而誤導信息使用者。

（三）報表數據的可靠性問題

只有根據符合規範的、可靠的財務報表進行分析，才能得出正確的結論。因此，分析人員必須自己關注財務報表的可靠性，對於可能存在的問題保持足夠的警惕。

常見的危險信號包括：

（1）未加解釋的會計政策和估計變動，經營惡化時出現此類變動尤其應當注意。

（2）未加解釋的旨在提升利潤的異常交易，如在期末發生了大額非經營性交易，或者在期末與新客戶發生了大量購銷業務。

（3）應收帳款的非正常增長，如其幅度遠大於銷售收入的增幅。

（4）在銷售規模大幅增加的同時，期末存貨銳減。

（5）淨利潤與經營活動產生的現金流量持續背離，尤其是企業連續盈利，但經營活動產生的現金流量連續多年入不敷出。

（6）銷售收入與經營活動產生的現金流量相互背離。

（7）報告利潤與應稅所得額之間的差距日益擴大，且缺乏正當的理由。

（8）出人意料的大額資產衝銷，尤其是當年計提的減值準備遠超過前幾年利潤之和，可能表明以前年度存在著嚴重的虛盈實虧現象。

（9）過分熱衷於融資機制，如與關聯方合作從事研究開發活動，以及帶有追索權的應收帳款轉讓。

（10）第四季度和第一季度對銷售收入和成本費用進行大額調整。

（11）被出具「不乾淨意見」的審計報告，或頻繁更換註冊會計師。
（12）頻繁的關聯交易、資產重組、股權轉讓、資產評估。
（13）盈利質量和資產質量相互背離，如在報告大幅度增長利潤的同時，不良資產大量增加。
（14）將會計估計變更混淆為會計政策變更。
（15）將會計舞弊解釋為會計差錯。
（16）不合乎邏輯的資產置換。
（17）已發貨未開票的銷售和已開票為發貨的銷售。
（18）前期銷售在本期大量退貨。
（19）企業合併前後被合併企業的毛利率差異懸殊。（這可能意味著被合併企業應合併方的要求進行了如下操作：推遲確認銷售收入，提前確認損失；以穩健為借口，濫提資產減值準備；以業務和人員整合為理由，計提過多的重組負債和預計負債）
（20）與客戶頻繁發生套換交易。

第二節　財務分析的方法

財務分析的方法主要有比率分析法、比較分析法和因素分析法。

一、比率分析法

比率分析法是財務分析中使用最普遍的分析方法，是指利用指標間的相互關係，通過計算比率來考察、計量和評價企業財務狀況的一種方法。比率分析法分為構成比率分析和相關比率分析。

（1）構成比率分析

構成比率是計算某項財務指標占總體的百分比。

$$構成比率 = 某項指標值 \div 總體值 \times 100\%$$

比較常見的構成比率分析是共同比財務報表，即計算報表的各個項目占某個相同項目的比率，如資產負債表各個項目占總資產的比率、利潤表各個項目占主營業務收入的比率等。

這種構成比率有效剔除了規模的影響，便於大型和小型企業之間的相互比較。

（2）相關比率分析

相關比率是根據經濟活動客觀存在的相互依存、相互聯繫的關係，將兩個性質不同但又相關的指標加以對比，求出比率，以便從經濟活動的客觀聯繫中認識企業生產經營狀況。

使用比率分析法時應注意：

第一，比率的構建是根據分析需要而定的；

第二，構建比率時應當注意分子、分母應當具有經濟關係；

第三，構建比率的兩個指標之一來自資產負債表，另一個來自利潤表或現金流量

表時，應當取資產負債表數據期間內的平均數。

二、比較分析法

比較分析法是通過主要項目或指標值變化的對比，確定出差異，分析和判斷企業經營及財務狀況的一種方法。比較分析法可以分為縱向比較分析法和橫向比較分析法兩種。

（1）縱向比較分析法又稱趨勢分析法，是對同一企業連續若干期的財務狀況進行比較，確定其增減變動的方向、數額和幅度，以此來揭示企業財務狀況的發展變化趨勢的分析方法，如比較財務報表法、比較財務比率法等。

（2）橫向比較分析法是將本企業的財務狀況與其他企業的同期財務狀況進行比較，確定其存在的差異和程度，以此來揭示企業財務狀況中所存在問題的分析方法。

三、因素分析法

因素分析法是依據分析指標與其影響因素的關係，從數量上確定各因素對分析指標影響方向和影響程度的一種方法。

因素分析法具體有兩種：連環替代法和差額分析法。

（1）連環替代法

連環替代法，是將分析指標分解為各個可以計量的因素，並根據各個因素之間的依存關係，順次用各因素的比較值（通常為實際值）替代基準值（通常為標準值或計劃值），據以測定各因素對分析指標的影響。具體計算過程如下：

設某一經濟指標由相互聯繫的 A、B、C 三個因素構成，計劃（標準）指標和實際指標的公式是：

計劃（標準）指標：

$$N = A + B(A - C)$$

實際指標：

$$N' = A' + B'(A' - C')$$

該指標實際脫離計劃（標準）的差異 $\Delta N = N' - N$，可能同時是上述三因素變動的結果。在測定各個因素的變動對這一經濟指標的影響程度時，若按 A、C、B 的替換順序，則計算如下：

計劃（標準）指標：

$$N = A + B(A - C)$$

第一次替代：

$$N_1 = A' + B(A' - C)$$

A 因素變動的影響：

$$N_A = N_1 - N$$

第二次替代：

$$N_2 = A' + B(A' - C')$$

C 因素變動的影響：

$$N_C = N_2 - N_1$$

第三次替代：

$$N_3 = A' + B'(A' - C') = N'$$

B 因素變動的影響：

$$N_B = N_3 - N_2$$

把各因素變動的影響程度綜合起來，則：

$$N_A + N_C + N_B = (N_1 - N) + (N_2 - N_1) + (N_3 - N_2) = N_3 - N = N' - N = \Delta N$$

【例3-1】某企業2011年10月某種原材料費用的實際數是124,740元，而其計劃數是108,000元。實際比計劃增加了16,740元。由於原材料費用是由產品產量、單位產品材料消耗量和材料單價三個因素的乘積組成的，就可以把材料費用這一總指標分解為三個因素，然後逐個來分析它們對材料費用總額的影響程度。現假設這三個因素的數值如表3-1所示。

表 3-1　　　　　　　　　　　　材料費用構成

項目	單位	計劃數	實際數
產品產量	件	300	330
單位產品材料消耗量	千克	24	21
材料單價	元	15	18
材料費用總額	元	108,000	124,740

根據表3-1中資料，材料費用總額實際數較計劃數增加了1,860元。運用連環替代法，可以計算各因素變動對材料費用總額的影響。

計劃指標：300×24×15＝108,000（元）　　　　　　　　　　　　①
第一次替代：330×24×15＝118,800（元）　　　　　　　　　　　②
第二次替代：330×21×15＝103,950（元）　　　　　　　　　　　③
第三次替代：330×21×18＝124,740（元）　　　　　　　　　　　④
實際指標：
②－①＝118,800－108,000＝10,800（元）
即產量增加的影響。
③－②＝103,950－118,800＝－14,850（元）
即材料節約的影響。
④－③＝124,740－103,950＝20,790（元）
即價格提高的影響。
10,800－14,850＋20,790＝16,740（元）
即全部因素的影響。

（2）差額分析法

差額分析法是連環替代法的一種簡化形式，是利用各個因素的比較值與基準值之

間的差額，來計算各因素對分析指標的影響。具體計算過程如下：

設某一經濟指標由相互聯繫的 a、b、c 三個因素構成，計劃（標準）指標和實際指標的公式是：

計劃指標：
$$N = abc$$

實際指標：
$$N' = a'b'c'$$

在測定各個因素變動對該指標的影響程度時，按 a、b、c 的替換順序計算如下：

第一次替代：
$$N_1 = a'bc$$

第二次替代：
$$N_2 = a'b'c$$

$$N_a = N_1 - N = (a'-a)bc$$
$$N_b = N_2 - N_1 = a'(b'-b)c$$
$$N_c = N' - N_2 = a'b'(c'-c)$$
$$差額 = N' - N = N_a + N_b + N_c$$

由此可見，差額分析法適用於因素之間具有乘積關係，是連環替代法的一種簡化形式。

【例3-2】仍用表3-1中的資料。可採用差額分析法計算確定各因素變動對材料費用的影響。

(1) 產量增加對財務費用的影響為：$(330-300) \times 24 \times 15 = 10,800$（元）。

(2) 材料消耗節約對材料費用的影響為：$330 \times (21-24) \times 15 = -14,850$（元）。

(3) 價格提高對材料費用的影響為：$330 \times 21 \times (18-15) = 20,790$（元）。

採用因素分析法時，必須注意以下問題：①因素分解的關聯性。構成經濟指標的因素，必須在客觀上存在著因果關係，要能夠反應形成該項指標差異的內在構成原因，否則就失去了應用價值。②因素替代的順序性。確定替代因素時，必須根據各因素的依存關係，遵循一定的順序並依次替代，不可隨意加以顛倒，否則就會得出不同的計算結果。③順序替代的連環性。因素分析法在計算每一因素變動的影響時，都是在前一次計算的基礎上進行，並採用連環比較的方法確定因素變化的影響結果。④計算結果的假定性。由於因素分析法計算的各因素變動的影響數，會因替代順序不同而有差別，計算結果不免帶有假定性，即它不可能使每個因素計算的結果，都絕對地準確。為此，分析時應力求使這種假定合乎邏輯，具有實際經濟意義。這樣計算結果的假定性，才不至於妨礙分析的有效性。

財務報表分析是個研究過程，分析得越具體、越深入，則水平越高。財務報表分析的核心問題是不斷追溯產生差異的原因。因素分析法提供了定量解釋差異成因的工具。

第三節　財務比率分析

　　財務報表中有大量數據，可以組成涉及企業經營管理各個方面的許多財務比率。為便於說明財務比率的計算和分析方法，現將後面舉例時需要用到的甲股份有限企業（以下簡稱「甲企業」）的資產負債表（表3-2）和利潤表（表3-3）列示如下。（為簡化計算，這些數據都是假設的）

表3-2　　　　　　　　　　　　　　　資產負債表
編製單位：甲企業　　　　　　　　　20×1年12月31日　　　　　　　　　　　單位：萬元

資　產	年末餘額	年初餘額	負債和股東權益	年末餘額	年初餘額
流動資產：			流動負債：		
貨幣資金	100	50	短期借款	120	90
交易性金融資產	12	24	交易性金融負債		
應收票據	16	22	應付票據	10	8
應收帳款	796	398	應付帳款	200	218
預付款項	44	8	預收帳款	20	8
應收股利	0	0	應付職工薪酬	4	2
應收利息	0	0	應交稅費	10	8
其他應收款	24	44	應付利息	24	32
存貨	238	652	應付股利	56	20
一年內到期的非流動資產	154	22	其他應付款	46	36
其他流動資產	16	0	預計負債	4	8
流動資產合計	1,400	1,220	一年內到期的非流動負債	100	0
			其他流動負債	6	10
			流動負債合計	600	440
非流動資產：			非流動負債：		
可供出售金融資產	0	90	長期借款	900	490
持有至到期投資	0	0	應付債券	480	520
長期股權投資	60	0	長期應付款	100	120
長期應收款	0	0	專項應付款	0	0
固定資產	2,476	1,910	遞延所得稅負債	0	0
在建工程	36	70	其他非流動負債	0	30
固定資產清理		24	非流動負債合計	1,480	1,160
無形資產	12	16	負債合計	2,080	1,600

表3-2(續)

資　產	年末餘額	年初餘額	負債和股東權益	年末餘額	年初餘額
開發支出	0	0	股東權益：		
商譽	0	0	股本	200	200
長期待攤費用	10	30	資本公積	20	20
遞延所得稅資產	0	0	盈餘公積	200	80
其他非流動資產	6	0	未分配利潤	1,500	1,460
非流動資產合計	2,600	2,140	減：庫存股	0	0
			股東權益合計	1,920	1,760
資產總計	4,000	3,360	負債和股東權益總計	4,000	3,360

表 3-3　　　　　　　　　　　利潤表

編製單位：甲企業　　　　　20×1 年度　　　　　　　　單位：萬元

項目	本年金額	上年金額
一、營業收入	6,000	5,700
減：營業成本	5,288	5,006
稅金及附加	56	56
銷售費用	44	40
管理費用	92	80
財務費用	220	192
資產減值損失	0	0
加：公允價值變動收益	0	0
投資收益	12	0
二、營業利潤	312	326
加：營業外收入	90	144
減：營業外支出	2	0
三、利潤總額	400	470
減：所得稅費用	128	150
四、淨利潤	272	320

一、償債能力比率

償債能力是指企業償還到期債務（包括本息）的能力。償債能力比率包括短期償債能力比率和長期償債能力比率。

1. 短期償債能力比率

短期償債能力是指企業流動資產對流動負債及時足額償還的保證程度，是衡量企業當前流動資產變現能力的重要標誌。

企業短期償債能力比率主要有流動比率、速動比率和現金流動負債比率三項。
(1) 流動比率
流動比率是全部流動資產與流動負債的比值。其計算公式如下：

$$流動比率 = 流動資產 \div 流動負債$$

根據甲企業的財務報表數據：
本年流動比率 = 1,400÷600 = 2.33
上年流動比率 = 1,220÷440 = 2.77

流動比率假設全部流動資產都可用於償還流動負債，表明每1元流動負債有多少流動資產作為償債保障。甲企業的流動比率降低了 0.44（2.77-2.33），即為每1元流動負債提供的流動資產保障減少了 0.44 元。

一般情況下，流動比率越高，說明企業短期償債能力越強，債權人的權益越有保證。流動比率是相對數，排除了企業規模不同的影響，更適合同業比較以及本企業不同歷史時期的比較。流動比率計算簡單，被廣泛應用。

運用流動比率時，必須注意以下幾個問題：

①雖然流動比率越高，企業償還短期債務的流動資產能力越強，但這並不等於說企業已有足夠的貨幣資金用來償債。流動比率高也可能是存貨積壓、應收帳款增多且收帳期延長，以及其他流動資產增加所致，而真正可用來償債的貨幣資金卻嚴重短缺。所以，企業應在分析流動比率的基礎上，進一步對存貨週轉率、應收帳款週轉率、速動比率、現金流動負債比率進行分析。流動比率是對短期償債能力的粗略估計。

②從債權人的角度看，流動比率越高越好。但從營運資本管理角度看，過高的流動比率通常意味著企業閒置貨幣資金的持有量過多，或寬鬆信用政策導致的應收帳款持有量過多，這必然造成企業機會成本的增加和盈利能力的降低。因此，企業應盡可能將流動比率維持在不使貨幣資金閒置的水平上。

③不存在統一的、標準的流動比率數值。不同行業的流動比率，通常有明顯差別。因此，不應用統一的標準來評價各企業流動比率的合理性。過去很長時期，人們認為生產型企業合理的最低流動比率是 2。這是因為流動資產中變現能力最差的存貨金額約占流動資產總額的一半，剩下的流動性較好的流動資產至少要等於流動負債，才能保證企業最低的短期償債能力。這種認識一直未能從理論上得到證明。最近幾十年，企業的經營方式和金融環境發生了很大變化，流動比率有下降的趨勢，許多成功企業的流動比率都低於 2。

(2) 速動比率
速動比率是企業速動資產與流動負債的比值。所謂速動資產，是指流動資產減去變現能力較差且不穩定的存貨、1 年內到期的非流動資產和其他流動資產等之後的餘額。由於剔除了存貨等變現能力較弱且不穩定的資產，速動比率較之流動比率能夠更加準確、可靠地評價企業資產的流動性及其償還短期債務的能力。其計算公式為：

$$速動比率 = 速動資產 \div 流動負債$$

根據甲企業的財務報表數據：

本年速度比率 =（100＋12＋16＋796＋44＋24）÷600 =（1,400－238－154－16）÷600 = 1.65

上年速動比率 =（50+24+22+398+8+44）÷440 =（1,220－652－22）÷440 = 1.24

速動比率假設速動資產是可償債資產，表明每1元流動負債有多少速動資產作為償債保障。甲企業的速動比率比上年提高了0.41，說明為每1元流動負債提供的速動資產保障增加了0.41元。

在使用速動比率時，必須注意：不同行業的速動比率差別很大。因此，不能說高於1的速動比率，企業一定有償還到期債務的能力；也不能說低於1的速動比率，企業沒有償還到期債務的能力。如果速動比率大於1，也會因企業貨幣資金及應收帳款資金占用過多而大大增加企業的機會成本。

（3）現金流動負債比率

現金流動負債比率，是指企業一定時期的經營現金淨流量同流動負債的比率。其計算公式為：

現金流動負債比率 = 經營現金淨流量÷流動負債

公式中的「經營現金淨流量」，通常使用現金流量表中的「經營活動產生的現金流量淨額」。它代表了企業產生現金的能力，已經扣除了經營活動自身所需的現金流出，是可以用來償債的現金流量。

公式中的「流動負債」，通常使用資產負債表中的「流動負債」的年末數①。

根據甲企業的財務報表數據（假定上年經營現金淨流量為418萬元，本年經營現金淨流量為646萬元）：

本年現金流動負債比率 = 646÷600 = 1.08

上年現金流動負債比率 = 418÷440 = 0.95

現金流動負債比率表明每1元流動負債的經營現金流量保障程度。該比率越高，償債越有保障，但也並不是越大越好。因為現金流動負債比率過高表明企業閒置的貨幣資金多，會造成企業機會成本的增加和盈利能力的降低。

上述短期償債能力比率，都是根據財務報表中的資料計算的。還有一些表外因素也會影響企業的短期償債能力，甚至影響相當大。財務報表的使用人應盡可能瞭解這方面的信息，有利於做出正確的判斷。

一般來說，增強短期償債能力的表外因素主要有：①可動用的銀行貸款指標。②準備很快變現的非流動資產。③如果企業的信用很好，在短期償債方面出現暫時困難時比較容易籌集到短缺的現金。減弱短期償債能力的表外因素有：①與擔保有關的或有負債，如果它的數額較大並且可能發生，就應在評價償債能力時予以關注。②經營租賃合同中承諾的付款，很可能是需要償付的義務。③建造合同、長期資產購置合

---

① 有些財務比率的分子來源於利潤表或現金流量表的流量數據，而分母來源於資產負債表的存量數據，則資產負債表的數據的使用有三種選擇：一是直接使用期末數，好處是簡單，缺點是一個時點數據缺乏代表性；二是使用年末和年初的平均數，兩個時點數據平均後代表性增強，但也增加了工作量；三是使用各月的平均數，好處是代表性明顯增強，缺點是工作量更大並且外部分析人士不一定能得到各月的數據。為了計算簡便，本章後面遇到類似情況，在舉例時將使用資產負債表的期末數，它不如平均數合理。

同中的分階段付款，也是一種承諾，應視同需要償還的債務。
2. 長期償債能力比率
長期償債能力，是指企業償還長期負債的能力。企業長期償債能力比率主要有資產負債率、產權比率、權益乘數、長期資本負債率、利息保障倍數五項。
（1）資產負債率
資產負債率是負債總額占資產總額的百分比。其計算公式如下：
$$資產負債率 =（總負債÷總資產）×100\%$$
根據甲企業的財務報表數據：
本年資產負債率 =（2,080÷4,000）×100% = 52%
上年資產負債率 =（1,600÷3,360）×100% = 48%

資產負債率反應總資產中有多大比例是通過負債取得的。它可以衡量企業清算時資產對債權人利益的保障程度。資產負債率越低，企業償債越有保證，貸款越安全。資產負債率還代表企業的舉債能力。一個企業的資產負債率越低，舉債越容易。如果資產負債率高到一定程度，沒有人願意提供貸款了，則表明企業已喪失舉債能力。

在使用資產負債率時，必須注意不同的信息使用者對其要求不同：對債權人來說，該指標越小越好，這樣企業償債越有保證；對企業股權投資人來說，當總資產報酬率（息稅前利潤/平均總資產）高於平均債務利息率時，則希望資產負債率越高越好，從而可以最大限度地利用債務資本獲取槓桿利益。對經理人員來說，應當將償債能力指標與盈利能力指標結合起來分析，予以平衡考慮。

（2）產權比率和權益乘數
產權比率和權益乘數是資產負債率的另外兩種表現形式，它和資產負債率的性質一樣。其計算公式如下：
$$產權比率 = 負債總額÷股東權益$$
$$權益乘數 = 總資產÷股東權益 = 1+產權比率 = \frac{1}{1-資產負債率}$$

產權比率表明每 1 元股東權益借入的債務數額，可以反應企業股東權益對債權人權益的保障程度。權益乘數表明每 1 元股東權益擁有的總資產。它們是兩種常用的財務槓桿比率，也是評價財務結構穩健性的重要標誌。

（3）長期資本負債率
長期資本負債率是指非流動負債占長期資本的百分比。其計算公式如下：
$$長期資本負債率 =［非流動負債÷（非流動負債+股東權益）］×100\%$$
根據甲企業的財務報表數據：
本年長期資本負債率 =［1,480÷（1,480+1,920）］×100% = 44%
上年長期資本負債率 =［1,160÷（1,160+1,760）］×100% = 40%

長期資本負債率反應企業長期資本的結構。由於流動負債的數額經常變化，資本結構管理大多使用長期資本結構。

（4）利息保障倍數
利息保障倍數，是指息稅前利潤與利息費用之比，也稱已獲利息倍數。其計算公

式如下：

$$利息保障倍數 = 息稅前利潤 \div 利息費用$$
$$= (淨利潤 + 利息費用 + 所得稅費用) \div 利息費用$$

根據甲企業的財務報表數據：

本年利息保障倍數 =（272+220+128）÷220 = 2.82

上年利息保障倍數 =（320+192+150）÷192 = 3.45

通常，可以用財務費用的數額作為利息費用，也可以根據報表附註資料確定更準確的利息費用數額。

長期債務不需要每年還本，卻需要每年付息。利息保障倍數表明每1元債務利息有多少倍的息稅前收益作保障，它可以反應債務政策的風險。利息保障倍數越大，利息支付越有保障。如果利息支付尚且缺乏保障，歸還本金就很難指望。因此，利息保障倍數可以反應長期償債能力。

如果利息保障倍數小於1，表明自身產生的經營收益不能支持現有的債務規模。利息保障倍數等於1也是很危險的，因為息稅前利潤受經營風險的影響，是不穩定的，而利息的支付卻是固定數額。利息保障倍數越大，企業擁有的償還利息的緩衝資金越多。

上述衡量長期償債能力的財務比率是根據財務報表數據計算出的，還有一些表外因素影響企業的長期償債能力，必須引起足夠的重視。一般來說，影響長期償債能力的表外因素有：①如果企業經常發生經營租賃業務，應考慮租賃費用對償債能力的影響；②應根據有關資料判斷擔保責任帶來的潛在長期負債問題；③未決訴訟一旦判決敗訴，便會影響企業的償債能力等。

二、運營能力比率

資產運營的能力取決於資產的週轉速度、資產運行狀況、資產管理水平等多種因素。運營能力比率是衡量企業資產管理效率的財務比率，常用的有應收帳款週轉率、存貨週轉率、流動資產週轉率、固定資產週轉率和總資產週轉率等。

1. 應收帳款週轉率

應收帳款週轉率，是指企業一定時期內銷售收入（或營業收入，本章下同）與應收帳款的比率，是反應應收帳款週轉速度的指標。其計算公式如下：

$$應收帳款週轉率（週轉次數）= 銷售收入 \div 應收帳款$$
$$應收帳款週轉期（週轉天數）= 360 \div (銷售收入 / 應收帳款)$$

應收帳款週轉次數，表明應收帳款一年中週轉的次數，或者說1元應收帳款投資支持的銷售收入。應收帳款週轉天數，也稱為應收帳款的收現期，表明從銷售開始到回收現金平均需要的天數。

一般情況下，應收帳款週轉率高，則表明：收帳迅速，帳齡較短；資產流動性強，短期償債能力強；可以減少收帳費用和壞帳損失，從而相對增加企業流動資產的投資收益。同時，將應收帳款週轉期與企業信用期限進行比較，還可以評價購貨商的信用程度，以及企業原訂的信用條件是否適當。

在計算和使用應收帳款週轉率時，需要注意以下問題：

（1）從理論上說應收帳款是賒銷引起的，計算時應使用賒銷額取代銷售收入。但是，外部分析人無法取得賒銷的數據，只好直接使用銷售收入計算。

（2）公式中的應收帳款包括會計核算中的「應收帳款」和「應收票據」等全部賒銷帳款。如果減值準備的數額較大，就應進行調整，使用未提取壞帳準備的應收帳款來計算。因為提取的減值準備越多，應收帳款週轉天數越少。這種週轉天數的減少不是好的業績，反而說明應收帳款管理欠佳。

（3）如果應收帳款餘額的波動性較大，在應收帳款週轉率用於業績評價時，最好使用多個時點的平均數，以減少這些因素的影響。

（4）不能說應收帳款週轉率越高越好。應收帳款是賒銷引起的，如果賒銷比現金銷售更有利，週轉率就不會越高越好。

根據甲企業的財務報表數據：

本年應收帳款週轉次數 ＝ 6,000÷（796+16）＝ 6,000÷812 ＝ 7.39（次/年）
本年應收帳款週轉天數 ＝ 360÷（6,000/812）＝ 48.72（天）
上年應收帳款週轉次數 ＝ 5,700÷（398+22）＝ 5,700÷420 ＝ 13.57（次/年）
上年應收帳款週轉天數 ＝ 360÷（5,700/420）＝ 26.53（天）

甲企業的應收帳款週轉次數由 13.57 次減少到 7.39 次，應收帳款週轉天數由 26.53 天延長到 48.72 天，表明應收帳款的週轉速度在減慢，占用資金在增加，管理效率在降低。

2. 存貨週轉率

存貨週轉率，是指企業在一定時期內銷售成本（或營業成本，本章下同）與存貨的比率，是反應企業流動資產流動性的一個指標，也是衡量企業生產經營各環節中存貨效率的一個綜合性指標。其計算公式如下：

存貨週轉次數 ＝ 銷售成本÷存貨

存貨週轉天數 ＝ 360÷（銷售成本/存貨）

一般情況下，存貨週轉率越高，表明存貨轉換為現金或應收帳款的速度越快，存貨占用水平越低。因此，通過週轉率分析，有利於找出存貨管理存在的問題，盡可能降低資金占用水平。

在計算和使用存貨週轉率時，應注意以下問題：

（1）計算存貨週轉率時，使用「銷售收入」還是「銷售成本」作為週轉額，要看分析的目的。在短期償債能力分析中，為了評估資產的流動性，需要計量存貨轉換為現金的數量和時間，應採用「銷售收入」。在分解總資產週轉率時，為系統分析各項資產的週轉情況並識別主要的影響因素，應統一使用「銷售收入」計算週轉率。如果是為了評估存貨管理的業績，應當使用「銷售成本」計算存貨週轉率，使其分子和分母保持口徑上的一致。實際上，兩種週轉率的差額是毛利引起的，用哪一個計算都能達到分析目的。

依甲企業的數據，兩種計算方法可以轉換如下：

本年存貨（成本）週轉次數 ＝ 銷售成本÷存貨 ＝ 5,288÷238 ＝ 22.22（次）

本年存貨（收入）週轉次數×成本率 = 25.21×88.13% = 22.22（次）

（2）不能說存貨週轉率越高越好。存貨過多會占用資金，存貨過少不能滿足流轉需要，在特定的生產經營條件下應當保持一個最佳的存貨水平，所以存貨不是越少越好。

（3）在對存貨週轉率分析時應進一步關注構成存貨的產成品、自製半成品、原材料、在產品和低值易耗品之間的比例關係，對其進行內部分析。

根據甲企業的財務報表數據：

本年存貨週轉次數 = 5,288÷238 = 22.22（次/年）

本年存貨週轉天數 = 360÷（5,288/238）= 16.2（天）

上年存貨週轉次數 = 5,006÷652 = 7.67（次/年）

上年存貨週轉天數 = 360÷（5,006/652）= 46.89（天）

甲企業的存貨週轉次數由7.67次提高到22.22次，存貨週轉天數由46.89天縮短到16.2天，表明存貨的週轉速度在加快，占用資金在減少，管理效率在提高。

3. 流動資產週轉率

流動資產週轉率，是指企業在一定時期內銷售收入與流動資產的比率，是反應企業流動資產週轉速度的指標。其計算公式為：

流動資產週轉次數 = 銷售收入÷流動資產

流動資產週轉天數 = 360÷（銷售收入/流動資產）

= 360÷流動資產週轉次數

一般情況下，流動資產週轉率越高，表明以相同的流動資產完成的週轉額越多，流動資產利用效果越好。

通常，流動資產中應收帳款和存貨占絕大部分，因此它們的週轉狀況對流動資產週轉具有決定性作用。

根據甲企業的財務報表數據：

本年流動資產週轉次數 = 6,000÷1,400 = 4.29（次/年）

本年應收帳款週轉天數 = 360÷（6,000/1,400）= 84（天）

上年流動資產週轉次數 = 5,700÷1,220 = 4.67（次/年）

上年應收帳款週轉天數 = 360÷（5,700/1,220）= 77.05（天）

甲企業的流動資產週轉次數由4.67次減少到4.29次，流動資產週轉天數由77.05天延長到84天，表明流動資產的週轉速度在減慢。原因主要是應收帳款的週轉速度有較大幅度的降低。

4. 固定資產週轉率

固定資產週轉率，是指企業在一定時期內銷售收入與固定資產淨值的比率，是反應固定資產利用效率的指標。其計算公式為：

固定資產週轉次數 = 銷售收入÷固定資產淨值

固定資產週轉天數 = 360÷（銷售收入/固定資產淨值）

= 360÷固定資產週轉次數

一般情況下，固定資產週轉率越高，表明企業固定資產利用越充分，同時也表明

固定資產投資得當，固定資產結構合理，能夠充分發揮效率。如果固定資產週轉率不高，表明固定資產使用效率不高，企業的運營能力不強。

根據甲企業的財務報表數據：

本年固定資產週轉次數 ＝ 6,000÷2,476 ＝ 2.42（次/年）
本年固定資產週轉天數 ＝ 360÷（6,000/2,476）＝ 148.56（天/次）
上年固定資產週轉次數 ＝ 5,700÷1,910 ＝ 2.98（次/年）
上年固定資產週轉天數 ＝ 360÷（5,700/1,910）＝ 120.63（天/次）

甲企業的固定資產週轉次數由 2.98 次降低到 2.42 次，固定資產週轉天數由 120.63 天延長到 148.56 天，表明固定資產的週轉速度在減慢，占用資金在增加，管理效率在降低。

5. 總資產週轉率

總資產週轉率，是指企業在一定時期內銷售收入與總資產之間的比率，是反應企業全部資產利用效率的指標。其計算公式為：

總資產週轉次數 ＝ 銷售收入÷總資產

總資產週轉天數 ＝ 360÷（銷售收入/總資產）＝ 360÷總資產週轉次數

總資產週轉率越高，表明企業全部資產的使用效率越高；如果該指標較低，則說明企業利用全部資產進行經營的效率較差。在銷售淨利潤率不變的條件下，總資產週轉的次數越多，形成的利潤越多，所以它還可以反應企業盈利能力。

根據甲企業的財務報表數據：

本年總資產週轉次數 ＝ 6,000÷4,000 ＝ 1.5（次/年）
本年總資產週轉天數 ＝ 360÷（6,000/4,000）＝ 240（天/次）
上年總資產週轉次數 ＝ 5,700÷3,360 ＝ 1.7（次/年）
上年總資產週轉天數 ＝ 360÷（5,700/3,360）＝ 212.21（天/次）

以上計算表明，甲企業 2011 年的總資產週轉次數比 2010 年略有降低（由 1.7 次降低到 1.5 次），總資產週轉天數略有延長（由 212.21 天延長到 240 天）。這是因為甲企業存貨週轉速度雖然在加快，但應收帳款以及固定資產的週轉速度在減慢，致使總資產的週轉速度在減慢，占用資金在增加，管理效率在降低。

三、盈利能力比率

盈利能力是企業獲取利潤的水平和能力。盈利能力比率常用的有銷售淨利率、盈餘現金保障倍數、總資產淨利率、淨資產收益率、每股收益、市盈率、市淨率等。

1. 銷售淨利率

銷售淨利率是指淨利潤與銷售收入的比率，通常用百分數表示。其計算公式為：

銷售淨利率 ＝（淨利潤÷銷售收入）×100%

銷售淨利率越高，表明企業市場競爭力越強，發展潛力越大，從而盈利能力越強。

需要說明的是，在對銷售淨利率分析時，除了分析銷售毛利率和銷售期間費用率外，還可以利用結構百分比來分析影響較大的有利因素以及不利因素。

根據甲企業的財務報表數據：

本年銷售淨利率 ＝（272÷6,000）×100% ＝ 4.53%
上年銷售淨利率 ＝（320÷5,700）×100% ＝ 5.61%
變動 ＝ 4.53%－5.61% ＝ －1.08%

本年與上年相比，銷售淨利率降低，表明甲企業經營業務的獲利能力有所降低。原因分析如下：

本年銷售毛利率 ＝（6,000－5,288）/6,000×100% ＝ 1.87%
上年銷售毛利率 ＝（5,700－5,006）/5,700×100% ＝ 12.18%
本年銷售期間費用率 ＝（44＋92＋220）/6,000×100% ＝ 5.93%
上年銷售期間費用率 ＝（40＋80＋192）/5,700×100% ＝ 5.47%

從以上計算可以看出，本年與上年相比，銷售毛利率在降低，銷售期間費用率在提高，表明甲企業的銷售成本以及期間費用都有所增加，從而降低了企業經營業務的獲利能力。

2. 盈餘現金保障倍數

盈餘現金保障倍數是企業一定時期經營現金淨流量與淨利潤的比率，反應了企業當期淨利潤中現金收益的保障程度，真實反應了企業盈餘的質量，是評價企業盈利狀況的輔助指標。其計算公式為：

$$盈餘現金保障倍數 ＝ 經營現金淨流量／淨利潤$$

盈餘現金保障倍數是從現金流入與流出的動態角度，對企業收益的質量進行評價，在收付實現制的基礎上，充分反應出企業當期淨利潤中有多少是有現金保障的。一般情況下，企業當期淨利潤大於0，盈餘現金保障倍數應當大於1。該指標越大，表明企業經營活動產生的淨利潤對現金的貢獻越大。

根據甲企業的財務報表數據（假定上年經營現金淨流量為418萬元，本年經營現金淨流量為646萬元）：

本年盈餘現金保障倍數 ＝ 646/272 ＝ 2.38
上年盈餘現金保障倍數 ＝ 418/320 ＝ 1.31

甲企業的盈餘現金保障倍數由1.31倍提高到2.38倍，表明企業經營活動產生的淨利潤對現金的貢獻在增加，企業盈餘質量在提高。

3. 總資產淨利率

總資產淨利率是指淨利潤與總資產的比率，反應企業從1元受託資產（不管資金來源）中得到的淨利潤，可以衡量企業利用資產獲取收益的能力。其計算公式為：

$$總資產淨利率 ＝（淨利潤÷總資產）×100%$$

總資產淨利率全面反應了企業全部資產的獲利水平。一般情況下，該指標越高，表明企業的資產利用效益越好，整個企業盈利能力越強，經營水平越高。因此，總資產淨利率是企業盈利能力的關鍵。

影響總資產淨利率的驅動因素是銷售淨利率和總資產週轉率。

$$總資產淨利率 ＝ \frac{淨利潤}{總資產} ＝ \frac{淨利潤}{銷售收入} \times \frac{銷售收入}{總資產}$$
$$＝ 銷售淨利率 \times 總資產週轉次數$$

根據甲企業的財務報表數據：
本年資產淨利率 =（272÷4,000）×100% = 6.8%
上年資產淨利率 =（320÷3,360）×100% = 9.523,8%
變動 = 6.8%-9.523,8% = -2.723,8%

甲企業的總資產淨利率比上年降低2.723,8%，表明企業利用資產獲取收益的能力在降低。其原因是銷售淨利率和總資產週轉次數都降低了。哪一個原因更重要呢？可以使用因素分析法進行定量分析。

總資產淨利率 = 銷售淨利率×總資產週轉次數

上年：
9.524% = 5.614,0%×1.696,4
本年：
6.8% = 4.533,3%×1.5
銷售淨利率變動影響 =（4.533,3%-5.614,0%）×1.696,4
　　　　　　　　　　=-1.080,7%×1.696,4
　　　　　　　　　　=-1.833,3%
總資產週轉次數變動影響 = 4.533,3%×（1.5-1.696,4）
　　　　　　　　　　　 = 4.533,3%×（-0.196,4）
　　　　　　　　　　　 = -0.890,3%
合計 = -1.833,3%-0.890,3% = -2.723,6%

由於銷售淨利率降低，總資產淨利率下降了1.833,3%；由於總資產週轉次數下降，總資產淨利率下降了0.890,3%。兩者共同作用使總資產淨利率下降了2.723,6%，其中銷售淨利率下降是主要影響因素。

4. 淨資產收益率

淨資產收益率，是指淨利潤與股東權益的比率，反應1元股東資本賺取的淨收益，可以衡量企業的總體盈利能力以及企業自有資本獲取收益的能力。其計算公式為：

淨資產收益率 =（淨利潤÷股東權益）×100%

該指標通用性強，適用範圍廣，不受行業局限，在國際上的企業綜合財務評價體系中使用率非常高。通過對該指標的綜合對比分析，可以看出企業總體盈利能力以及企業自有資本獲取收益的能力在同行業中所處的地位，以及與同類企業的差異水平。一般認為，淨資產收益率越高，企業的總體盈利能力以及企業自有資本獲取收益的能力越強，運營效益越好，對企業投資人和債權人權益的保障程度越高。

根據甲企業財務報表的數據：
本年淨資產收益率 =（272÷1,920）×100% = 14.17%
上年淨資產收益率 =（320÷1,760）×100% = 18.18%

甲企業的淨資產收益率比上年降低了，表明企業的總體盈利能力以及企業自有資本獲取收益的能力在降低。原因分析見後面的杜邦分析。

5. 每股收益

每股收益，反應企業普通股股東持有每一股份所能享有的企業利潤和承擔的企業虧損，是衡量上市公司盈利能力時最常用的財務指標。

每股收益的計算包括基本每股收益和稀釋每股收益，下面僅介紹基本每股收益的計算。基本每股收益的計算公式為：

基本每股收益 = 歸屬於公司普通股股東的淨利潤÷發行在外的普通股加權平均數

發行在外的普通股加權平均數 = 期初發行在外普通股股數+當期新發行普通股股數×已發行時間÷報告期時間-當期回購普通股股數×已回購時間÷報告期時間

註：已發行時間、報告期時間和已回購時間一般按照天數計算，在不影響計算結果合理性的前提下，也可以採用簡化的計算方法，如按月計算。

【例3-3】某上市公司20×3年歸屬於普通股股東的淨利潤為12,500萬元，20×2年年末的股本為4,000萬股，20×3年2月8日經公司20×2年股東大會決議，以截止到20×2年年末公司中股本為基礎向全體股東每10股送紅股10股，工商註冊登記變更完成後公司總股本變為8,000萬股。20×3年12月1日發行新股3,000萬股。假定該公司按月數計算每股收益的時間權重。20×3年度基本每股收益計算如下：

基本每股收益 = 12,500÷（4,000+4,000+3,000×1/12）= 1.52（元/股）

註：發放股票股利新增的股數不需要按照實際增加的月份加權計算，可以直接計入分母。

每股收益這一財務指標在不同行業、不同規模的上市公司之間具有相當大的可比性，因而在各上市公司之間的業績比較中被廣泛地加以引用。此指標越大，盈利能力越好，股利分配來源越充足，資產增值能力越強。

對投資者來說，每股收益是一個綜合性的盈利概念，能比較恰當地說明收益的增長或減少。人們一般將每股收益的高低視為企業能否成功地達到其利潤目標的計量標誌，也可以將其看成一家企業管理效率、盈利能力和股利來源的標誌。

6. 市盈率

市盈率是上市公司普通股每股市價相當於每股收益的倍數，反應普通股股東願意為每1元淨利潤支付的價格，可以用來估計股票的投資報酬率和風險。其計算公式如下：

市盈率 = 每股市價÷每股收益

市盈率是反應上市公司盈利能力的一個重要財務比率，投資者對這個比率十分重視。一般情況下，市盈率越高，意味著企業未來成長的潛力越大，投資者願意出較高的價格購買該公司股票，也即投資者對該股票的評價越高；反之，投資者對該股票評價越低。但是，也應注意，如果某一種股票的市盈率過高或過低，則也意味著這種股票具有較高的投資風險。

影響企業股票市盈率的因素有：第一，上市公司盈利能力的成長性。如果上市公司預期盈利能力不斷提高，則說明企業具有較好的成長性，雖然目前市盈率較高，也值得投資者進行投資。第二，投資者所獲報酬率的穩定性。如果上市公司經營效益良好且相對穩定，則投資者獲取的收益也較高且穩定，投資者就願意持有該企業的股票，則該企業的股票市盈率會由於眾多投資者的普遍看好而相應提高。第三，市盈率也受到利率水平變動的影響。當市場利率水平變化時，市盈率也應進行相應的調整。所以，上市公司的市盈率一直是廣大股票投資者進行中長期投資的重要決策指標。

在使用市盈率時應注意：每股市價實際上反應了投資者對未來收益的預期，然而，市盈率是基於過去年度的收益，因此，如果投資者預期收益比當前水平有大幅增長，

市盈率將會相當高，也許是20、30或更多。但是，如果投資者預期收益比當前水平有所下降，市盈率將會相當低，也許是10或更少。成熟市場上的成熟企業有非常穩定的收益，通常其每股市價為每股收益的10~12倍。因此，市盈率反應了投資者對企業未來前景的預期。

7. 市淨率

市淨率是上市公司普通股每股市價相當於每股淨資產的倍數，反應普通股股東願意為每1元淨資產支付的價格。其中，每股淨資產（也稱為每股帳面價值）是指普通股股東權益與流通在外普通股加權平均股數的比率，反應每只普通股享有的淨資產。其計算公式如下：

$$市淨率 = 每股市價 \div 每股淨資產$$
$$每股淨資產 = 普通股股東權益 \div 流通在外普通股股數$$

淨資產代表的是全體股東共同享有的權益，是股東擁有公司財產和公司投資價值最基本的體現，可以用來反應企業的內在價值。一般來說，市淨率較低的股票，投資價值較高；反之，則投資價值較低。但有時較低市淨率反應的可能是投資者對公司前景的不良預期，而較高市淨率則相反。因此，在判斷某股票的投資價值時，還要綜合考慮當時的市場環境、公司經營情況、資產質量和盈利能力等因素。

市淨率對已經存在一定年限的舊經濟股票企業是有用的，但是，對於新經濟企業，該比率不是非常有用。而且，該比率僅可用於對整個企業的評估，不能用於對企業某一部分（如一個部門、一個產品或一個品牌）的評估。

四、發展能力比率

發展能力是企業通過自身的生產經營活動，不斷擴大規模、壯大實力的潛在能力。發展能力比率常用的有銷售增長率、總資產增長率、資本累積率、技術投入比率、銷售收入三年平均增長率、資本三年平均增長率等。

1. 銷售增長率

銷售增長率是企業本年銷售收入增長額與上年銷售收入總額的比率。它反應企業銷售收入的增減變動情況，是評價企業成長情況和發展能力的重要指標。其計算公式為：

$$銷售增長率 = 本年銷售收入增長額 \div 上年銷售收入總額 \times 100\%$$

式中：本年銷售收入增長額 = 本年銷售收入總額−上年銷售收入總額。

銷售增長率是衡量企業經營狀況和市場佔有能力、預測企業經營業務拓展趨勢的重要標誌。該指標若大於0，表明企業本年銷售收入有所增長，指標值越高，表明企業銷售收入的增長速度越快，企業市場前景越好；若該指標小於0，則說明產品或服務不適銷對路，質次價高，或是在售後服務等方面存在問題，市場份額萎縮。

2. 總資產增長率

總資產增長率是企業本年總資產增長額同年初資產總額的比率，反應企業本期資產規模的增長情況。其計算公式為：

$$總資產增長率 = 本年總資產增長額 \div 年初資產總額 \times 100\%$$

式中：本年總資產增長額 = 資產總額年末數−資產總額年初數。

總資產增長率是從企業資產總量擴張方面衡量企業的發展能力，表明企業規模增

長水平對企業後勁的影響。該指標越高，表明企業一定時期內資產經營規模擴張的速度越快。但在分析時，需要注意考慮資產規模擴張的質和量的關係，以及企業的後續發展能力，避免盲目擴張。

3. 資本累積率

資本累積率是企業本年股東權益增長額與年初股東權益的比率，反應企業當年資本的累積能力。其計算公式為：

$$資本累積率 = 本年股東權益增長額 \div 年初股東權益 \times 100\%$$

式中：本年股東權益增長額 = 股東權益年末數 − 股東權益年初數。

資本累積率是企業當年股東權益總的增長率，反應了企業股東權益在當年的變動水平，體現了企業資本的累積情況，是企業發展強盛的標誌，也是企業擴大再生產的源泉，展示了企業的發展潛力。資本累積率還反應了投資者投入企業資本的保全性和增長性。該指標若大於 0，則指標值越高，表明企業的資本累積越多，應對風險、持續發展的能力越強，企業的資本保全狀況越好。該指標若小於 0，則表明企業資本受到侵蝕，股東權益受到損害。

4. 技術投入比率

技術投入比率是企業本年科技支出（包括用於研究開發、技術改造、科技創新等方面的支出）與本年銷售收入的比率，反應企業在科技進步方面的投入，在一定程度上可以體現企業的發展潛力。其計算公式為：

$$技術投入比率 = 本年科技支出合計 \div 本年銷售收入 \times 100\%$$

技術投入比率集中體現了企業對技術創新的重視程度，是評價企業持續發展能力的重要指標。該指標越高，表明企業對新技術的投入越多，企業對市場的適應能力越強，未來競爭優勢越明顯，生存發展的空間越大，發展前景越好。

5. 銷售收入三年平均增長率

銷售收入三年平均增長率表明企業銷售收入連續三年的增長情況，體現了企業的持續發展態勢和市場擴張能力。其計算公式為：

$$銷售收入三年平均增長率 = \left(\sqrt[3]{\frac{本年銷售收入總額}{三年前銷售收入總額}} - 1 \right) \times 100\%$$

式中：三年前銷售收入總額指企業三年前的銷售收入總額，比如在評價 20×7 年的績效狀況時，則三年前銷售收入總額是指 20×4 年的銷售收入總額。

銷售收入三年平均增長率反應了企業的經營業務增長趨勢和穩定程度，體現了企業的連續發展狀況和發展能力，可以避免因少數年份業務波動而對企業發展潛力的錯誤判斷。一般認為，該指標越高，表明企業累積的基礎越好，市場擴張能力和可持續發展能力越強，發展的潛力越大。

6. 資本三年平均增長率

資本三年平均增長率表示企業連續三年的累積情況，在一定程度上體現了企業的持續發展水平和發展趨勢。其計算公式為：

$$資本三年平均增長率 = \left(\sqrt[3]{\frac{年末股東權益總額}{三年前年末股東權益總額}} - 1 \right) \times 100\%$$

式中：三年前年末股東權益總額指企業三年前的股東權益年末數，比如在評價20×7年企業績效狀況時，三年前年末股東權益總額是指20×4年年末數。

資本三年平均增長率反應了企業資本累積或資本擴張的歷史發展狀況，以及企業穩步發展的趨勢。一般認為，該指標越高，表明企業股東權益得到保障的程度越大，企業可以長期使用的資本越充足，抗風險和持續發展的能力越強。

五、企業綜合指標分析

財務報表分析的最終目的在於全方位地瞭解企業財務狀況和經營情況，並借以對企業經濟效益的優劣做出系統、合理的評價。顯然，要達到這樣一個分析目的，單獨分析任何一項財務指標都難以做到。因此，只有將企業償債能力、營運能力、盈利能力、發展能力等分析指標有機地聯繫起來，作為一套完整的體系，相互配合使用，做出系統的綜合評價，才能從總體意義上把握企業的財務狀況和經營情況。

綜合指標分析的意義在於能夠全面、正確地評價企業的財務狀況和經營成果，因為局部不能代替整體，某項指標的好壞不能說明整個企業經濟效益的高低。除此之外，綜合指標分析的結果在進行企業不同時期比較分析和不同企業之間比較分析時消除了時間上和空間上的差異，使之更具有可比性，有利於總結經驗、吸取教訓、發現差距、趕超先進，進而從整體上、本質上反應和把握企業生產經營的財務狀況和經營成果。

企業綜合指標分析的方法有很多，傳統方法主要有杜邦分析法和沃爾比重評分法等。

1. 杜邦分析法

杜邦分析法，又稱杜邦財務報表分析體系，簡稱杜邦體系，是利用各主要財務比率指標間的內在聯繫，對企業財務狀況及經濟效益進行綜合系統分析評價的方法。該體系是以淨資產收益率為龍頭，以總資產淨利率和權益乘數為分支，重點揭示企業盈利能力及槓桿水平對淨資產收益率的影響，以及各相關指標間的相互作用關係。因其最初由美國杜邦公司成功應用，故得名。

杜邦分析體系的基本框架可用圖3-1表示。其分析關係式為：

$$淨資產收益率 = 總資產淨利率 \times 權益乘數$$
$$= 銷售淨利率 \times 總資產週轉次數 \times 權益乘數$$

淨資產收益率（權益淨利率）

↓

總資產淨利率×權益乘數→資產/權益 = 1/（1-資產負債率）

↓

銷售淨利率　　　×　　　總資產週轉次數
淨利潤÷營業收入　　　　營業收入÷資產總額

↓　　　　　　　　　　　　↓

營業收入-全部成本+其他利潤-所得稅費用　　　長期資產+流動資產

↓　　　　　　　　　　　　↓

製造成本 + 營業費用 + 管理費用 + 財務費用　　　現金有價證券 + 應收帳款 + 存貨 + 其他流動資產

圖3-1　杜邦分析體系的基本框架

【例3-4】 根據甲企業的財務報表數據，運用因素分析法計算銷售淨利率、總資產週轉次數、權益乘數變動對淨資產收益率的影響。

根據甲企業財務報表的數據：

本年淨資產收益率 =（272÷1,920）×100% = 14.17%

上年淨資產收益率 =（320÷1,760）×100% = 18.18%

變動 = 14.17%-18.18% = -4.01%

甲企業的淨資產收益率比上年降低4.01%，表明企業的總體盈利能力以及企業自有資本獲取收益的能力在降低。其中雖然權益乘數有所提高，但銷售淨利率和總資產週轉次數都降低了。哪一個原因更重要呢？可以使用因素分析法進行定量分析。

淨資產收益率=銷售淨利率 × 總資產週轉次數 × 權益乘數

上年　　　　　18.18% = 5.614,0% × 1.696,4 × 1.909,1

本年　　　　　14.17% = 4.533,3% × 1.5 × 2.083,3

銷售淨利率變動影響 =（4.533,3%-5.614,0%）×1.696,4×1.909,1

=-1.080,7%×1.696,4×1.909,1

=-3.5%

總資產週轉次數變動影響 = 4.533,3%×（1.5-1.696,4）×1.909,1

= 4.533,3%×（-0.196,4）×1.909,1

=-1.699,7%

權益乘數變動影響 = 4.533,3%×1.5×（2.083,3-1.909,1）

= 4.533,3%×1.5×0.174,2

= 1.184,6%

合計 = -3.5%-1.699,7%+1.184,6% = -4.01%

由於銷售淨利率降低，淨資產收益率下降了3.5%；由於總資產週轉次數下降，淨資產收益率下降了1.699,7%；由於權益乘數提高，淨資產收益率提高了1.184,6%。三者共同作用使淨資產收益率下降了4.01%，其中銷售淨利率下降是主要影響因素。

運用杜邦分析法需要抓住以下幾點：

（1）淨資產收益率是一個綜合性很強的財務報表分析指標，不僅是杜邦分析體系的龍頭，也是杜邦分析體系的起點

財務管理的目標之一是使股東財富最大化，淨資產收益率反應了企業股東投入資本的獲利能力，說明了企業籌資、投資、資金營運等各項財務活動及其管理活動的效率，持續提高淨資產收益率是實現財務管理目標的基本保證。所以，這一財務報表分析指標是企業股東、經營者都十分關心的。而淨資產收益率數值的決定因素主要有三個，即銷售淨利率、總資產週轉次數和權益乘數。這樣，在進行分解之後，就可以將淨資產收益率這一綜合性指標發生升降變化的原因具體化，因此它比只用一項財務指標更能說明問題。

需要說明的是，雖然淨資產收益率由總資產淨利率和權益乘數（財務槓桿）共同

决定，但提高财务杠杆会同时增加企业风险，往往并不增加股东财富。此外，财务杠杆的提高有诸多限制，企业经常处于财务杠杆不可能再提高的临界状态。因此，驱动净资产收益率的基本动力是总资产净利率。

（2）销售净利率反应了企业净利润与销售收入的关系，它的高低取决于销售收入与成本总额的高低

扩大销售收入既有利于提高销售净利率，又可提高总资产周转次数。降低成本费用是提高销售净利率的一个重要因素，从杜邦分析图可以看出成本费用的基本结构是否合理，从而找出降低成本费用的途径和加强成本费用控制的办法。为了详细地了解企业成本费用的发生情况，在具体列示成本总额时，还可根据重要性原则，将那些影响较大的费用单独列示，以便为寻求降低成本的途径提供依据。因此，要想提高销售净利率，一是要扩大销售收入，二是要降低成本费用，三是要提高其他利润。

（3）总资产周转次数揭示了企业资产总额实现销售收入的综合能力

影响总资产周转次数的一个重要因素是资产总额，资产总额由流动资产与非流动资产组成，它们结构的合理与否将直接影响资产周转速度的快慢。一般来说，流动资产直接体现企业的偿债能力和变现能力，而非流动资产则体现了企业的经营规模、发展潜力，两者之间应该有一个合理的比例关系。因此，还应进一步对资产内部结构以及影响总资产周转次数的各项具体因素进行分析。

（4）权益乘数反应了企业股东权益与总资产的关系

权益乘数越高，说明负债比率越大。企业的负债程度较高，能给企业带来较多的杠杆利益，但同时也带来了较大的偿债风险。因此，企业既要合理使用全部资产，又要妥善安排资本结构。

杜邦分析方法的指标设计也具有一定的局限性，它更偏重于企业股东的利益。从杜邦分析体系来看，在其他因素不变的情况下，资产负债率越高，净资产收益率就越高。这是利用较多负债，从而利用较大财务杠杆的结果。但是它没有考虑财务风险的因素，负债越多，财务风险越大，偿债压力越大。因此，还应结合其他指标进行综合分析。

2. 沃尔比重评分法

企业财务综合分析的先驱者之一亚历山大·沃尔在20世纪初出版的《信用晴雨表研究》和《财务报表比率分析》中提出了信用能力指数的概念。他把若干个财务比率用线性关系结合起来，以此来评价企业的信用水平，被称为沃尔评分法。他选择了流动比率、产权比率、固定资产比率、存货周转率、应收帐款周转率、固定资产周转率、自有资金周转率七种财务比率，分别给定了其在总评价中所占的比重，总分为100分，然后，确定标准比率，并与实际比率相比较，评出每项指标的得分，求出总评分。

【例3-5】根据甲企业的财务报表数据，2011年的财务状况评分结果如表3-4所示。

表 3-4　　　　　　　　　　　　　沃爾綜合評分表

財務比率	比重 ①	標準比率 ②	實際比率 ③	相對比率 ④=③÷②	綜合指數 ⑤=①×④
流動比率	25	2.00	2.33	1.17	29.25
淨資產/負債	25	1.50	0.92	0.61	15.25
資產/固定資產	15	2.00	1.62	0.81	12.15
銷售成本/存貨	10	15	22.22	1.48	14.80
銷售額/應收帳款	10	10	7.39	0.74	7.40
銷售額/固定資產	10	5	2.42	0.48	4.80
銷售額/淨資產	5	3	3.13	1.04	5.20
合　　計	100				88.85

從表 3-4 可知，該企業的綜合指數為 88.85，總體財務狀況欠佳，綜合評分沒有達到標準的要求。

沃爾比重評分法從理論上講，有一個弱點，就是未能證明為什麼要選擇這七個指標，而不是更多些或更少些，或者選擇別的財務比率，以及未能證明每個指標所占比重的合理性。沃爾的分析法從技術上講有一個問題，就是當某一個指標嚴重異常時，會對綜合指數產生不合邏輯的重大影響。這個缺陷是由相對比率與比重相「乘」引起的。財務比率提高一倍，其綜合指數增加 100%；而財務比率縮小一半，其綜合指數只減少 50%。儘管沃爾評分法在理論上還有待證明，在技術上也不完善，但它還是在實踐中被廣泛地應用。

現代社會與沃爾的時代相比，已有很大變化。一般認為企業財務評價的內容首先是盈利能力，其次是償債能力，再次是成長能力，它們之間大致可按 5∶3∶2 的比重來分配。盈利能力的主要指標是總資產報酬率、銷售淨利率和淨資產收益率，這三個指標可按 2∶2∶1 的比重來安排。償債能力有四個常用指標，成長能力有三個常用指標（都是本年增量與上年實際量的比值）。我們仍以 100 分為總評分。

【例 3-6】仍以甲企業 2011 年的財務狀況為例，以同行業的標準值為評價基礎，則其綜合評分標準如表 2-5 所示。

表 3-5　　　　　　　　　　　　綜合評分標準

指　標	評分值	標準比率(%)	行業最高比率(%)	最高評分	最低評分	每分比率的差
盈利能力：						
總資產報酬率	20	6	22.8	30	10	1.68
銷售淨利率	20	8	35.2	30	10	2.72
淨資產收益率	10	7	22.7	15	5	3.14
償債能力：						

表3-5(續)

指標	評分值	標準比率(%)	行業最高比率(%)	最高評分	最低評分	每分比率的差
自有資本比率	8	50	65.8	12	4	3.95
流動比率	8	200	313.6	12	4	28.4
應收帳款週轉率	8	1,000	3,500	12	4	625
存貨週轉率	8	1,500	3,800	12	4	575
成長能力：						
銷售增長率	6	2.6	38	9	3	11.8
淨利潤增長率	6	10	61	9	3	17
總資產增長率	6	7.5	42	9	3	11.5
合計	100			150	50	

標準比率以本行業平均數為基礎，在給每個指標評分時，應規定其上限和下限，以減少個別指標異常對總分造成不合理的影響。上限可定為正常平均分值的1.5倍，下限可定為正常評分值的0.5倍。此外，給分不是採用「相乘」的關係，而採用「相加」或「相減」的關係來處理，以克服沃爾比重評分法的缺點。例如，總資產報酬率每分比率的差1.68% =（22.8%－6%）÷［30－(30＋10)／2］。即總資產報酬率每提高1.68%，多給1分，但該項得分不得超過30分。

根據這種方法，對甲企業的財務狀況重新進行綜合評價，得107.9分（見表3-6），即甲企業是一個中等略偏上水平的企業。

表3-6　　　　　　　　　　甲企業的財務情況評分表

指標	實際比率(%) ①	標準比率 ②	差異 ③=①-②	每分比率 ④	調整分 ⑤=③÷④	標準評分值 ⑥	得分 ⑦=⑤+⑥
盈利能力							
總資產報酬率	15.5	6	9.5	1.68	5.65	20	25.65
銷售淨利率	4.53	8	-3.47	2.72	-1.28	20	18.72
淨資產收益率	14.17	7	7.17	3.14	2.28	10	12.28
償債能力							
自有資本比率	48	50	-2	3.95	-0.51	8	7.49
流動比率	233	200	33	28.4	1.16	8	9.16
應收帳款週轉率	739	1,000	-261	625	-0.42	8	7.58
存貨週轉率	2,222	1,500	722	575	1.26	8	9.26
成長能力							

表3-6(續)

指標	實際比率(%) ①	標準比率 ②	差異 ③=①-②	每分比率 ④	調整分 ⑤=③÷④	標準評分值 ⑥	得分 ⑦=⑤+⑥
銷售增長率	5.26	2.6	2.66	11.8	0.23	6	6.23
淨利潤增長率	-15	10	-25	17	-1.47	6	4.53
總資產增長率	19.05	7.5	11.55	11.5	1	6	7
合計						100	107.9

思考與練習

一、名詞解釋

財務報表分析

因素分析法

償債能力

運營能力

盈利能力

發展能力

杜邦分析法

沃爾比重評分法

二、簡答題

1. 財務報表分析的意義表現在哪幾個方面？
2. 採用因素分析法時必須注意哪幾個方面的問題？
3. 財務報表分析的局限性表現在哪幾個方面？
4. 影響企業短期償債能力的表外因素有哪些？
5. 影響企業長期償債能力的表外因素有哪些？
6. 杜邦分析法的意義何在？

三、選擇題

甲企業是一個有較多未分配利潤的工業企業。下面是上年度發生的幾筆經濟業務，在這些業務發生前後，速動資產都超過了流動負債。請回答下列問題。（從每小題的備選答案中選擇一個正確答案，將該答案的英文字母編號填入題內的括號）

(1) 長期債券投資提前變賣為現金，將會（　　）。

　　A. 對流動比率的影響大於對速動比率的影響

　　B. 對速動比率的影響大於對流動比率的影響

C. 影響速動比率但不影響流動比率
D. 影響流動比率但不影響速動比率

(2) 將積壓的存貨若干轉為損失，將會（　　）。
A. 降低速動比率
B. 增加營運資本
C. 降低流動比率
D. 降低流動比率，也降低速動比率

(3) 收回當期應收帳款若干，將會（　　）。
A. 增加流動比率
B. 降低流動比率
C. 不改變流動比率
D. 降低速動比率

(4) 賒購原材料若干，將會（　　）。
A. 增大流動比率
B. 降低流動比率
C. 降低營運資本
D. 增大營運資本

(5) 償還應付帳款若干，將會（　　）。
A. 增大流動比率，不影響速動比率
B. 增大速動比率，不影響流動比率
C. 增大流動比率，也增大速動比率
D. 降低流動比率，也降低速動比率

四、計算題

1. 某商業企業 20×7 年銷售收入為 2,000 萬元，銷售成本為 1,600 萬元；年初、年末應收帳款餘額分別為 200 萬元和 400 萬元；年初、年末存貨餘額分別為 200 萬元和 600 萬元；年末速動比率為 1.2，年末現金比率（現金/流動負債）為 0.7。假定該企業流動資產由速動資產和存貨組成，速動資產由應收帳款和現金資產組成，一年按 360 天計算。

【要求】
(1) 計算 20×7 年應收帳款週轉天數。
(2) 計算 20×7 年存貨週轉天數。
(3) 計算 20×7 年年末流動負債餘額和速動資產餘額。
(4) 計算 20×7 年年末流動比率。

2. 某公司流動資產由速動資產和存貨構成，年初存貨為 145 萬元，年初應收帳款為 125 萬元，年末流動比率為 3，年末速動比率為 1.5，存貨週轉率為 4 次，年末流動資產餘額為 270 萬元。一年按 360 天計算。

【要求】
(1) 計算該公司流動負債年末餘額。
(2) 計算該公司存貨年末餘額和年平均餘額。
(3) 計算該公司本年銷售成本。
(4) 假定本年銷售收入為 960 萬元，應收帳款以外的其他速動資產忽略不計，計算該公司應收帳款週轉期。

3. 某公司 20×5 年度簡化的資產負債表如表 3-7 所示。

表 3-7　　　　　　　　　　　　　資產負債表

××公司　　　　　　　　　　　20×5 年 12 月 31 日　　　　　　　　　　　單位：萬元

資產		負債及所有者權益	
貨幣資金	50	應付帳款	100
應收帳款		長期負債	
存貨		實收資本	100
固定資產		留存收益	100
資產合計		負債及所有者權益合計	

其他有關財務指標如下：

（1）產權比率為 0.6；

（2）銷售毛利率為 10%；

（3）存貨週轉率（存貨按年末數計算）為 9 次；

（4）平均收現期（應收帳款按年末數計算，一年按 360 天計算）為 18 天；

（5）總資產週轉次數（總資產按年末數計算）為 2.5 次。

【要求】

利用上述資料，計算該公司資產負債表的空白部分，並列示所填數據的計算過程。

4. ABC 公司 20×6 年的銷售額為 62,500 萬元，比 20×5 年提高 28%。有關的財務比率如表 3-8 所示。

表 3-8　　　　　　　　　　　有關財務比率

財務比率	20×5 年同業平均	20×5 年本公司	20×6 年本公司
應收帳款回收期（天）	35	36	36
存貨週轉率	2.5	2.59	2.11
銷售毛利率	38%	40%	40%
銷售營業利潤率（息稅前）	10%	9.6%	10.63%
銷售利息率	3.73%	2.4%	3.82%
銷售淨利率	6.27%	7.2%	6.81%
總資產週轉次數	1.14	1.11	1.07
固定資產週轉次數	1.4	2.02	1.82
資產負債率	58%	50%	61.3%
已獲利息倍數	2.68	4	2.78

備註：該公司正處於免稅期。

【要求】

（1）運用杜邦財務分析原理，比較 20×5 年公司與同業平均的淨資產收益率，定性分析其差異的原因。

（2）運用杜邦財務分析原理，比較 20×6 年與 20×5 年的淨資產收益率，定性分析其變化的原因。

5. 已知 A 公司有關資料如表 3-9 所示。

表 3-9　　　　　　　　　　　A 公司資產負債表

20×5 年 12 月 31 日　　　　　　　　　　　單位：萬元

資產	年初	年末	負債及所有者權益	年初	年末
流動資產			流動負債合計	175	150
貨幣資金	50	45	長期負債合計	245	200
應收帳款	60	90	負債合計	420	350
存貨	92	144			
其他流動資產	23	36			
流動資產合計	225	315	所有者權益合計	280	350
固定資產淨值	475	385			
總計	700	700	總計	700	700

同時，該公司 20×4 年度銷售淨利率為 16%，總資產週轉次數為 0.5 次（年末總資產），權益乘數為 2.5（年末數），淨資產收益率為 20%（年末淨資產），20×5 年度銷售收入為 420 萬元，淨利潤為 63 萬元。

【要求】

根據上述資料：

(1) 計算 20×5 年年末的流動比率、速動比率、資產負債率、權益乘數；

(2) 計算 20×5 年總資產週轉率、銷售淨利率和淨資產收益率（資產、淨資產均按期末數計算）；

(3) 通過差額分析法，結合已知資料和 (1)、(2) 分析銷售淨利率、總資產週轉次數和權益乘數變動對淨資產收益率的影響（假設按此順序分析）。

6. ABC 公司近三年的主要財務數據和財務比率如表 3-10 所示。

表 3-10　　　　　ABC 公司近三年的主要財務數據和財務比率

	20×3 年	20×4 年	20×5 年
銷售額（萬元）	4,000	4,300	3,800
總資產（萬元）	1,430	1,560	1,695
普通股（萬元）	100	100	100
留存收益（萬元）	500	550	550
所有者權益合計	600	650	650
流動比率	1.19	1.25	1.20
平均收現期（天）	18	22	27
存貨週轉率	8.0	7.5	5.5
產權比率	1.38	1.40	1.61
長期債務/所有者權益	0.5	0.46	0.46
銷售毛利率	20.0%	16.3%	13.2%
銷售淨利率	7.5%	4.7%	2.6%
總資產週轉次數	2.80	2.76	2.24
總資產淨利率	21%	13%	6%

假設該公司沒有營業外收支和投資收益，所得稅稅率不變。

【要求】

（1）分析說明該公司運用資產獲利能力的變化及其原因；

（2）分析說明該公司資產、負債和所有者權益的變化及其原因；

（3）分析說明該公司在20×6年應從哪些方面改善公司的財務狀況和經營業績。

第四章　籌資管理

案例導讀：

　　有一位美國老太太和一位中國老太太，年輕的時候都想擁有屬於自己的一套房子。可是那時候兩人都沒有足夠的資金。

　　為了買房子，美國老太太一開始就想方設法地向銀行貸款。雖然房子是貸款買來的，但總算實現了自己的夢想。在以後的日子裡，美國老太太要逐月用自己的一部分薪水歸還貸款，但是因為有了房子，生活沒有太大的壓力，日子也過得優哉遊哉。到了60歲那年，她還清了貸款也享受了生活。

　　而中國老太太則相反，她從年輕時就努力工作，努力賺錢攢錢，為買房子做準備。她把大部分工資存入銀行，只留下一小部分勉強維持生活。她自力更生，艱苦奮鬥，到60歲時，終於攢夠了買房子的錢，實現了自己的夢想。但是她這大半生沒能好好享受生活。

　　這個經典故事的含義當然是很豐富的，人們可以從生活習俗、價值觀念等多個角度來思考。從企業理財的角度來看，這個故事當然也具有啓發意義。任何一個投資者想開辦企業從事生產經營都需要資金。那麼資金從何而來呢？是等到投資者自己攢夠錢，還是積極想辦法向外籌資？上面的故事顯然已經給出答案。當然，在實際操作中，企業籌資是一個十分複雜而又重要的問題，需要綜合考慮多方面的因素加以決策。

　　資料來源：胡旭微，張惠忠. 財務管理［M］. 杭州：浙江大學出版社，2007：98.

　　通過本章的學習，可以瞭解企業籌資的目的和要求，掌握籌資渠道、籌資方式和籌資的類型，掌握資金需要量預測的銷售百分比法，掌握權益資金和長期債務資金籌集的主要方式及其優缺點，熟悉短期資金籌集的主要方式及其優缺點。

第一節　籌資概述

　　企業籌集資金，就是企業根據其生產經營、對外投資和調整資本結構的需要，通過籌資渠道，選擇適當的籌資方式，經濟有效地獲取資金。企業籌資活動是企業財務管理的起點，是企業的一項基本財務活動。籌資在財務管理中處於極其重要的地位。企業進行資金籌集，必須要瞭解籌資的目的，只有依循籌資的基本要求，把握籌資的渠道與方式，才能進行正確的籌資選擇。

一、籌資的目的

企業籌資的基本目的是保證自身的生存與發展。資金是企業經營活動的基本要素，任何企業在生存、發展過程中，都始終需要維持一定的資金規模。具體來說，企業籌資的目的有以下幾種：

1. 依法籌集資本金

資本金是企業在工商行政管理部門登記的註冊資本。企業在設立之時，必須先籌集規定限額以上的法定資本金，作為企業最初的啓動資金。2005 年修訂後的《公司法》規定，除法律、行政法規對公司註冊資本的最低限額另有較高規定者外，有限責任公司的註冊資本最低限額為人民幣 3 萬元，股份有限公司的註冊資本最低限額為人民幣 500 萬元。因此，籌集資本金是企業最初的籌資目的。

2. 擴大生產規模

企業的生產經營如逆水行舟，不進則退，企業要不斷在發展中求生存，因此企業在其持續的生產經營過程中，必須擴大再生產。而企業的發展離不開資金，例如開發新產品、進行技術改造、開拓有良好發展前景的對外投資領域等，往往都需要籌集資金。因此，擴大生產規模成為企業籌資的重要目的。

3. 償還債務

償債性籌資動機，是指企業為了償還到期債務而籌集資金，企業生存的一個基本條件是到期償債。企業如果不能償還到期債務，就可能被債權人接管或被法院判定破產。當債務到期而現金不足時，企業就必須進行融資以償還到期債務。

4. 優化資金結構

資金結構主要是負債資金與權益資金的比例構成，其合理性決定了企業的資金成本和財務風險，關係到經營者、所有者、債權人等各方面的利益。負債資金的金額要與企業全部資金的投資報酬率和償還債務的能力相適應，既要有效地利用負債經營提高自有資金的收益水平，又要防止負債過多導致財務風險過大，償債能力過低。但隨著相關情況的變化，現有的資金結構可能不再合理，企業可以通過籌資調整現有資金結構，使之趨於合理。

二、籌資的要求

為了經濟、有效地籌集資金，企業籌資時必須把握規模適當、籌措及時、來源合理、方式經濟等基本原則。具體地說，要遵守下列基本要求：

1. 效益性要求

企業籌集資金和進行資金投資是相互關聯的。籌資是投資的前提，投資是籌資的目的。企業籌資必須與投資結合起來考慮，認真分析、評價影響籌資的各種因素，講求資金籌集的成本和經濟效益。另外，企業也需要綜合考慮各種籌資方式，尋求最優的籌資組合，以便降低籌資成本，經濟、有效地籌集資金。

2. 合理性要求

企業籌資必須合理確定籌資數額。企業無論通過什麼渠道、採用什麼方式籌集資

金，都應預先確定企業資金的需要量。籌集資金固然要廣開渠道，但必須有一個合理的界限。籌資過多，會增加資金成本，影響資金的利用效果；籌資過少，又會影響資金供應，無法保證生產經營的合理需要。所以，在企業開展籌資活動之前，應合理確定資金需要量，使籌資數額與資金需要量達到平衡，防止籌資不足而影響生產經營，或籌資過剩而降低籌資效益。企業籌資還必須優化資本結構。

3. 及時性要求

企業籌資，應該合理安排資金籌集和投放的時間，使籌資與用資在時間上銜接好，達到動態的平衡，避免取得資金過早而造成投放前的閒置，或取得資金滯後而貽誤投放的有利時機。

4. 合法性要求

企業的籌資活動，影響著社會資本及資源的流向和流量，涉及相關主體的經濟利益。為此，企業必須遵守國家有關法律法規，依法履行約定的責任，維護有關各方的合法權益，避免因採取非法籌資行為而給企業自身及相關主體造成損失。

三、企業籌資渠道與方式

1. 企業籌資渠道

企業籌資渠道，是指企業籌措資金來源的方向與通道，體現著資金的來源和性質。認識籌資渠道的種類及每種籌資渠道的特點，有利於企業充分開拓和正確利用籌資渠道。企業籌集資金的渠道主要包括以下六種類型。

(1) 國家財政資金

吸收國家投資是國有企業獲得自有資本的基本來源。國家財政資金，具有廣闊的來源和穩固的基礎，通常只有國有企業才能利用。現在的國有企業包括國有獨資公司，其籌資來源的大部分是過去由政府通過中央和地方財政部門以撥款方式投資形成的。

(2) 銀行信貸資金

銀行對企業的各種貸款，是各類企業重要的資金來源。銀行一般分為商業性銀行和政策性銀行。在中國，商業性銀行主要有中國工商銀行、中國農業銀行、中國建設銀行、中國銀行等國有銀行和交通銀行等各個股份制商業銀行。政策性銀行主要有國家開發銀行、農業發展銀行和中國進出口銀行。商業銀行為各類企業提供商業性貸款，政策性銀行主要為特定企業提供政策性貸款。銀行信貸資金主要來自居民儲蓄、單位存款等，貸款方式多種多樣，可以適應各類企業的多種資金需要。

(3) 非銀行金融機構資金

非銀行金融機構，主要有信託投資公司、租賃公司、保險公司、證券公司、企業集團的財務公司等。它們有的承銷證券，有的融資融物，有的為了一定目的而集聚資金，可以為企業直接提供部分資金或為企業籌資提供服務。這種籌資渠道的財力比銀行要小，但具有廣闊的發展前景。

(4) 其他企業資金

在生產經營過程中，企業可以將其暫時閒置的資金以購買股票或直接投資等形式對其他企業投資，當然也可以用同樣的方式接受其他企業投入的資金，這就是所謂的

吸收其他企業資金。另外企業間商業信用的提供也會形成企業的債權債務關係。其他企業資金為籌資企業提供了一定的資金來源。

（5）民間資金

民間資金，是指通過民間籌資渠道籌集的企業投資所需要的資金。民間籌資渠道主要有吸收企業內部職工資金和吸收城鄉居民投資的資金。中國企事業單位的職工和廣大城鄉居民持有大量的貨幣資金，可以對一些企業進行投資，為企業籌資提供資金來源。

（6）企業自留資金

企業自留資金是指企業內部形成的資金，主要由提取公積金和未分配利潤等形成，其重要特徵是直接由企業內部生成或轉移，無須企業通過一定的方式去籌集，使用便捷。

2. 企業籌資方式

企業籌資方式是指企業籌措資金時所採取的具體形式。對應各種籌資渠道，企業可採用不同的籌資方式籌集資金。正確認識籌資方式的種類及每種籌資方式的屬性，有利於企業選擇適宜的籌資方式和進行籌資組合的優化。

企業籌集資金的方式，一般有下列七種類型。

（1）吸收直接投資

非股份制企業根據國家法律法規的規定，可以通過國家資金、其他企業資金、個人資金等渠道，利用吸收直接投資的方式籌集企業的資本金。企業的資本金按投資的主體不同分為國家資本金、法人資本金、個人資本金等。籌集資本的性質確定了企業的性質。

（2）發行股票籌資

股票，是股份有限公司為籌集自有資本而發行的有價證券，是股東按所持股份享有權利和承擔義務的憑證，它代表對公司的所有權。發行股票是股份有限公司籌措資本金的基本方式。

（3）借款籌資

借款，是指企業向銀行等各種金融機構借入的各種款項。借款期限在一年以上的稱為長期借款，借款期限在一年以內的稱為短期借款。銀行借款廣泛適用於各類企業，幾乎是企業籌資必不可少的一種方式。

（4）商業信用籌資

商業信用，是指商品交易中的延期付款或延期交貨所形成的借貸關係，是企業之間的一種直接信用關係。商業信用這種籌資方式比較靈活，為各類企業所採用。

（5）發行債券籌資

債券，是債務人為籌集借入資金而發行的，承諾按期向債權人支付利息和償還本金的一種有價證券。2005年修訂後的《公司法》允許所有的公司都可以發行債券，因此發行債券必將成為公司重要的籌資方式之一。依法發行公司債券，可以獲得高額的長期資金；發行短期融資債券可為企業籌集短期資金。

(6) 租賃籌資

租賃，是企業在經營活動中一種常見的融資方式，是出租人以收取租金為條件，在契約或合同規定的期限內將資產租借給承租人使用的一種經濟行為。以租賃雙方對租賃資產所承擔的風險和報酬為標準，租賃主要分為融資租賃與經營性租賃。如果一項租賃實質上轉移了與資產有關的全部風險和報酬，那麼該項租賃為融資租賃；如果一項租賃實質上並沒有轉移與資產有關的全部風險和報酬，那麼該項租賃為經營性租賃。

(7) 留存收益

以上前六種籌資方式都是企業對外籌資的方式。留存收益是企業內部籌資的方式。企業淨利潤裡扣除向投資者分配那部分後的剩餘部分就是企業的留存收益，具體包括企業提留的盈餘公積金和未分配利潤等內容。

3. 企業籌資渠道與籌資方式的配合

企業籌資渠道與籌資方式有著密切的聯繫。同一籌資渠道的資金往往可以採取不同的籌資方式取得，而同一籌資方式又往往可以籌集來源於不同籌資渠道的資金。因此，企業在籌資時，應當實現籌資渠道和籌資方式兩者之間的合理配合。企業籌資渠道與籌資方式相配合的對應關係如表4-1所示。

表 4-1　　　　　　　　　企業籌資渠道與籌資方式的配合

籌資渠道＼籌資方式	吸收直接投資	股票籌資	借款籌資	商業信用籌資	債券籌資	租賃籌資	留存收益
國家財政資金	√	√					
銀行信貸資金			√				
非銀行金融機構資金			√		√	√	
其他企業資金	√	√		√	√	√	
民間資金	√	√			√		
企業自留資金							√

四、籌資的類型

企業籌集的資金，由於具體的屬性、期限、範圍和機制的不同而形成不同的類型。企業籌集的資金，按不同的角度，通常可以分為權益資金與負債資金、長期資金與短期資金、內部籌資與外部籌資、直接籌資與間接籌資等類型。

1. 權益資金與負債資金

企業的全部資金，按屬性的不同，可以分為權益資金與負債資金兩種類型。

(1) 權益資金

權益資金，也稱主權資金、自有資金，是企業依法取得並長期擁有，可以自主調配的資金。根據中國有關法規制度的規定，企業的權益資金由資本金、資本公積、盈餘公積和未分配利潤組成。企業的資本金在股份制企業中稱為「股本」，在非股份制企

業中則稱為實收資本。

（2）負債資金

負債資金，也稱債務資金、借入資金，是企業依法取得並依法運用、按期償還的資金。它體現著企業與債權人之間的債務和債權關係。企業對持有的借入資金，在約定的期限內享有使用權，並承擔按期還本付息的義務。

2. 長期資金與短期資金

企業的全部資金，按期限的長短不同，可以分為長期資金與短期資金。

（1）長期資金

長期資金，是指企業使用期限在 1 年以上的資金，通常包括各種權益資金、長期借款、發行在外的長期債券、融資租賃產生的長期應付款等債務資金。

（2）短期資金

短期資金，是指企業使用期限在 1 年以內的資金。企業在生產經營過程中出於資金週轉調度等原因，往往需要一定數量的短期資金。企業的短期資金，主要包括短期借款、應付帳款和應付票據等項目，通常是採用銀行借款、商業信用等方式取得或形成的。

3. 內部籌資與外部籌資

企業的全部籌資，按資金來源範圍的不同，可分為內部籌資和外部籌資兩種方式。

（1）內部籌資

內部籌資，是指企業在內部通過留存收益等而形成的資金來源。企業內部籌資一般不需要支付外顯資金成本。企業應在充分利用內部籌資來源之後，再考慮外部籌資。

（2）外部籌資

外部籌資，是指企業在內部籌資不能滿足需要時，向企業外部籌資而形成的資金來源。處於初創期的企業，內部籌資的可能性有限；而處於成長期的企業，內部籌資往往難以滿足需要。所以，企業要廣泛開展外部籌資活動。

企業的外部籌資，既需要支付籌資費用，又需要支付用資費用。

4. 直接籌資與間接籌資

企業的籌資活動，按其是否借助於銀行等金融機構，可分為直接籌資和間接籌資兩種類型。

（1）直接籌資

直接籌資，是指企業不借助於銀行等金融機拘，直接向資金所有者融通資金的一種籌資活動。在直接籌資過程中，籌資企業無須借助於銀行等金融機構，而是直接面向資金所有者，採用一定的籌資方式取得資金，如吸收直接投資、發行股票、債券等。隨著中國宏觀金融體制改革的不斷深入，直接籌資將得以不斷發展。

（2）間接籌資

間接籌資，是指企業借助於銀行等金融機構融通資金的籌資活動。這是一種傳統的籌資類型。在間接籌資活動過程中，銀行等金融機構發揮著仲介作用。它們先聚集資金，然後提供給籌資企業。間接籌資的基本方式是銀行借款，此外還有融資租賃等籌資方式。

第二節　企業資金需要量預測

企業的資金需要量是籌資的數量依據，必須科學合理地進行預測。開展資金需要量預測的目的，是保證企業生產經營業務的順利進行，使籌集來的資金既能保證滿足生產經營的需要，又不會有太多的閒置，從而促進企業財務管理目標的實現。

預測資金需要量可以採用定性預測與定量預測的方法。定性預測是指預測者根據掌握的資料和經驗，對企業資金需要量做出評估和判斷；定量預測是指預測者借助於一定的數學方法，對企業的資金需要量做出數量分析，通常有銷售百分比法和資金習性預測法等。在實際工作中，定性預測法和定量預測法往往交替使用，互為補充，即以定性分析為基礎，結合定量分析方法來預測企業的資金需要量。

一、定性預測法

定性預測法是由熟悉業務，並有一定理論知識與綜合判斷能力的專家和專業人員，根據自己的經驗和掌握的情況，預測未來資金需要量的方法。

定性預測法特別適用於缺乏統計數據和原始資料的場合，需要對許多相關因素做出判斷的場合，以及在經營活動過程中有關人員的主觀因素起主要作用的場合。它通常是在企業缺乏完備、準確的歷史資料的情況下採用。

二、銷售百分比法

企業要對外提供產品和服務，必須要有一定的資產。當銷售增加時，要相應增加流動資產，甚至還需要增加固定資產。為取得擴大銷售所需增加的資產，企業要籌措資金。

銷售百分比法是首先假設部分資產、部分負債與銷售收入之間存在穩定的百分比關係，根據預計銷售額和相應的百分比預計資產、負債和所有者權益，然後利用「資產＝負債+所有者權益」這一會計等式確定籌資數額。

【例4-1】ABC公司2015年實際銷售額為100,000元，銷售淨利率為10%，股利支付率為30%，ABC公司2015年12月31日的資產負債表如表4-2所示。2016年計劃銷售額將增至200,000元，假定公司現在還有剩餘生產能力，即增加收入不需要進行固定資產方面的投資，並假定2016年的銷售淨利率及股利支付率與2015年相同，要求用銷售百分比法預測2016年需追加的外部籌資額。

表4-2　　　　　　　　ABC公司資產負債表（簡表）
　　　　　　　　　　　　2015年12月31日　　　　　　　　　　　　單位：元

資產	金額	負債及所有者權益	金額
庫存現金	2,000	短期借款	5,000
應收帳款	28,000	應付帳款	13,000

表4-2(續)

資產	金額	負債及所有者權益	金額
存貨	30,000	應付職工薪酬	12,000
固定資產淨值	40,000	應付債券	20,000
		實收資本	40,000
		留存收益	10,000
資產總額	100,000	負債及所有者權益合計	100,000

第一步，將資產負債表中預計隨銷售額變動而變動的項目分離出來，確定銷售百分比。

由於公司現在還有剩餘生產能力，增加收入不需要進行固定資產方面的投資，因此資產中除了固定資產外的其他項目都將隨著銷售額的增加而增加，因為較多的銷售量需要占用較多的存貨、發生較多的應收帳款，導致現金需求增加。在負債及所有者權益項目中，應付帳款、應付工資也會隨銷售額的增加而增加，但短期借款、應付債券、實收資本、留存收益等項目不會隨銷售額的增加而自動增加。預計隨銷售額增加而自動增加的項目及其占銷售額的百分比列示在表4-3中。

表4-3　　　　　　　　　ABC公司銷售百分比表　　　　　　　　　單位：元

資產	占銷售額百分比	負債及所有者權益	金額
庫存現金	2%	短期借款	不變動
應收帳款	28%	應付帳款	13%
存貨	30%	應付職工薪酬	12%
固定資產淨值	不變動	應付債券	不變動
		實收資本	不變動
		留存收益	不變動
資產總額	60%	負債及所有者權益合計	25%

第二步，計算預計銷售額下的總資產和總負債。

隨銷售額變動的資產（或負債）＝預計銷售額×各項目銷售百分比

庫存現金＝200,000×2%＝4,000（元.）

應收帳款＝200,000×28%＝56,000（元）

存貨＝200,000×30%＝60,000（元）

應付帳款＝200,000×13%＝26,000（元）

應付職工薪酬＝200,000×12%＝24,000（元）

預計總資產＝4,000+56,000+60,000+40,000＝60,000（元）

預計總負債＝5,000+26,000+24,000+20,000＝75,000（元）

第三步，預計留存收益增加額及預計所有者權益總額。

留存收益增加額＝預計銷售額×銷售淨利率×（1-股利支付率）＝200,000×10%×（1-30%）＝14,000（元）

第四步，預計所有者權益總額。

預計所有者權益總額＝14,000+40,000+10,000＝64,000（元）

第五步，計算2016年需追加的外部籌資額。

需追加的外部籌資額＝預計總資產-預計總負債-所有者權益總額＝160,000-75,000-64,000＝21,000（元）

ABC公司為實現銷售額200,000元，需增加資金投入共60,000元（160,000-100,000），負債的自然增長提供25,000元（75,000-50,000），留存收益增加提供14,000元，則還有21,000元（60,000-25,000-14,000）的資金缺口必須向外界籌集。

除上述方法外，還可根據公式確定需追加的外部籌資額。

需追加的外部籌資額＝資產增加-負債增加-留存收益增加

＝變動資產銷售百分比×新增銷售額-變動負債銷售百分比

×新增銷售額-預測期銷售額×計劃的銷售淨利率×(1-股利支付率)

式中，變動資產和變動負債分別指隨銷售額變動而變動的資產項目和負債項目。

第三節　權益資金的籌集

權益資金的出資人是企業的所有者，擁有對企業淨資產的所有權。企業權益資金的籌集方式主要有吸收直接投資、發行股票、內部融資等。

一、吸收直接投資

吸收直接投資是指非股份制企業根據國家法律法規的規定，以協議等形式吸收國家、其他企業、個人和外商等直接投入的資本，形成企業資本金的一種籌資方式。企業吸收直接投資的來源主要有國家投資、法人投資和個人投資等。

1. 吸收直接投資的種類

（1）吸收國家投資

國家投資是指有權代表國家進行投資的政府部門或者機構，以國有資產進行的投資，國家投資形成的資本稱為國有資本。吸收國家投資是國有企業籌集權益資金的主要方式。吸收國家投資一般具有以下幾個特點：①產權歸屬政府；②資金的運用受政府約束較大；③在國有企業中廣泛採用。

（2）吸收法人投資

法人投資是指法人單位以其依法可以支配的資產投入企業，這種情況下形成的資本叫法人資本。吸收法人投資一般具有以下特點：①發生在法人單位之間；②以參與企業利潤分配為目的；③出資方式靈活多樣。

（3）吸收個人投資．

個人投資是指社會個人或本企業內部職工以個人合法財產投入企業，這種情況下

形成的資本稱為個人資本。吸收個人投資一般具有以下特點：①參加投資的人員較多；②每人投資的數額相對較少；③以參與企業利潤分配為目的。

2. 吸收直接投資的優缺點

（1）吸收直接投資的優點

①能籌集到企業自有資本，相對借入資本而言，能提高企業的資信度，並增強償債能力。

②出資形式多樣，既可以取得現金，也可以獲得所需的先進設備和技術，便於盡快形成生產能力。

③籌得資本的財務風險較低。

（2）吸收直接投資的缺點

①籌集資本的成本較高。

②採用吸收直接投資的方式籌集資金，投資者一般都要求獲得與投資數量相當的經營管理權，因此容易分散企業的控製權。

二、發行股票

1. 股票的定義及其分類

（1）股票的定義

股票是股份有限公司為籌集資本金而發行的有價證券，是股東按其所持股份享有權利和承擔義務的憑證，代表對公司的所有權。發行股票是股份有限公司籌措資本金的基本方式。

（2）股票的分類

①按股東的權利和承擔義務大小的不同，股票可分為普通股和優先股。

普通股，是股份公司發行的無特別權利的股票，也是最基本、最標準的股票。普通股的股利隨公司盈利的高低而變化。中國股份公司通常只發行普通股票。

優先股票，簡稱優先股，是股份公司依法發行的具有一定優先權的股票。從法定意義上講，優先股不承擔法定的還本義務，是企業自有資本的一部分，其股息已預先確定，股利分配順序排在普通股之前；當公司解散時，優先股股東將先於普通股股東分配公司剩餘財產。此外，優先股不享有公司公積金的權利，其管理權也受限制，其享有的公司淨資產以優先股份的面值為限。由此可見，優先股是一種具有股權和債券雙重性質的證券。

②按是否記名，股票可分為記名股票和無記名股票。

記名股票，是在股票票面上記載股東姓名，並將其計入公司股東名冊的一種股票。這種股票要同時附有股權手冊，只有同時具備股票和股權手冊，才能領取股息和紅利。記名股票的轉讓、繼承都要辦理過戶手續。中國《公司法》規定，向發起人、國家授權投資的機構、法人發行的股票，應為記名股票。

無記名股票，是指票面上不記載股東姓名的股票。無記名股票的持有人，即股份的所有人，具有股東資格。無記名股票的轉讓、繼承都比較自由、方便，無須辦理過戶手續，只要將股票交給受讓人，即可發生轉讓效力。

③按是否標明金額，股票可分為有面值股票和無面值股票。

有面值股票，是在票面上標明每股金額的股票。持有這種股票的股東，對公司享有的權利和承擔的義務，根據其所持有的股票票面金額占公司發行在外股票總面值的比例而定。

無面值股票，是指票面上只載明股數而無每股金額的股票。這種股票僅表示每一股在公司全部股票中所占的比例。股票的價值隨公司財產的增減而變動，股東對公司享有的權利和承擔的義務，直接依照股票數目的比例而定。中國《公司法》規定，股票應記載股票的面額。

④按投資主體的不同，股票可分為國家股、法人股、個人股和外資股。

國家股，是有權代表國家投資的政府部門或機構以國有資產投入公司所形成的股份。國家股由中華人民共和國國務院授權的部門或機構持有，並向公司委派股權代表。

法人股，是法人單位依法以其可支配的資產投入公司所形成的股份，或具有法人資格的事業單位和社會團體以國家允許用於經營的資產向公司投資所形成的股份。

個人股，是社會個人或公司內部職工以個人合法財產投入公司所形成的股份。

外資股，是指外國投資者以及中國香港、澳門和臺灣地區的投資者，以購買人民幣特種股票的形式向公司投資所形成的股份。

⑤按發行對象和上市地區的不同，股票可分為 A 股、B 股、H 股和 N 股等。

A 股的正式名稱，是人民幣普通股票。它以人民幣標明票面金額，是供中國境內（內地地區）個人或法人（不含臺灣省、香港地區、澳門地區投資者）以人民幣認購和交易的普通股股票。

B 股的正式名稱是人民幣特種股票。它是供中國境內有合法外匯儲備的個人或法人，及境外投資者購買，以人民幣標明票面金額但需以外幣（上海證券交易所是美元，深圳證券交易所是港幣）認購和交易的股票。

H 股，是註冊地在內地、上市地在香港特別行政區的外資股。香港特別行政區的英文是 HongKong，取其字首，在香港上市的外資股就叫作 H 股。依此類推，紐約的第一個英文字母是 N，新加坡的第一個英文字母是 S，在紐約和新加坡上市的股票就分別叫作 N 股和 S 股。

2. 股票的發行

股票發行就是以募集資本為目的，分配或出售自己的股份。公司自設立到成立後的運營，一般都不止一次發行股票。公司在設立時，要通過發行股票募集到註冊資本。公司設立之後，為了擴大經營、改善資本結構，也會增資發行新股。股票的發行，實行公開、公平、公正的原則，同股同權，同股同利。也就是說，同一次發行的股票，每股的發行條件和價格應當相同，任何單位或個人認購股份，對每股應支付相同的價款。同時，發行股票還應接受中華人民共和國國務院證券監督管理機構的管理和監督。股票發行應執行具體的管理規定，主要包括股票發行條件、發行程序和方式、交易方式等。

（1）股票發行的規定與條件

2005 年修訂後的《中華人民共和國證券法》（以下簡稱《證券法》）對股票發行問

題做出了重大修改、規範與完善。根據新《證券法》的規定，公司公開發行新股，應當符合下列條件：

①具備健全且運行良好的組織機構；

②具有持續盈利能力，財務狀況良好；

③最近三年財務會計文件無虛假記載，無其他重大違法行為；

④國務院證券監督管理機構規定的其他條件。

（2）股票發行的程序

①設立時發行股票的程序

第一，提出募集股份申請；

第二，公告招股說明書，製作認股書，簽訂承銷協議和代收股款協議；

第三，招認股份，繳納股款；

第四，召開創立大會，選舉董事會、監事會；

第五，辦理設立登記手續，交割股票。

②增資發行新股的程序

第一，股東大會做出發行新股的決議；

第二，由董事會向中華人民共和國國務院授權的部門申請並經批准；

第三，公告新股招股說明書和財務會計報表及附屬明細表，與證券經營機構簽訂承銷合同，定向募集時向新股認購人發出認購公告或通知；

第四，招認股份，繳納股款；

第五，改組董事會、監事會，辦理變更登記手續並向社會公告。

（3）股票發行的方式

股票發行的方式，指的是公司通過何種途徑發行股票。根據是否公開，股票發行分為不公開直接發行和公開間接發行兩大類。

①不公開直接發行，是指股份有限公司不公開對外發行股票，即不需要仲介機構承銷，只向少數特定的對象直接發行股票。中國股份有限公司採用的發起設立方式和以不向社會公開募集的方式發行新股的做法，就屬於股票的不公開直接發行。這種發行方式彈性較大，發行成本低，但發行範圍小，股票變現性差。

②公開間接發行，是指股份有限公司通過仲介機構，公開向社會公眾發行股票。中國股份有限公司採用募集設立方式向社會公開發行新股時，須由證券經營機構承銷的做法，就屬於股票的公開間接發行。這種發行方式發行範圍廣，發行對象多，易於足額募集資本；股票的變現性強，流通性好；有助於提高發行公司的知名度，擴大其影響力。但是，這種發行方式存在手續繁雜、發行成本高等不足。

（4）股票發行價格

股票發行價格一般有平價發行、時價發行、中間價發行、溢價發行與折價發行等類型。

①平價發行，也稱等價發行，就是以股票面額為發行價格發行股票，即股票的發行價與票面金額相等。平價發行股票一般容易攤銷，但無法取得股票的溢價收入。這種發行價格，一般在股票的初次發行，或在股東內部分攤增資的情況下採用。

②時價發行，也稱市價發行，是以本公司股票在流通市場上買賣的實際價格為發行價格發行股票。

③中間價發行、溢價發行與折價發行。

中間價發行，就是取時價與平價之間的值作為股票的發行價格；

溢價發行，是指按超過股票面額的價格發行股票；

折價發行，是指按低於股票面額的價格發行股票。

溢價發行股票所獲的溢價款，應列入資本公積金。

中國《公司法》規定，股票發行價格可以等於票面金額或超過票面金額，但不得低於票面金額。也就是說，公司可以平價、中間價或溢價發行股票，但不可以折價發行股票。

3. 普通股籌資的優、缺點

（1）普通股籌資的優點

①普通股籌集的資本不需要償還。普通股所籌集的資本是公司的永久性資本，在公司清算時才予以償還。這對保證公司對資本的最低需要、維持公司長期穩定發展極為有利。

②普通股籌資沒有固定的股利負擔。股利的支付與否和支付多少，視公司有無盈利和經營需要而定，經營波動給公司帶來的財務負擔相對較小。

③普通股籌資的風險小。因為普通股籌資沒有固定的到期還本付息的壓力，所以籌資風險較小。

④普通股籌集的資本是公司最基本的資金來源。它反應了公司的實力，可作為其他籌資方式的基礎，尤其可以為債權人提供保障，提高公司的舉債能力。

（2）普通股籌資的缺點

①普通股的資本成本率較高。首先，投資者要求有較高的投資報酬率；其次，對於籌資公司來講，普通股股利從稅後利潤中支付，不像債券利息那樣作為費用從所得稅稅前支付，因而不具有抵稅作用。此外，普通股的發行費用一般也高於其他證券。

②普通股籌資會增加新股東，可能會分散公司的控制權，甚至導致控制權旁落。

三、內部融資

內部融資，是指企業在內部，通過留存收益等而形成的資金來源。內部籌資，是在企業內部「自然地」形成的，一般不需籌資費用，具有原始性、自主性、低成本性和抗風險性等特點，是企業權益資金的來源之一。內部融資也是企業經常採用的籌資渠道，有些小企業無法取得借款，有些大企業不願意借款，它們主要靠內部融資。企業應在充分利用內部籌資來源之後，再考慮外部籌資。

企業的內部融資主要來源是留存收益。留存收益是企業繳納所得稅後形成的，當企業不將全部稅後利潤作為股利支付給股東時，未分配的稅後利潤則構成留存收益，其所有權屬於股東，實質上是股東對企業的追加投資。留存收益的多少取決於企業淨利潤的多少和股利支付率的高低。從表面上看，企業內部融資不需要花費成本，但實際上，股東願意將其留用於企業而不作為股利投資於別處，總是要求獲得與普通股等

價的報酬。如果企業將留存收益用於再投資所獲得的收益率低於股東自己進行另一項風險相似的投資的收益率，企業就不應該保留留存收益而應將其分派給股東。因此，內部融資也有資金成本，是一種機會成本。此外，企業內部的財務資源是有限的，僅僅依靠內部融資往往會限制企業的發展，還應當充分利用各種外部籌資方式，實現企業的發展。

第四節　負債資金的籌集

　　負債是企業的一項重要資金來源，幾乎沒有一家企業是只靠自有資本，而不運用負債就能滿足經營活動需要的。但負債籌集的資金不能歸企業永久支配使用，必須按期還本付息。按照所籌資金可使用時間的長短，通常將負債籌資分為長期負債籌資和短期負債籌資兩類。長期負債，是指償還期超過一年的負債，主要籌資方式包括長期借款、發行債券、融資租賃等。短期負債，是指償還期不滿一年的負債，如利用商業信用、短期借款等。企業短期資金籌集方式，按其行成情況可以分為自然形成的短期負債和人為形成的短期負債。自然形成的短期負債，是指在企業經營活動中，出於結算程序的原因而自然形成的短期負債，如應付帳款（包括應付票據）、預收貨款、應交稅費等。人為形成的短期負債，是指由財務人員根據企業對短期資金的需求，人為安排形成的短期負債，如短期借款、發行短期債券等。

一、長期借款

　　長期借款，通常指的是企業向銀行或其他非銀行金融機構借入的、使用期限超過一年的借款。通過該種方式籌集的資金主要用於購建固定資產和滿足長期流動資金占用的需要。

　　1. 長期借款的種類

　　長期借款的種類很多，各企業可根據自身的情況和各種借款條件選用。中國目前各金融機構的長期借款主要有以下幾種分類：

　　（1）按照用途不同，長期借款可分為基本建設借款、更新改造借款、科技開發和新產品試製借款等。

　　（2）按照提供的貸款機構不同，長期借款可分為政策性貸款、商業性銀行貸款及其他金融機構（如保險公司）貸款等。

　　（3）按照有無抵押品作擔保，長期借款分為信用貸款和抵押貸款。信用貸款，是指僅憑企業的信用發放的貸款。抵押貸款是指要求企業以抵押品作為擔保的貸款。長期貸款的抵押品可以是房屋、建築物、機器設備等實物資產，也可以是股票、債券等有價證券。

　　2. 長期借款的程序

　　中國金融部門對企業發放貸款的原則是：按計劃發放、擇優扶植、有物資保證、按期歸還。企業欲取得貸款，首先要向銀行提出申請，陳述借款原因與借款金額、用

款時間與計劃、還款期限與計劃。銀行根據企業的借款申請，針對企業的財務狀況、信用情況、盈利的穩定性、發展前景、借款投資項目的可行性等進行審查。銀行審查同意貸款後，再與借款企業進一步協商貸款的具體條件，明確貸款的種類、用途、金額、利率、期限、還款的資金來源及方式、保護性條款、違約責任等，並以借款合同的形式將其法律化。借款合同生效後，企業便可取得借款。待借款合同到期時，企業按規定還本付息。

3. 長期借款的保護性條款

由於長期借款的期限長、風險大，按照國際慣例，銀行通常對借款企業提出一些有助於保證貸款按時足額償還的條件，這些條件會寫進貸款合同中，形成了合同的保護性條款。歸納起來，保護性條款大致有如下三類：

（1）一般性保護條款應用於大多數借款合同，但根據具體情況會有不同內容。

①規定借款企業流動資金的保持量。其目的在於保持借款企業資金的流動性和償債能力。

②限制支付現金股利和再購入股票。其目的在於限制現金外流。

③限制資本支出規模。其目的在於減小企業日後不得不變賣固定資產以償還貸款的可能性，仍著眼於保持借款企業資金的流動性。

④限制其他長期債務。其目的在於防止其他貸款人取得對企業資產的優先受償權。

（2）例行性保護條款

下列例行性保護條款，作為例行常規，在大多數借款合同中都會出現。

①借款企業定期向銀行提交財務報表，其目的在於及時掌握企業的財務狀況。

②不準在正常情況下出售較多資產，以保持企業正常的生產經營能力。

③如期繳納稅金和清償其他到期債務，以防被罰款而造成現金流失。

④不準以任何資產作為其他承諾的擔保或抵押，以避免企業過重的負擔。

⑤不準貼現應收票據或出售應收帳款，以避免或有負債。

⑥限制租賃固定資產的規模，其目的在於防止企業負擔巨額租金，以致削弱其償債能力，還在於防止企業以租賃固定資產的辦法擺脫對其資本支出和負債的約束。

（3）特殊性保護條款

如下特殊性保護條款，是針對某些特殊情況，而出現在部分借款合同中的。

①貸款專款專用。

②不準企業投資於短期內不能收回資金的項目。

③限制企業高級職員的薪金和獎金總額。

④要求企業主要領導人在合同有效期間擔任領導職務。

⑤要求企業主要領導人購買人身保險等。

4. 長期借款籌資的優缺點

（1）長期借款籌資的優點

①借款籌資速度快。借款的手續比發行債券簡單得多，得到借款所需要的時間較短。

②籌資成本較低。與股票籌資相比，其利息可在所得稅稅前支付，故可減少企業

實際負擔的成本；與債券相比，無須支付大量的發行費用。

③借款靈活性較強。借款時企業與銀行直接交涉，容易就借款的數量、還款方式、利率達成協議。用款期間，如債務人的情況發生變動，企業亦可與銀行再協商修改部分合同條件，這比債券籌資方便得多。

（2）長期借款籌資的缺點

①風險較高。由於到期必須還本付息，在企業經營不善時，可能產生不能償債的風險，嚴重時甚至引起破產。

②限制性條款較多。為了防範風險，金融機構對借款的條款訂得比較細，甚至達到苛刻的程度，這可能會影響企業今後進一步籌集資金的能力。

③籌資的數量有限。為減少貸款的風險，銀行往往不願意向一家企業發放長期的巨額貸款。當企業財務狀況不佳或負債比率過高時，借款利率會較高，甚至借不到款。通常在資金需求量不大、需求時間相對較短的情況下，企業採用長期借款方式籌資比較有利。

二、發行債券

債券是一種有價證券，是社會各類經濟主體為籌集資金而出具的，承諾按規定的利率和方式支付利息，並到期償還本金的債權債務憑證。由企業發行的債券，稱為企業債券或公司債券。本節所說的債券，指的是期限超過一年的公司債券，其發行目的通常是為投資大型項目籌集大筆長期資金。

1. 債券的種類

債券按不同的標準，可分為以下幾類：

（1）按能否轉換為公司股票，債券可分為可轉換債券和不可轉換債券。

（2）按發行的保證條件不同，債券可分為擔保債券和信用債券。

（3）按利率的不同，債券可分為固定利率債券和浮動利率債券。

（4）按償還方式的不同，債券可分為到期一次債券和分期債券。

2. 發行債券的條件

中國原《公司法》規定，股份有限公司、國有獨資公司和兩個以上的國有企業或者其他兩個以上的國有投資主體投資設立的有限責任公司，才有資格發行公司債券。2005年《公司法》修訂之後，所有公司都可以作為發行公司債券的主體。

公開發行公司債券，必須具備以下條件：

（1）股份有限公司的淨資產額不低於人民幣3,000萬元，有限責任公司的淨資產額不低於人民幣6,000萬元。

（2）累計債券總額不超過公司淨資產額的40%。

（3）最近三年平均可分配利潤足以支付公司債券一年的利息。

（4）所籌集資金的投向符合國家產業政策。

（5）債權的利率不得超過國務院限定的利率水平。

（6）國務院規定的其他條件。

通過公開發行公司債券籌集的資金，必須用於核准的用途，不得用於彌補虧損和

非生產性支出。

《證券法》規定，發行公司凡有下列情形之一的，不得再次發行公司債券：

（1）前一次發行的公司債券尚未募足的；

（2）對已發行的公司債券或者其債務有違約或延遲支付本息的事實，且仍處於持續狀態的；

（3）違反《證券法》的規定，改變公開發行公司債券所募集資金用途的。

3. 公司債券的發行程序

發行公司債券，一般要經過如下的程序，並辦理規定的手續。

（1）由公司最高權力機構做出發行公司債券的決議。

（2）公司向國務院證券管理部門提出申請並按規定提交相應文件，由證券管理部門根據有關規定，對公司的申請予以核准。

（3）公司發行債券的申請被批准後，應著手制定公司債券募集辦法，載明相應事項，並按有關規定進行公告。

（4）在公告規定的期限內發行債券。

4. 債券發行價格的確定

債券的發行價格是債券發行時使用的價格，即投資者購買債券時所支付的價格。在實務中，公司債券的發行價格通常有三種情況，即平價、溢價和折價。

平價，是指以債券的票面金額為發行價格；溢價，是指按高出債券票面金額的價格發行債券；折價，是指按低於債券票面金額的價格發行債券。債券發行價格的形成，受諸多因素的影響，其中主要的影響因素是到期收益率與市場利率的一致程度。債券的票面利率（由此可以換算得到該債券的到期收益率）在債券發行時已參照市場利率和發行公司的具體情況確定，並載明於債券發行公告上。但在發行債券時，已確定的到期收益率不一定與當時的市場利率一致。為協調債券購銷雙方在債券利率上的利益，就需要調整發行價格。當到期收益率高於市場利率時，以溢價發行債券；當到期收益率低於市場利率時，以折價發行債券；當到期收益率與市場利率一致時，則以平價發行債券。

債券發行價格＝到期票面金額按市場利率折算的現值＋各期利息按市場利率折算的現值

【例4-2】ABC公司發行面值為1,000元、利率為10%、期限為10年、每年付息一次的公司債券。發行時，資金市場上同類債券的市場利率為15%。該債券的發行價格計算如下：

$1,000 \times 10\% \times (P/A, 15\%, 10) + 1,000/(1+15\%)^{10}$

$= 100 \times 5.018,8 + 247.18 = 749.06$（元）

【例4-3】如果上例公司債券發行時的市場利率為5%時，則該債券的發行價格計算如下：

$1,000 \times 10\% \times (P/A, 5\%, 10) + 1,000/(1+5\%)^{10}$

$= 100 \times 7.721,7 + 613.91 = 1,386.08$（元）

5. 債券籌資的優缺點

（1）債券籌資的優點

①資金成本率較低。一般來說，利用債券籌資的成本率要比股票籌資的成本率低。主要原因在於：一是債券受限制性條款保護，對投資者來說保險程度較股票高，在正常情況下，債息比股利要低；二是債券利息可以作為費用在稅前支付，具有節稅效應。

②保證原股東對公司的控製權。由於債券持有人無權參與發行公司的管理決策，故債券籌資不能稀釋原有股東對企業的控製權。

③財務槓桿作用比較明顯。債券籌資到期還本付息的數額是固定的，與企業的經營收入無關。當企業的息稅前利潤率高於債務的利率時，將有更多的收益留給股東，企業每股收益會隨著負債比例的增加而上升。

④財務狀況的穩定性比較好。長期債券的期限一般較長，企業可以有充分的時間來安排本金的償還，避免市場利率的急遽波動對企業財務狀況的影響，比短期負債的風險小，在一定程度上降低了企業破產的風險。

⑤便於調整資本結構。如果企業發行的是可轉換債券，當債券持有人行使轉換權時，這部分債務資金便轉化為權益資金；如果企業發行的是可提前贖回債券，當企業資金充裕時，即可贖回債券，這既減少了企業的利息負擔，又降低了債務資金比例，財務風險也隨之降低。因此，公司發行可轉換債券以及可提前贖回債券，便於公司主動、合理地調整資本結構。

（2）債券籌資的缺點

①財務風險大。與發行股票相比，債券有固定的到期日，而且必須定期支付利息，當企業經營狀況欠佳時，大量的債券需要還本付息，會導致企業財務狀況的惡化，增加企業的財務風險，甚至導致企業破產。

②籌資條件嚴格。在長期債券合同中，往往制定了各種限制性條款。這些限制性條款使企業在紅利政策、流動資金和籌資決策上受到了較大的制約，會影響企業的正常發展和籌資能力。

③籌資額受到一定的限制。利用債券進行籌資的數量，通常受到一定額度的限制。中國《公司法》規定，普通企業發行債券的總額不得超過該企業自有資產淨額，股份有限公司發行債券的總額不得超過該企業自有資產淨額的40%。

三、融資租賃

租賃，是出租人以收取租金為條件，在契約或合同規定的期限內，將資產租借給承租人使用的一種經濟行為。租賃行為，在實質上具有借貸屬性。租賃活動於20世紀50年代初在美國興起，此後在各國得到迅速發展，20世紀80年代初，中國企業開始採用租賃方式籌集資金。現在，租賃已經成為企業籌集資金的一種重要方式。

企業的租賃，按資產所有權有關的風險和報酬的歸屬分類，分為經營租賃和融資租賃。

經營租賃又稱營運租賃、服務租賃，主要是為滿足經營上的臨時需要，或季節性的需要而發生的資產租賃。這種租賃形式有如下主要特徵：

（1）與所有權有關的風險和報酬，實質上並未轉移。租賃資產的所有權最終仍然歸出租方所有，出租方保留了租賃資產的大部分風險和報酬，其租賃資產的折舊、修理費用等均由出租方承擔。

（2）出租人一般需要多次出租，才能收回對租賃資產的投資。

（3）承租人只是為了經營上的臨時所需，如由於季節性的需要進行資產租賃，因此，經營租賃期限相對較短，一般不延至租賃資產的全部耐用期限。

（4）租賃期滿後，承租人將設備退還給出租人，也可以根據一方的要求，提前解除租約。

經營租賃，一般沒有續租或優先購買選擇權。

融資租賃，又稱資本租賃、財務租賃，是由租賃公司按照承租企業的要求，購買設備，提供給承租企業長期使用並最後轉讓的信用性業務。融資租賃，在實質上是轉移一項與資產所有權有關的全部風險和報酬的一種租賃。

融資租賃一般具有以下特徵：

（1）與租賃資產有關的全部風險和報酬實質上已經轉移，承租方需要承擔租賃資產的折舊、修理以及其他費用。

（2）租約通常是不能取消的，或者只有在某些特殊情況下才能取消。

（3）期限較長，大多為設備耐用年限的一半以上。

（4）融資租賃保證出租人回收其資本支出，並加收一筆投資收益。在一般情況下，融資租賃只需通過一次租賃，就可以回收資產的全部投資，並取得合理的利潤。

1. 融資租賃的分類

融資租賃，按其租賃的方式不同，主要分為直接租賃、售後回租和槓桿租賃三種。

（1）直接租賃，是融資租賃的典型形式，是指購進租出的做法。出租人根據承租人的申請，以自有或籌措的資金向國內外廠商購進用戶所需設備，租給承租人使用。直接租賃一般由兩個合同構成：一是出租人與承租人簽訂的租賃合同，二是出租人按承租人訂貨要求，與廠商簽訂的購貨合同。西方發達國家絕大多數租賃公司都採取直接租賃的做法。

（2）售後回租。企業因缺乏資金，將自有資產中較新的固定資產，賣給能夠辦理融資租賃業務的機構，再以承租人的身分，向這些機構租回使用。採用這種融資租賃方式，租金支付的方式類似於抵押貸款，即承租人因出售資產而獲得一筆相當於市價的資金，同時將其租回，而保留了資產的使用權。在租賃期內，承租人在享受籌得資金好處的同時，喪失了資產的所有權，還需要支付租金，承租人在享受租賃費用抵消所得稅好處的同時，還繼續享受設備折舊的免稅的優惠。

（3）槓桿租賃，又稱平衡租賃，是近20年才出現的租賃形式，目前在國際上比較流行。槓桿租賃是當出租人不能單獨承擔資金密集項目（如飛機、船舶）的巨額投資時，以待購設備作為貸款的抵押，以轉讓收取租金的權利作為貸款的保證，從銀行、保險公司、信託公司等金融機構獲得購買設備的60%～80%貸款，其餘部分由出租人自籌解決，出租人購進設備給承租人使用，以收取的租金償還貸款。這種租賃形式能以較少的投資，享有全部的加速折舊或投資減稅的優惠，這不僅擴大了出租人的投資能

力，而且取得了較高的投資報酬，所以稱為槓桿租賃。

2. 融資租賃業務的一般程序

融資租賃業務，具有融資與融物的雙重性質，其業務程序要比一般信貸業務複雜。根據國內幾家較大的中外合資租賃公司和國營租賃公司的做法，直接租賃的業務程序分如下幾個階段進行：

(1) 租賃業務準備階段

當企業決定採取融資租賃方式進行固定資產投資時，首先要進行新建項目或技改項目的可行性研究，並報經有權批准的部門批准立項後，做好以下三個方面的選擇：

①設備租賃方式的選擇。

②設備來源的選擇。即選擇哪家公司的設備，是選擇國產設備還是進口設備等。

③租賃公司的選擇。這是辦理融資租賃業務的關鍵。企業要在多家租賃公司之間進行比較，詳細瞭解各公司經營租賃業務的資格、經營範圍、經營能力、資信狀況、融資融物條件等情況，選擇一家符合自己需要的最為優惠、最為可靠的租賃公司。

(2) 提出委託租賃階段

企業向租賃公司遞交下列文件，提出租賃委託：

①租賃申請書。承租人按申請書中的要求，填寫有關內容，其中包括投資項目，委託租賃的技術、設備、投資金額、預測的項目經濟效益情況等。

②項目建議書和按國家規定的審批單位准許納入計劃的文件。

③可行性研究報告或設計任務書，有權批准項目立項部門的批准文件。

④還款計劃落實證明文件。

⑤經認可的擔保單位出具的、對承租人履行租賃合同給予擔保的不可撤銷的擔保函。

⑥承租企業的工商登記證明文件（如營業執照等）和承租企業的有關財務報表。

⑦其他所需的有關資料和證明文件。

(3) 審查受理階段

租賃公司接到承租人的申請，對所交材料進行認真審查，對項目進行審核調查和諮詢旁證，對項目的效益、企業還款能力和擔保人擔保資格等進行審定。確認和同意後，內部立項，並對外正式接受委託。

(4) 業務洽談，簽訂合同階段

選定租賃項目後，出租人應會同承租人與設備供應商，進行技術和商務談判。有關技術交流、設備選型、技術維修服務等方面的洽談，以承租人為主，而商務方面的洽談以出租人為主。談妥條件後，由出租人作為買方會同承租人與賣方共同簽訂購貨合同；與此同時，出租人與承租人最後商定租賃條件，其中包括租金、租期和租賃費率等。最後，簽訂租賃合同，並由經濟擔保人確定擔保。

(5) 履行合同階段

①出租人作為買方支付租賃物件價款。

②承租人驗收租賃物件。

③承租人開出租賃物件收據。驗收完畢後，承租人要開出租賃物件收據，連同原

始發票一併交給出租人。

④承租人取得租賃物件的使用權,並按起租通知書規定的時間交付租金。出租人收到承租人開出的租賃物件收據及原始發票後,應按實付租賃物件總成本及每期租金金額,開具起租通知書通知承租人,從起租日起承租人即取得租賃。

⑤租賃物件在租賃期滿後的處理。租賃期滿,承租人付清租金及有關手續費後,對租賃物件可以按合同規定條款續租、退租,或交付產權轉讓費後留購。

3. 融資租賃租金的計算

租金的數額和支付方式對承租企業的未來財務狀況有直接的影響,也是租賃籌資決策的重要依據。

(1) 融資租賃租金的構成

①設備價款。這是租金的主要內容。它由設備的買價、運雜費和途中保險費構成。

②租息,又可分為租賃公司的融資成本和租賃手續費兩部分。融資成本是指租賃公司為購買租賃設備所籌資金的成本,即設備租賃期間的利息;租賃手續費包括租賃公司承辦租賃設備的營業費用和一定的盈利。租賃手續費的數額一般由租賃公司和承租企業協商而定。

(2) 租金的計算方法

在中國融資租賃業務中,計算租金的方法一般採用等額年金法。它是利用年金現值的計算公式經變換後計算每期支付租金的方法。

假如承租企業與租賃公司商定租金支付方式為後付等額租金,即普通年金,則從 $P=A \cdot (P/A, i, n)$,可推導出後付租金方式下每年年末支付租金數額的計算公式:

$$A = P/(P/A, i, n)$$

【例4-4】 ABC公司採用融資租賃方式於2015年1月1日從一租賃公司租入一設備,設備價款為40,000元,租期為8年,到期後設備歸承租企業所有。為了保證租賃公司完全彌補融資成本、相關手續費並有一定盈利,雙方商定採用18%的折現率。試計算該企業每年年末應支付的等額租金。

$A = 40,000 / (P/A, 18\%, 8) = 40,000/4.076,6 \approx 9,809.69$(元)

4. 融資租賃的主要優缺點

(1) 融資租賃的優點

①可以迅速獲得所需資產。融資租賃集融資與融物於一身,通常要比籌措現金後再購置設備來得更快,可盡快形成企業的生產能力。

②籌資限制較少。利用股票、債券、長期借款等籌資方式,都受到相當多的資格條件的限制,相比之下,融資租賃籌資的限制較少。

③免遭設備淘汰的風險。科技的不斷進步使得功能更全、效率更高的設備大量出現。對於設備陳舊過時可能導致使用不經濟的風險,在多數租賃協議中都規定由出租人承擔,承租企業可以避免這種風險損失。

④減輕財務支付壓力。按照規定,全部租金在整個租期內分期支付,並且租金可在稅前扣除。

（2）融資租賃的缺點

①租賃成本高。長期租賃利率一般高於舉債籌資的利率。另外當市場利率下降時，企業可在借款到期之前提前償還本息，而租賃則受合同制約，企業不能因市場利率下降而降低租金。

②配套技改不易實施。通常合約明文規定，承租企業在合同期內，不得對設備進行拆卸、改裝，不得中途解約，這使設備技改難以實施。

四、自然性融資

1. 自然性融資的形式

（1）應付帳款

賒購商品是一種最典型、最常見的利用商業信用的形式。在這種形式下，買賣雙方發生商品交易，買方收到商品後不立即支付現金，而是通過應付帳款或應付票據的形式，延期付款。

（2）預收貨款

在這種形式下，賣方要先向買方收取貨款，但要延期交貨，等於賣方向買方先借入一筆資金，這也是另一種較典型的商業信用形式。

2. 在有現金折扣條件下利用商業信用的資金成本

賣方允許買方在交易發生後一段時間內付款，但若買方提前付款，賣方可以給予一定現金折扣的信用條件，如果買方放棄現金折扣機會，利用商業信用將成為一種成本較高的短期籌資方式。其資金成本的計算公式為：

資金成本＝折扣率/（1-折扣率）×360/（信用期-折扣期）

【例4-5】ABC公司賒購材料一批，銷售方提供的信用條件是「2/10，$n/30$」（即信用期限為30天，30天內必須付款，如果10天之內付款，將給ABC公司2%的現金折扣，即只需要支付貨款的98%就行了）。假如ABC公司決定放棄這項現金折扣，準備在30天到期時再付款，那麼放棄該項現金折扣的成本為：

2%/（1-2%）×60/（30-10）×100%＝36.73%

3. 自然性融資的優缺點

（1）自然性融資的優點

①自然性融資非常方便。因為自然性融資通常與商品買賣同時進行，不用做正規的安排，因此很方便。

②如果沒有現金折扣，或企業不放棄現金折扣，利用商業信用籌資沒有實際成本。

③限制少。如果企業利用銀行借款籌資，銀行往往對貸款的使用規定了一些限制條件，而自然性融資則限制較少。

（2）自然性融資的缺點

自然性融資的時間一般較短，如果企業取得現金折扣，則時間會更短，如果放棄現金折扣，則要付出較高的資金成本。

五、短期貸款

短期貸款，是指企業向銀行和其他金融機構借入的期限在一年以內的借款。

1. 短期借款的種類

目前中國短期借款的種類主要有週轉借款、臨時借款、結算借款和賣方信貸等。

2. 短期借款的信用條件

銀行發放短期借款時，通常帶有一些信用條件，常見的有以下幾個方面：

（1）信用額度

信用額度是銀行對借款人規定的無擔保貸款的最高額。信用額度的有效期限，通常為一年，但根據情況也可展期一年。借款人在批准的信用額度內，可以根據需要，隨時向銀行申請借款。

（2）週轉信貸協議

週轉信貸協議，是銀行向大企業提供的、具有法律義務的、不超過一定限額的信用貸款協議。它與信用額度的區別是它只為大企業使用；銀行對週轉信用額度負有法律責任。企業享用週轉信貸協議，通常要就貸款限額的未使用部分，支付給銀行一筆承諾費。

【例4-6】某週轉信貸額為500萬元，承諾費率為0.5%，借款人年度內使用了400萬元，餘額為100萬元，借款人該年度應向銀行支付承諾費0.5萬元。

（3）補償性餘額

補償性餘額，是銀行要求借款人在銀行中，保持實際借用額的一定比例的最低存款餘額。補償性餘額的比例，一般為10%~20%，其目的是降低銀行的貸款風險。但對借款企業而言，補償性餘額，減少了企業借用款項的實際可用金額，從而提高了銀行貸款的實際利率。

【例4-7】某企業按年利率10%向銀行借入200萬元，銀行要求企業按借款額的18%保持補償性餘額。因此企業實際可用資金為164萬元。該借款的實際利率為：

200×10%/164 = 12.2%

（4）借款抵押

銀行向財務風險較大的借款人或對其信譽沒有把握的借款人提供貸款，有時需要有抵押品擔保，以減少蒙受損失的風險。短期借款的抵押品，通常是應收帳款、存貨、股票和債券等。銀行接受抵押品後，一般按抵押品面值的30%~90%發放貸款。抵押借款的成本通常高於非抵押借款的成本。

（5）償還條件

貸款的償還，有到期一次償還和在貸款期內定期（每月、季）等額償還兩種。一般來說，借款人不希望採用後一種償還方式，這是因為此種還款方式會提高借款的實際利率；而銀行不希望採用前一種償還方式，這是因為它增加了借款人的拒付風險，同時會降低實際貸款利率。

(6) 借款利率及利息支付方法

①借款利率

借款利率包括優惠利率、浮動優惠利率和非優惠利率三種。優惠利率，是銀行向財力雄厚、經營狀況好的企業貸款時收取的名義利率，為貸款利率的最低限度。浮動優惠利率，是一種隨其他短期利率的變動而浮動的優惠利率，即隨市場條件變化而隨時調整變化的優惠利率。非優惠利率，是高於優惠利率的利率，一般在優惠利率的基礎上加一定的百分比。非優惠利率與優惠利率之間的差距，由借款人的信譽、與銀行的往來關係及當時的信貸狀況所決定。

②借款利息的支付方法

一般來說，借款人可以用收款法、貼現法和加息法三種方法，來支付銀行貸款利息。

收款法，是在借款到期時，向銀行支付利息的方法。銀行向工商企業發放的貸款，大都採用這種方法收息。

貼現法，是指銀行向貸款人發放貸款時，先從本金中扣除利息的方法。採用此法，借款方可利用的借款額，只有本金減去利息部分後的差額，因此貸款的實際利率高於名義利率。

加息法，是銀行發放分期等額償還貸款時採用的利息收取方法。在這種還款方式下，銀行將根據名義利率計算的利息加到借款本金上，計算出貸款的本息之和，借款方在貸款期內分期償還本息之和的金額。由於貸款分期均衡償還，借款方實際上只是平均使用了貸款本金的一半，卻要支付全額利息。所以，在此種方法下，借款方所負擔的實際利率高於名義利率。

3. 短期借款籌資的優缺點

(1) 短期借款的優點

①銀行資金充足，實力雄厚，能隨時為企業提供比較多的短期貸款。

②銀行短期借款具有較好的彈性，企業可在資金需要增加時借入，在資金需要減少時還款。

(2) 短期借款的缺點

①資金成本較高。採用短期借款的成本比較高，不僅高出自然性融資，與短期融資券相比也高出許多。

②限制較多。向銀行借款，銀行要對企業的經營和財務狀況進行調查以後才能決定是否貸款，有些銀行還要求對企業有一定的控制權，要企業把流動比率、負債比率維持在一定的範圍之內，這些都會構成對企業的限制。

思考與練習

一、簡答題

1. 什麼是企業籌資？有什麼意義？
2. 企業籌資的要求是什麼？
3. 目前中國企業的籌資渠道和籌資方式各有哪幾種？
4. 企業籌資渠道與籌資方式存在什麼關係？
5. 什麼是股票？股票有哪幾種分類方式？
6. 試比較企業權益資金和債務資金籌資的區別。

二、計算題

1. 某債券面值為 10,000 元，票面年利率為 5%，期限為 5 年，每年支付一次利息。若市場實際的年利率為 8%，則其發行時的價格將是多少？

2. A 公司 2015 年 12 月 31 日的資產負債表如表 4-4 所示。

表 4-4　　　　　　　　　　　　　資產負債表

編製單位：A 公司　　　　　　　2015 年 12 月 31 日　　　　　　　　　　單位：萬元

資產	期末數	負債及所有者權益	期末數
庫存現金	45	應付帳款	40
應收帳款	60	應付票據	60
存貨	95	長期借款	70
固定資產淨值	130	實收資本	100
		留存收益	60
合計	330	合計	330

該公司 2015 年的銷售收入為 500 萬元，銷售淨利潤率為 10%，其中，60% 的淨利潤分配給股東。假設 2016 年度的銷售淨利率和利潤分配政策與 2015 年相同。資產負債表中，流動資產、固定資產、應付帳款、應付票據與銷售收入的變動有關。若 2016 年度銷售收入提高到 600 萬元，求該公司 2016 年需要從外界籌集的資金數量。

三、案例分析題

萬科企業股份有限公司成立於 1984 年 5 月，以大眾住宅開發為核心業務，目前業務覆蓋上海、深圳、廣州、北京、天津等 20 多個城市，已經成為中國最大的房地產上市公司。經過多年努力，萬科逐漸確立了其在房地產行業的競爭優勢。2011 年 1 月 4 日，萬科 A 股發布的 2010 年 12 月份銷售業績簡報稱，2010 年 1～12 月，萬科累計實現銷售面積 897.7 萬平方米，銷售金額為 1,081.6 億元，與 2009 年相比增加七成，成為首個年銷售額達千億元的房地產企業。

萬科的籌資方向包括國內和國際籌資，多元化的籌資方式為萬科經濟業務的開展源源不斷地提供資金。1991 年 1 月 29 日，萬科 A 股正式在深交所掛牌交易。1993 年 5 月，萬科成功發行 4,500 萬股 B 股，募集資金 45,135 萬港元。

2002 年 6 月 13 日，萬科向社會公開發行 1,500 萬張可轉換公司債券（「萬科轉債」）用於深圳四季花城二區等 5 個項目。可轉換公司債券每張面值為 100 元，票面利率為 1.5%，發行總額為 15 億元，發行費用總額為 24,861,580.85 元，募集資金於 2002 年 6 月 20 日全部到位。該可轉換公司債券在 2002 年 12 月 13 日至 2003 年 4 月 23 日期間可以轉換為公司流通 A 股，初始轉股價格為每股人民幣 12.1 元。截至 2004 年 4 月 30 日，15 億元可轉換公司債券全部順利轉股。2004 年 9 月萬科再次向社會公開發行可轉換公司債券（「萬科轉 2」），募集資金 19.9 億元。

從 2003 年開始，国内房地產市場一直處於高速增長狀態。國家推出的鼓勵土地市場拍賣政策加大了房地產企業的資金壓力，萬科也面臨巨大的資金缺口。要抓住市場機遇，進一步擴大市場份額，就需要充足的資金保障。這時公司通過發行可轉換公司債券募集到的 19.9 億元資金有效地緩解了資金的短缺問題。在這期間，由於公司積極開拓了非銀行的多元化融資渠道，其非銀行類的借款占公司總借款的比重也由 2003 年的 35% 提高到了 61%。另外，多家銀行為萬科提供的授信額度都非常寬裕。2005 年至 2010 年，房地產行業處於高速增長時期，萬科的長期借款也明顯呈逐年增加態勢。2008 年 9 月 18 日，萬科發行了總額為 59 億元的公司債券，分為有擔保和無擔保兩個品種。其中，有擔保品種為 5 年期固定利率債券，發行規模為 30 億元；無擔保品種為 5 年期固定利率債券，附發行人上調票面利率選擇權及投資者回售選擇權，發行規模為 29 億元。

2007 年 7 月 22 日，萬科公開增發股票，每股的發行價格為 31.53 元，共募集資金 99.37 億元。2009 年 8 月 27 日，萬科計劃啓動萬科 A 股歷史上最大規模的增發方案，公開增發不超過招股意向書公告日公司總股本 8% 的 A 股，扣除發行費用後的募集資金淨額不超過人民幣 112 億元。該計劃在同年的 9 月 15 日獲得了萬科股東會的高票通過，這也是萬科歷史上增發方案投票通過率最高的一次。但這個增發方案一出抬就受到多方質疑，一方面是因為此前的增發導致部分投資者尚未能解套，另一方面萬科並不缺錢。公告顯示，萬科在 2009 年中期的財務非常穩健，持有貨幣資金 268.8 億元，資產負債率為 66.4%，公司的淨負債率也由 2008 年的 37.1% 下降至 10.7%。

2009 年年底國家出抬了一系列政策，使得房企的上市融資以及首次公開募股（IPO）遭遇了較高的門檻，政策關卡收緊，萬科、招商、世茂等多家房企在 2010 年陸續擱置了融資計劃。

資料來源：參見《萬科去年收入超 1,000 億，成全球最大銷售房企》，載《新京報》，2011-01-06。

案例思考題

1. 萬科企業股份有限公司成功運用了哪些籌資方式？這些籌資方式是債權性資金籌資、股權性資金籌資還是混合性資金籌資？

2. 萬科企業股份有限公司靈活運用各種籌資方式的意義何在？試結合市場環境和行業發展，分析萬科企業股份有限公司在每個發展階段的籌資策略。

第五章　資金成本和資本結構

案例導讀：

　　國際上通常認為一個企業的資產負債率若小於50%，企業則處於安全線內，否則就處於危險區域內。深圳市一家從事交通技術產業發展的民營科技企業，在自有資金嚴重不足、資產負債率高達50%、經營管理狀況欠佳的情況下，完全依賴銀行貸款、高額負債進行交通監控技術的研發，並且在廣州地區的一個項目上就投入前期研發費用100多萬元。這對於一個自有資金只有幾十萬元的小企業來說，是巨大的一筆費用。但是由於技術不成熟、市場起伏不定等，最終該項目並沒有開發成功，而企業已向銀行融資貸款1,000多萬元，資產負債率高到令人難以置信的地步，企業面臨著倒閉的境遇。

　　又如2000年2月前後，香港商界演繹了一場收購大戰。香港巨商李嘉誠之子李澤楷任主席的盈科數碼動力，新加坡前總理李光耀之子李顯揚任總裁的新加坡電信行政，爭奪香港電訊的收購權。雙方鬥智鬥勇，幾經波折，最終盈科數碼動力勝出。在這場收購大戰中，盈科數碼動力獲勝的一個重要因素是，其為爭奪香港電訊控製權，向多家銀行包括匯豐投資、法國國家巴黎銀行及中銀融資等，籌措了100億美元（約770億港元）的過渡性貸款，不惜每年負擔50億港元的利息支出，打破了以往銀行財團貸款的最高紀錄。這確實是借入資本籌資運作的大手筆。但是，公司隨後面臨著巨大的還款壓力。一年後，該公司由於負擔過重出現了虧損。這值得我們深思：如果你是盈科數碼動力或新加坡電信行政的總經理，當如何決策？

　　以上兩例都說明企業負債經營本身就是一種風險極高的經濟活動，如果企業又把負債資金再投資於風險很高的高新技術研發活動，這就使企業的經營風險和財務風險疊加起來，企業整體風險無形中增加了好幾倍。那麼企業破產、倒閉的概率之大可想而知。

　　資料來源：胡旭微，張惠忠. 財務管理 [M]. 杭州：浙江大學出版社，2007：98.

　　資本結構是企業融資決策的核心，資金結構安排是否合理，直接關係到企業資金成本的高低、財務風險的大小，以及財務槓桿能否有效發揮作用，因此每個企業都應該努力尋求自己的最佳資本結構，並且在財務管理活動中努力保持這種最佳的資本結構。通成本章的學習，我們可以理解資金成本的意義及計算、經營槓桿、財務槓桿和複合槓桿效應和資金結構、最佳資金結構等相關概念及其相互關係，並掌握企業融資決策的基本理論和基本方法。

第一節　資金成本觀念

一、資金成本的概念和作用

1. 資金成本的概念

（1）資金成本的含義

資金成本是指企業為籌集和使用資金而必須付出的各種成本費用。在市場經濟條件下，企業籌集和使用資金都必須付出代價，所以企業必須講求籌資效率，必須節約使用資金，提高資金的使用效率。

在企業籌資實踐中，一般將資金分為短期資金和長期資金。長期資金按資金來源又可分為權益資金（自有資金）和長期負債。長期資金的資金成本一般稱為資本成本。

企業所付出的資金成本從數量上看實際上就是資金供應者（投資者和債權人）所要求的投資報酬。因此，資金成本也是利率的表現形式之一。在財務管理中，資金成本與投資報酬一樣，往往是一個預計的概念，而不是一個實際成本的概念，它往往是指預計成本。

資金成本主要有個別資金成本、分類資金成本、綜合資金成本和邊際資金成本等種類。

（2）資金成本的構成

資金成本，包括用資費用和籌資費用兩部分。

用資費用，也稱為用資成本，比如使用債務資金的利息和權益資金的股利、分紅等。用資費用與占用資金的時間及規模近似地成正比，基本上屬於變動成本。它是資金成本的主要內容。

籌資費用，也稱為資金籌集費用，是指資金成本中，企業在籌集資金階段所支付的代價，比如債券的發行費用與印製費用，股票的發行費用、手續費、律師費用、資信評估費、擔保費用、公正費用、擔保費用與廣告費用等。籌資費用與籌資的次數關係極大，也與籌資數量關係較大，而與資金籌集後使用的期限（例如債券的存續期限）關係較小。籌資費用，一般屬於一次性支付項目，可以看作固定成本，直接減少了籌資總額。

（3）資金成本的表示方式

資金成本，可以用絕對數表示，即資金成本額；也可以用相對數表示，即資金成本率。因為絕對數不利於不同資金規模企業或項目之間的比較，所以在財務管理實踐當中，一般採用相對數表示，即資金成本率。

資金成本率是用資費用與實際籌得資金（即籌資數額扣除籌資費用後的差額）的比率。其通用計算公式為：

$$資金成本率 = 年用資費用 \div 籌資數額 - 籌資費用$$

實際上，資金成本率是取得和使用資金所花費的年複利率，具體體現是：如果是

負債資金，資金成本率就是債權人要求的年複利率；如果是權益資金，資金成本率就是股東投資中要求的內含報酬率。

2. 資金成本的作用

一個投資項目只有當它的投資報酬率高於其資金成本時，才是有利的、可行的。資金成本是企業籌資、投資決策的主要依據。

（1）資金成本在籌資決策中的應用

籌資決策的目標是優化資本結構，使資金成本和財務風險達到理想水平。資金成本是企業選擇資金來源、擬訂籌資方案的依據。在企業籌資決策中，資金成本的作用有：

①資金成本是影響企業籌資總額的重要因素。隨著籌資數額的增加，資金成本不斷變化，當資金的邊際成本超過企業的承受能力時，企業便不能增加籌資數額。

②資金成本是企業選擇資金來源的基本依據。企業的資金可以從許多方面來籌集，究竟選用哪種來源，首先要考慮的因素便是資金成本的高低。

③資金成本是企業選用籌資方式的參考標準。企業籌資方式多種多樣，企業選擇籌資方式時也必須考慮各種籌資方式的資金成本。

④資金成本是確定企業最優資本結構的主要參數。在確定企業最佳資金結構時，考慮的主要因素有資金成本和財務風險。資金成本是企業籌資決策時需要考慮的首要問題。

（2）資金成本在投資決策中的應用

資金成本是企業分析投資項目可行性、選擇投資方案的主要標準。一般來說，資金成本被視為投資方案能被接受的最低報酬率，亦稱「極限利率」。在利用淨現值指標進行決策時，投資者常用資金成本作為折現率，淨現值為正，項目才可行；在利用內含報酬率指標進行決策時，一般以資金成本作為基準收益率作為比較基礎。只有當內含報酬率高於資金成本率時，項目才可行。可見資金成本率在投資決策分析中有著非常重要的作用，是投資項目可行的最低標準，所以資金成本率又稱作投資方案可行的「取舍率」。

二、個別資金成本的測定

個別資金成本是指各種籌資方式的成本。企業中，所有者投入的資金，稱為權益資金；向債權人借入的資金，稱為負債資金。這兩類資金成本中每種個別資金成本的計算都是根據上述資金成本計算的通式計算的。下面分別說明企業各種長期資金籌資方式的具體計算方法。

1. 負債資金成本的計算

企業長期負債資金籌資方式主要有發行債券與銀行長期借款。

（1）債券成本

債券成本中的利息在稅前支付，與權益資金的資金成本相比，利息支出具有抵稅作用。債券的籌資費用一般較高，不能忽略不計。

債券成本的計算公式為：

$$K_b = I(1-T)/[B_0(1-f)] = B \cdot i \cdot (1-T)/[B_0(1-f)]$$

式中：K_b——債券成本；

I——債券每年支付的利息；

B——債券面值；

i——債券票面利率；

B_0——債券實際籌資額，按發行價格確定；

f——債券籌資費用率；

T——所得稅稅率。

【例5-1】某企業發行一筆期限為10年的債券，面值為1,000萬元，票面利率為12%，每年付息一次，發行費率為3%，所得稅稅率為40%，債券按面值等價發行。那麼該筆債券的資金成本為：

$K_b = 1,000 \times 12\% \times (1-40\%)/[1,000 \times (1-3\%)] \times 100\% \approx 7.42\%$

（2）銀行借款成本

銀行借款成本的計算基本與債券成本一致，計算公式為：

$$K_t = I(1-T)/[L(1-f)] = L \cdot i \cdot (1-T)/[L(1-f)]$$

式中：K_t——銀行借款成本；

I——銀行借款每年支付的利息；

L——銀行借款籌資總額；

i——銀行借款利率；

f——借款籌資費用率；

T——所得稅稅率。

由於銀行借款的手續費很低，上式中的f常常可以忽略不計，則上式可簡化為：

$$K_t = i \cdot (1-T)$$

2. 權益資金成本率的計算

（1）優先股成本

企業發行優先股，既要支付較高的籌資費用，又要定期支付股利。優先股沒有固定的到期日，股利率固定。不過，優先股的股利在稅後支付，是稅後成本，不具有減稅效應。優先股成本的計算公式為：

$$K_p = D/[P_0(1-f)]$$

式中：K_p——優先股成本；

D——優先股每年的股利；

P_0——發行優先股籌資的總額；

f——優先股籌資費用率。

【例5-2】某企業按面值發行100萬元的優先股，籌資費率為4%，每年支付12%的股利，則優先股的成本為：

$K_p = 100 \times 12\%/[100 \times (1-4\%)] \times 100\% \approx 12.5\%$

由於優先股股東所冒的投資風險要大於債券投資者，且優先股的股利從淨利潤中支付，因此優先股的資金成本通常要高於債券成本。

（2）普通股成本

普通股成本的計算存在多種方法，其中主要方法為估價法（股票投資價值的估算方法將在本書第八章中講述）。利用普通股票的價值估價公式，求出公式中的投資者期望投資報酬率，即為普通股籌資的資金成本。但普通股的股利不穩定，很難預測，因此計算十分困難。這裡主要講述兩種特殊情況下的普通股成本計算問題。

①如果每年股利固定不變，則可視為永續年金。其計算公式可簡化為：

$$K_s = D/V_0$$

把籌資費用再考慮進去，則：

$$K_s = D/V_0(1-f)$$

式中：K_s——普通股成本；

V_o——普通股籌資金額，按發行價計算；

D——債券面值；

f——普通股籌資費用率。

②股利每年以一個固定的年增長率增長。假設年增長率為 g，則普通股成本的計算公式為：

$$K_s = [D_1/V_0(1-f)] + g$$

式中：D_1 為第一年股利。

【例5-3】普通股發行價格為10.50元，籌資費用為每股0.50元，發行一年後支付每股現金紅利1.50元，每股現金紅利的年增長率為5%，則根據上式，該普通股籌資成本為：

$K_s = [D_1/(V_0-籌資費用)] + g$
　　$= [1.5/(10.5-0.5)] + 5\% = 20\%$

【例5-4】某公司以1%的溢價率發行普通股，籌資費用率為2%，發行一年後支付現金紅利的票面年利率8%，現金紅利的年增長率為3%，則根據上式，該普通股籌資成本為：

$K_s = 8\%/(1.01×0.98) + 3\% = 11.08\%$

（3）留存收益成本

留存收益是企業資金的一種內部資金來源，屬於權益資金的範疇。對企業而言，利用留存收益籌資沒有股利、利息這樣的外顯成本，但留存收益等於股東對企業進行追加投資，股東對這部分投資與以前支付給企業的股本一樣，也要求有一定的投資報酬補償。因此留存收益成本的計算公式與普通股成本的基本相同，其區別僅僅在於留存收益的籌資費用、發行溢價都為零。如用 K_e 表示留存收益成本，其計算公式為：

$$K_e = D/V_0$$

股利不斷增加的企業則為：

$$K_e = D/V_0 + g$$

【例5-5】某公司預計下一年普通股現金紅利與利用留存收益後的淨資產的比率為10%，此後現金紅利年增長率為2%。則根據上式，留存收益的成本為：

$K_e = 10\% + 2\% = 12\%$

普通股屬於權益資金，股利稅後支付，且支付不固定，如果企業清算的話，普通股的財產求償權又處於最後，股東投資在普通股上的風險最大，普通股的投資報酬也應最高，因此，普通股的資金成本也是各種籌資方式中最高的。留存收益的成本仿效普通股成本計算，只不過不用考慮籌資費用，因此留存收益的資金成本僅次於普通股的資金成本，但比優先股的資金成本要高。

三、綜合資金成本（加權平均資金成本）的計算

企業的資金來源和籌資方式多種多樣，它們構成了企業的資金結構。綜合資金成本是企業整個資金結構的資金成本，它是以各種資金所占的比重為權數，對各種資金成本進行加權平均計算出來的，因此又稱為加權平均資金成本。

加權平均資金成本的計算公式為：

$$K_w = \sum_{i=1}^{n} w_i r_i$$

式中：K_w——加權平均資金成本；

r_i——第 i 種資金的個別資金成本；

n——資金的種類數；

w_i——第 i 種資金在全部資金總額中所占的比重（權重或權數），它滿足 $\sum_{i=1}^{n} w_i = 1$。

在計算權重 w_i 時，各種資金（資本）的價值可以按帳面價值計算，也可以按其市場價值或未來預計價值計算。按帳面價值計算的稱為帳面價值權數法，按市場價值計算的稱為市場價值權數法，按未來預計價值計算的稱為目標價值權數法。

採用何種方法，應該由計算資金（資本）成本的目的而定：為了瞭解過去的籌資成本，可以採用帳面價值權數法；為了進行新的投融資決策分析，應該採用市場價值權數法或目標價值權數法。不過，採用市場價值權數法或目標價值權數法有一定的難度，特別在市場價值波動較大時，估算更為困難。

1. 帳面價值權數法

帳面價值權數法的主要優點是：數據可直接從資產負債表中獲得，計算方便；帳面價值不隨市場的變動而變動，計算結果相對穩定。帳面價值權數法的主要缺點是：沒有反應市場的變化，不能直接用來進行新的投融資決策分析。

【例5-6】某公司各種資金帳面價值及其成本如表5-1前幾列所示。

表 5-1　　　　　　　　　帳面價值權數法計算表

資金種類	帳面價值（萬元）	資金成本	資金成本×帳面價值（萬元）
長期借款	1,500	0.06	90
債券籌資	2,500	0.05	125
優先股籌資	800	0.07	56
普通股籌資	3,000	0.085	255

表5-1(續)

資金種類	帳面價值（萬元）	資金成本	資金成本×帳面價值（萬元）
留存收益	2,200	0.08	176
合計	10,000		702

根據上述公式，可以計算各種資金的帳面價值加權平均成本：

$$K_w = \sum_{i=1}^{n} w_i r_i = 7.02\%$$

2. 市場價值權數法

市場價值權數法的主要優點是：當市場價值較真實地反應內在價值時，市場價值權數法計算出的加權平均資金（資本）成本就能較真實地反應平均資金成本。

市場價值權數法的主要缺點是：各種資金（資本）的市場價值必須根據市場變化隨時做出調整，比較麻煩，而且又很不穩定。

此法比較適用於上市公司，上市公司的股票與債券，其市場價格比較容易得到。

【例 5-7】在例 5-6 中，各種資金的市場價值及其成本如表 5-2 前幾列所示。

表 5-2　　　　　　　　　市場價值權數法計算表

資金種類	帳面價值（萬元）	資金成本	資金成本×帳面價值（萬元）
長期借款	1,500	0.06	90
債券籌資	2,300	0.05	115
優先股籌資	1,200	0.07	84
普通股籌資	500	0.085	425
留存收益	38	0.08	304
合計	13,800		1,018

採用公式，並且利用「電子表格」Excel 軟件，可以立即算得各種資金的市場價值加權總成本額：

$$\sum_{i=1}^{n} C_i r_i = 1,018 （萬元）$$

從而求得各種資金的市場價值加權平均資金（資本）成本率為：

$$K_w = \sum_{i=1}^{n} C_i r_i / C = 1,018/13,800 \times 100\% = 7.38\%$$

本例的加權平均資金（資本）成本率高於上例的加權平均資金（資本）成本率，這是由於資金成本高的那幾種資金（資本）的權重有所提高。

3. 目標價值權數法

目標價值權數法是以各種資金（資本）未來預計價值在資金（資本）總價值中所占比重為權數來計算加權平均資金（資本）成本的方法。只要預計比較準確，它就更能有助於投融資決策分析。

【例 5-8】 在例 5-6 中，企業計劃進一步籌資，各種資金的未來市場價值及其成本如表 5-3 前幾列所示。

表 5-3　　　　　　　　　　　　目標價值權數法計算表

資金種類	未來市場價值（萬元）	資金成本	資金成本×未來市場價值（萬元）
長期借款	4,000	0.06	240
債券籌資	5,000	0.05	250
優先股籌資	2,000	0.07	140
普通股籌資	6,000	0.085	510
留存收益	4,000	0.08	320
合計	21,000		1,460

採用公式，並且利用「電子表格」Excel 軟件，可以立即算得各種資金的未來市場總成本額為：

$$\sum_{i=1}^{n} C_i r_i = 1,460 \text{（萬元）}$$

從而求得各種資金的未來市場加權平均資金（資本）成本率為：

$$K_w = \sum_{i=1}^{n} C_i r_i / C = 1,460/21,000 \times 100\% = 6.95\%$$

四、邊際資金成本

1. 平均邊際資金成本的概念與計算

設已有資金規模為：

$$C = \sum_{i=1}^{n} C_i$$

資金（資本）總成本為：

$$\sum_{i=1}^{n} C_i r_i$$

此時的邊際資金成本定義為 $\sum_{i=1}^{n} C_i r_i$ 依 C 的導數（微分 $d \sum_{i=1}^{n} C_i r_i$ 與 dC 之比），即

$$MWACC = d \sum_{i=1}^{n} C_i r_i / dC$$

在實際中，我們採用平均（Average）邊際資金成本，它為邊際資金成本 MWACC 的積分平均。其計算公式為：

$$AMWACC = (\int_{c}^{c+\Delta c} MWACCdC)/\Delta C = \Delta \sum_{i=1}^{n} C_i r_i / \Delta C$$

也即，增量 $\Delta \sum_{i=1}^{n} C_i r_i$ 與 ΔC 之比：在已有籌措資金的基礎上，如果籌措資金 C 的增量為 ΔC，相應資金（資本）總成本 $\sum_{i=1}^{n} C_i r_i$ 的增量為 $\Delta \sum_{i=1}^{n} C_i r_i$。

則「平均邊際資金成本」就是：

$$AMWACC = \Delta \sum_{i=1}^{n} C_i r_i / \Delta C$$

應該注意，在上述資金（資本）總成本增量 $\Delta \sum_{i=1}^{n} C_i r_i$ 中，除了 C_i 會有增量外，成本 r_i 也可能有增量。

實際上，我們要關心的是，籌資規模與資金成本之間的函數關係。通常，資金成本率是籌資規模的單調不減函數。

【例5-9】設某公司計劃籌措一筆資金，籌措的比例（即資本結構）為債券籌資20%，優先股籌資10%，普通股籌資70%。在當時市場中，各種籌資方式下籌資規模與資金成本的關係如表5-4所示。

由此，可以算得不同籌資規模下的平均邊際資金成本，如表5-5所示。

表5-4　　　　　　　　　　籌資規模與資金成本

籌資方式	籌資規模（億元）	資金成本
債券籌資	0～5 5～10 10 以上	0.05 0.06 0.07
優先股籌資	0～2 2～6 6 以上	0.07 0.08 0.09
普通股籌資	0～28 28～70 70 以上	0.1 0.12 0.14

表5-5　　　　　　　　　　籌資規模與平均邊際資金成本

籌資總規模（億元）	籌資方式	資金結構 w_i	資金成本率 r_i	$w_i r_i$	平均邊際資金成本
0～20	債券籌資 優先股籌資 普通股籌資	0.2 0.1 0.7	0.05 0.07 0.1	0.01 0.007 0.07	0.087
20～25	債券籌資 優先股籌資 普通股籌資	0.2 0.1 0.7	0.05 0.08 0.1	0.01 0.008 0.07	0.088
25～40	債券籌資 優先股籌資 普通股籌資	0.2 0.1 0.7	0.06 0.08 0.1	0.012 0.008 0.07	0.09
40～50	債券籌資 優先股籌資 普通股籌資	0.2 0.1 0.7	0.06 0.08 0.12	0.012 0.008 0.084	0.104

表5-5(續)

籌資總規模 （億元）	籌資方式	資金結構 w_i	資金成本率 r_i	$w_i r_i$	平均邊際 資金成本
50~60	債券籌資 優先股籌資 普通股籌資	0.2 0.1 0.7	0.07 0.08 0.12	0.014 0.008 0.084	0.106
60~100	債券籌資 優先股籌資 普通股籌資	0.2 0.1 0.7	0.07 0.09 0.12	0.014 0.009 0.084	0.107
100以上	債券籌資 優先股籌資 普通股籌資	0.2 0.1 0.7	0.07 0.09 0.14	0.014 0.009 0.098	0.121

2. 平均邊際資金成本的應用

在計劃籌集資金進行新的項目投資時，新項目的投資報酬率必須大於平均邊際資金成本。

【例5-10】【例5-9】中的公司有5個項目A、B、C、D、E可以投資，它們所需的投資額與投資報酬率依次列於表5-6，相應地，各組合投資項目的實際投資效益列於表5-7。

從此例中可見，由於資金成本的原因，我們寧可採用投資報酬率較低的投資項目D，而不採用投資報酬率較高的投資項目C。

表5-6　　各個投資項目的投資報酬率與投資額

投資項目	投資報酬率	投資額（億元）
A	0.15	18
B	0.13	18
C	0.12	36
D	0.115	4
E	0.09	35

表5-7　　各組合投資項目的實際投資收益

投資項目	加權平均 投資報酬率	平均邊際 資金成本	前兩項 的差	投資額 （億元）	後兩項的 乘積
A	0.15	0.087	0.063	18	1.134
A+B	0.14	0.09	0.05	36	1.8
A+B+C	0.13	0.107	0.023	72	1.656
A+B+D	0.137,5	0.09	0.047,5	40	1.9

第二節　槓桿收益與風險

一、槓桿效應（收益）的含義

在企業經營和理財活動中，槓桿效應（收益）是指通過利用固定成本來增加獲利能力，也即由於固定成本的存在而導致的，當某一財務變量以較小幅度變動時，另一相關變量會以較大幅度變動的現象。瞭解這些槓桿的原理，有助於企業合理地規避風險，提高財務管理水平。財務管理中的槓桿效應主要包括經營槓桿、財務槓桿和複合槓桿三種形式，要說明產生槓桿收益的槓桿原理，首先要瞭解成本習性、邊際貢獻和息稅前利潤等相關概念。

二、成本習性、邊際貢獻與息稅前利潤

1. 成本習性及分類

成本習性是指成本總額與業務量（如產量、銷量）之間在數量上的依存關係。
成本按習性可劃分為固定成本、變動成本和混合成本三類。

（1）固定成本

固定成本指其總額在一定時期和一定業務量範圍內不隨業務量發生任何變動的那部分成本。屬於固定成本的主要有按直線法計提的折舊費、保險費、管理人員工資、辦公費等。正是由於這些成本是固定不變的，隨著產銷量的增加，它將分配給更多數量的產品，也就是說，單位固定成本將隨銷量的增加而逐漸降低。

固定成本還可進一步區分為約束性固定成本和酌量性固定成本兩類。

①約束性固定成本，屬於企業「經營能力」成本，是企業為維持一定的業務量所必須負擔的最低成本，如廠房及機器設備折舊費、長期租賃費等。企業的經營能力一經形成，在短期內很難有重大改變，因而這部分成本具有很大的約束性，管理當局的決策行動不能輕易改變其數額。

②酌量性固定成本，屬於企業「經營方針」成本，是企業根據經營方針確定的一定時期（通常為一年）的成本，如廣告費、開發費、職工培訓費等。這些成本支出，是可以隨企業經營方針的變化而變化的。

應當指出的是，固定成本總額只是在一定時期和業務量的一定範圍（通常稱為相關範圍）內保持不變。當產品產銷量的變動超過一定的範圍時，固定成本也會有所增減。所以，固定成本是一個相對固定的概念，從長期看，沒有絕對不變的固定成本。

（2）變動成本

變動成本是指成本總額隨著業務量的變動而成正比例變動的成本。這裡的變動成本是就總業務量的成本總額而言的。若從單位業務量的變動成本來看，它是固定的，即它不受業務量增減變動的影響。直接材料、直接人工等都屬於變動成本，但產品中單位成本中的直接材料、直接人工保持不變。與固定成本相同，變動成本也存在「相

關範圍」問題。

(3) 混合成本

有些成本雖然也隨業務量的變動而變動，但不成同比例變動，這類成本稱為混合成本。混合成本按其與業務量關係的不同又可分為半變動成本和半固定成本。

①半變動成本。它通常有一個初始量，類似於固定成本，在這個初始量的基礎上隨產量的增長而增長，又類似於變動成本。

②半固定成本。這類成本隨產量的變化而呈階梯形增長，產量在一定限度內，這種成本不變，當產量增長到一定限度後，這種成本就跳躍到一個新的水平上。

混合成本可以按一定的方法分解成變動部分和固定部分。

這樣，總成本習性模型為：

$$y = F + bQ$$

式中：y——總成本；

F——固定成本；

b——單位成本變動；

Q——業務量（如產銷量，這裡假定產量與銷量相等，下同）。

2. 邊際貢獻及其計算

邊際貢獻是指銷售（營業）收入減去變動成本以後的差額。保本點之後，每增加一個單位的產銷量，企業的利潤就增加相當於一個單位邊際貢獻的數額。

邊際貢獻的計算公式為：

邊際貢獻(M) = 銷售收入 pQ - 變動成本 bQ

= （銷售單價 p - 單位變動成本 b）×產銷量 Q

= 單位邊際貢獻 m × 產銷量 Q

邊際貢獻率是（單位）邊際貢獻與（單位）銷售收入之比，表明銷售收入變化一個單位，邊際貢獻會受到影響的程度，便於企業經管人員用它來比較企業各個部門獲取利潤的能力。

3. 息稅前利潤及其計算

息稅前利潤是指企業支付利息和繳納所得稅前的利潤。其計算公式為：

息稅前利潤($EBIT$) = 銷售收入 pQ - 變動成本 bQ - 固定成本 F

= （銷售單價 p - 變動單位成本 b）×產銷量 Q - 固定成本 F

= 邊際貢獻總額 M - 固定成本 F

三、經營槓桿

1. 經營槓桿的含義

按成本習性可將成本分為變動成本和固定成本。變動成本隨著業務量的變化成正比例變動，而固定成本並不隨業務量的變動而變動，因此，通過提高業務量能夠降低單位產品所負擔的固定成本從而增加單位利潤。反之，產銷業務量的減少會提高單位固定成本，使息稅前利潤的下降率也大於產銷業務量的下降率。如果不存在固定成本，所有成本都是變動的，這時息稅前利潤的變動率與產銷業務量的變動率一致。

經營槓桿（Operating Leverage）是企業在經營中由於存在固定成本而造成的息稅前利潤變動大於銷售額（或業務量）變動的槓桿效應，又稱營業槓桿。在不考慮其他因素的前提下，企業固定成本越大，則經營槓桿的作用越大。

2. 經營槓桿的計量

只要企業存在固定成本，就存在經營槓桿效應的作用。但不同行業、不同企業或同一企業不同產銷業務量基礎上的經營槓桿效應的大小是不同的，為此需要對經營槓桿的作用程度進行計量。對經營的計量最常用的指標是經營槓桿系數或經營槓桿度。所謂經營槓桿系數（Degree of Operating Leverage，簡稱 DOL），是指息稅前利潤變動率相當於產銷業務量（或銷售收入）變動率的倍數。其計算公式為：

經營槓桿系數＝息稅前利潤變動率÷產銷業務量變動率

$$DOL = \frac{\frac{\Delta EBIT}{EBIT}}{\frac{\Delta Q}{Q}}$$

式中：DOL——經營槓桿系數；

$\Delta EBIT$——息稅前利潤變動額；

$EBIT$——變動前的息稅前利潤；

ΔQ——銷售量變動額；

Q——變動前的銷售量。

【例 5-11】某公司 2015 年和 2016 年的銷售額分別為 10,000 元和 12,000 元；變動成本分別為 6,000 元和 7,200 元；息稅前利潤分別為 2,000 元和 2,800 元。則該公司 2016 年的經營槓桿系數為：

$DOL = (800/2,000 \times 100\%) \div (2,000/10,000 \times 100\%) = 40\%/20\% = 2$

上述公式是計算經營槓桿系數的理論公式，但利用該公式也必須知道變動前後的相關資料，比較麻煩，而且無法預知未來的經營槓桿系數。經營槓桿系數還可以按以下簡化公式計算：

預測期經營槓桿系數＝基期邊際貢獻/基期息稅前利潤

或： $DOL = M/EBIT - M/(M-F)$

【例 5-12】根據【例 5-11】中 2015 年的資料可求得 2016 年的經營槓桿系數：

$DOL = (10,000 - 6,000)/2,000 = 2$

計算結果表明，兩個公式計算出的 2016 年的經營槓桿系數是完全相同的。

同理，可按 2016 年的資料求出 2017 年的經營槓桿系數：

$DOL = (12,000 - 7,200)/2,800 \approx 1.71$

3. 經營槓桿收益與經營風險的關係

經營風險是與企業經營相關的風險，是指企業因經營上的原因而導致利潤變動的風險。通常影響經營風險的因素較多，企業的息稅前利潤＝銷售收入－變動成本－固定成本＝（銷售單價－單位變動成本）×產銷量－固定成本，因此，引起經營風險的主要原因是銷售單價、產銷量、單位變動成本和固定成本的變化等。因固定成本的存在而產

生的經營槓桿效應（收益）所導致的息稅前利潤變動的風險是經營風險的重要原因。經營風險是指由於企業經營方面的原因而導致的企業息稅前利潤的不穩定性。

經營槓桿系數、固定成本和經營風險三者呈同方向變化，即在其他因素一定的情況下，固定成本越高、經營槓桿系數越大，企業經營風險也就越大。在固定成本不變的情況下，銷售額越大，經營槓桿系數越小，經營風險也就越小；銷售額越小，經營槓桿系數越大，經營風險就越大。也就是說，經營槓桿作用的大小、經營風險的大小取決於一定時期企業的固定成本在銷售收入中所占比重的大小。所以，企業一般可以通過其現有生產能力來增加銷售額，這樣，既可以增加企業收益，又可以降低企業經營風險。

必須指出，經營槓桿系數的大小雖能用來描述企業的經營風險大小，但它所描述的僅僅是企業總的經營風險的一部分。導致企業經營風險的主要因素還包括銷售和成本的不確定性。經營槓桿系數本身並不是這種變化的真正來源，只是對企業銷售或成本不確定性導致的營業利潤的不確定性產生放大作用。如果企業保持固定的銷售水平和固定的成本結構，經營槓桿系數的高或低就沒有實質性的影響，所以，經營槓桿系數反應的是企業經營的「潛在風險」，這種潛在風險只有在銷售和生產成本的變動性存在的條件下才會實際地產生作用。

四、財務槓桿

1. 財務槓桿的含義

負債利息和優先股股息是企業的固定支付義務，與企業實現利潤的多少無關。因此，當息稅前利潤增大時，企業每一元息稅利潤中所負擔的固定財務費用（負債利息和優先股股息）就會相對減少，從而給普通股股東帶來更大幅度的收益增加；同樣，當息稅前利潤減少時，企業每一元息稅前利潤中所負擔的固定財務費用就會相對增加，從而使普通股股東的收益更大幅地減少。財務槓桿（Financial Leverage）是指由於固定財務費用的存在而導致的普通股每股利潤（EPS）變動率大於息稅前利潤（EBIT）變動率的槓桿效應。它有兩種基本形態：

（1）在現有資本與負債結構不變的情況下，由於息稅前利潤的變動而對所有者（股東）權益產生的影響。

（2）在息稅前利潤不變的情況下，改變不同的資本與負債結構比例對所有者（股東）權益產生的影響。

2. 財務槓桿的計量

只要企業的籌資方式中有固定財務費用支出的債務和優先股，就會存在財務槓桿效應。但不同企業和同一企業的不同時期財務槓桿的作用程度是不一樣的，為此需要對財務槓桿的作用加以計量。對財務槓桿進行計量的主要指標是財務槓桿系數。財務槓桿系數（Degree Financial Leverage，簡稱 DFL），亦稱財務槓桿程度，是指普通股每股利潤的變動率相當於息稅前利潤變動率的倍數。財務槓桿系數越大，表明財務槓桿作用越大，財務風險也越大；財務槓桿系數越小，表明財務槓桿作用越小，財務風險也越小。當企業無債務負擔時，財務槓桿系數為1，企業就沒有財務風險。計算公式為：

財務槓桿系數＝普通股每股利潤變動率÷息稅前利潤變動率

$$DFL = \frac{\frac{\Delta EPS}{EPS}}{\frac{\Delta EBIT}{EBIT}}$$

式中：DFL——財務槓桿系數；

ΔEPS——普通股每股利潤變動額；

EPS——變動前普通股每股利潤。

【例5-13】A、B兩公司投入資金規模相同，經營狀況相同。A公司沒有舉借負債和發行優先股，其2015年和2016年的息稅前利潤分別為20萬元和24萬元，每股利潤分別為5元和6元；B公司有100萬元負債，負債利率為8%，其2015年和2016年的息稅前利潤也分別為20萬元和24萬元，每股利潤分別為6元和8元。那麼A、B兩公司2016年的財務槓桿系數分別為：

$DFL_A = [(6-5)/5] \div [(240,000-200,000)/200,000] = 1.00$

$DFL_B = [(8-6)/6] \div [(240,000-200,000)/200,000] = 1.67$

上述公式是計算財務槓桿系數的理論公式，必須以已知變動前後的相關資料為前提，比較麻煩。如果只知道基期資料，要計算預測期的財務槓桿系數，則需要使用下述簡單公式：

財務槓桿系數＝息稅前利潤/(基期息稅前利潤－基期利息)

$$DFL = EBIT/(EBIT - I)$$

式中，I為負債利息。

對於既存在負債，又發行優先股的企業來說，可以按以下公式計算財務槓桿系數：

財務槓桿系數＝息稅前利潤/{息稅前利潤－利息－[優先股股利/(1－所得稅稅率)]}

【例5-14】根據上例，A公司、B公司2016年和2017年的財務槓桿系數分別為：

A公司2016年的 $DFL = 200,000/(200,000-0) = 1$

A公司2017年的 $DFL = 240,000/(240,000-0) = 1$

B公司2016年的 $DFL = 200,000/(200,000-1,000,000 \times 8\%) = 1.67$

B公司2017年的 $DFL = 240,000/(240,000-1,000,000 \times 8\%) = 1.5$

【例5-15】假設某公司年度債務利息為300萬元，優先股股息為140萬元，公司所得稅稅率為33%，那麼，當息稅前利潤為1,000萬元時，公司的財務槓桿系數為：

$DFL = 1,000 \div (1,000-300-140/67\%) = 2.038$

如果息稅前利潤增長為1,500萬元時，則：

$DFL = 1,500 \div (1,500-300-140/67\%) = 1.514$

財務槓桿系數說明的問題：

（1）財務槓桿系數表明息稅前利潤增長引起的每股利潤的增長幅度。

（2）在資本總額、息稅前利潤相同的情況下，如果資金息稅前利潤率大於負債利率時，負債比率越高，財務槓桿系數越高，財務風險越大，但預期每股利潤（投資者收益）也越高。

3. 財務槓桿收益與財務風險的關係

廣義的財務風險，是指企業在組織財務活動過程中，客觀環境的不確定性以及主觀認識上的偏差，導致企業預期收益產生多種結果的可能性。它存在於企業財務活動的全過程，包括籌資風險、投資風險和收益分配風險。狹義的財務風險，也稱融資風險或籌資風險，是指企業為取得財務槓桿收益而利用負債資金時，增加了破產機會或普通股每股利潤大幅度變動的機會所帶來的風險。它是全部資金中債務資金比率的變化帶來的風險。與債務籌資相關的風險，主要涉及企業利用債務引發的無力償還到期債務本息的風險，以及利用財務槓桿所導致的企業所有者（股東）收益波動風險兩個方面。影響財務風險的因素較多，主要包括資金供求關係的變化、資金結構的變化、利率水平的變動、獲利能力的變化等。

財務槓桿會加大財務風險，企業舉債比重越大，財務槓桿效應越強，財務風險越大。息稅前利潤超出固定財務費用的程度越高，財務槓桿系數越小。可見，企業財務槓桿作用的大小、財務風險的高低取決於固定財務費用在息稅前利潤中所占比重的大小。企業所有者（股東）欲獲得財務槓桿收益，企業就要多利用負債資金，需要承擔由此引起的財務風險。因此，企業運用財務槓桿時，必須在股東可能取得的較高財務槓桿收益與其可能承擔的財務風險之間做出合理的權衡。財務槓桿與財務風險的關係可通過計算分析不同資金結構下普通股每股利潤及其標準離差、標準離差率來進行測試。

五、複合槓桿

1. 複合槓桿的含義

如前所述，由於存在固定生產經營成本，產生了經營槓桿效應，使息稅前利潤的變動率大於產銷業務量的變動率；同樣，由於存在固定財務費用，產生了財務槓桿效應，使企業每股利潤的變動率大於息稅前利潤的變動率。如果兩種槓桿共同起作用，那麼銷售額稍有變動就會使每股利潤產生更大的變動。複合槓桿（Total Leverage）就是指由於固定生產經營成本和固定財務費用的共同存在而導致的普通股每股利潤變動率大於產銷業務量（或銷售收入）變動率的槓桿效應。

經營槓桿通過擴大銷售影響息稅前利潤，財務槓桿通過提高息稅前利潤影響資本收益率。而複合槓桿是對經營槓桿和財務槓桿的聯合，表現為每股收益變動率相當於銷售變動率的現象。從形式上看，複合槓桿系數等於經營槓桿系數與財務槓桿系數的乘積，它又稱作企業的總槓桿系數，是對企業總風險的一種衡量。

2. 複合槓桿的計量

不同企業的複合槓桿作用的程度是不一樣的，為此需要對複合槓桿進行計量。對複合槓桿計量的主要指標是複合槓桿系數或複合槓桿度。複合槓桿系數（Degree of Total Leverage，簡稱DTL）是指普通股每股利潤變動率相當於產銷量變動率的倍數。其計算公式為：

複合槓桿系數＝普通股每股利潤變動率／產銷業務量變動率

【例 5-16】 某公司 2015 年和 2016 年的銷售收入分別為 1,000 萬元和 1,200 萬元，變動成本分別為 400 萬元和 480 萬元，息稅前利潤分別為 200 萬元和 320 萬元，兩年利息均為 80 萬元，每股利潤分別為 0.6 元和 1.2 元。那麼 2016 年該公司的複合槓桿系數為：

$DTL = [(1.2-0.6)/0.6] \div [(1,200-1,000)/1,000] = 5$

複合槓桿系數與經營槓桿系數、財務槓桿系數之間的關係可用下式表示：

$$DTL = DOL \times DFL$$

即複合槓桿系數等於經營槓桿系數與財務槓桿系數的乘積。

【例 5-17】 某公司的經營槓桿系數為 1.8，財務槓桿系數為 1.5，則該公司銷售額每增長 1 倍，會造成每股利潤增加多少？

$DTL = 1.8 \times 1.5 = 2.7$

即該公司銷售額增長 1 倍，每股利潤可增加 2.7 倍。

複合槓桿系數的簡化公式為：

　　DTL＝邊際貢獻÷{息稅前利潤－利息－[優先股股利/(1-所得稅稅率)]}

【例 5-18】 據上例，該公司 2016 年和 2017 年（預測）的複合槓桿系數分別為：

2016 年的 $DTL = (1,000-400)/(200-80) = 5$

2017 年的 $DTL = (1,200-480)/(320-80) = 3$

【例 5-19】 公司年銷售收入為 500 萬元，變動成本率為 40%，經營槓桿系數為 1.5，財務槓桿系數為 2。如果固定成本增加 50 萬元，那麼，複合槓桿系數將變為多少？

∵ $DOL = 1.5 = (500-500\times40\%)/(500-500\times40\%-F)$

∴ $F = 100$（萬元）

又∵ $DFL = 2 = (500-500\times40\%-F)/[(500-500\times40\%-F)-I]$

將 $F = 100$（萬元）代入上式：

∴ $I = 100$（萬元）

當固定成本增加 50 萬元時：

$DOL = (500-500\times40\%)/(500-500\times40\%-150) = 2$

$DFL = (500-500\times40\%-150)/[(500-500\times40\%-150)-100] = 3$

故 $DTL = DOL \times DFL = 6$。

3. 複合槓桿與企業風險的關係

複合槓桿作用使普通股每股利潤大幅度波動而造成的風險，稱為複合風險。複合風險直接反應企業的整體風險。在其他因素不變的情況下，複合槓桿系數越大，複合風險越大；複合槓桿系數越小，複合風險越小。通過計算分析複合槓桿系數及普通股每股利潤的標準離差和標準離差率可以揭示複合槓桿同複合風險的內在聯繫。

複合槓桿作用的意義

（1）從中能夠估計出銷售額變動對每股利潤造成的影響。

（2）可看出經營槓桿與財務槓桿之間的相互關係，即為了達到某一總槓桿系數，經營槓桿和財務槓桿可以有很多種不同的組合。因為複合槓桿系數是經營槓桿系數與財務槓桿系數的乘積，所以，經營槓桿和財務槓桿可以按許多種方式組合，以得到一

個理想的複合槓桿系數和複合風險。經營風險高的企業，可選擇較低的財務風險，企業可以用較低的財務風險抵消較高的經營風險；經營風險低的企業，可選擇較高的財務風險，充分發揮財務槓桿的作用。

總結槓桿原理能夠說明以下問題：

（1）經營槓桿擴大了市場和生產等不確定因素對利潤變動的影響，但經營槓桿本身不是引起經營風險的主要原因，不是息稅前利潤不穩定的根源。

（2）一般來說，在其他因素不變的情況下，固定成本越高，經營槓桿系數越大，則經營風險越大。

（3）只要在企業的籌資方式中有固定財務支出的債務或優先股，就存在財務槓桿的作用。

（4）財務風險是指企業為取得財務槓桿利益而利用負債資金時，增加了破產機會或普通股每股利潤大幅度變動的機會所帶來的風險。

（5）只要企業同時存在固定的生產經營成本和固定的利息費用或固定的股息，就會存在經營槓桿和財務槓桿共同作用，那麼銷售額稍有變動就會使每股利潤產生更大的變動，這種連鎖作用就是複合槓桿或總槓桿。

第三節　資本結構決策與優化

一、資本結構的含義及影響因素

1. 資本結構的含義

從籌資角度看，資本結構是指企業權益性資本和債務性資本間的比例關係。資本結構有廣義和狹義之分，區別兩者的關鍵在於對流動負債的劃分。狹義的資本結構也叫資本結構，僅涉及長期資金，指主權資金及長期債務資金的來源構成及其比例關係，不包括短期債務資金。而廣義的資本結構則還包含流動負債，是指企業全部資金的來源構成及其比例關係，不僅包括主權資金、長期債務資金，還包括短期債務資金。我們通常所關心的資本結構是狹義的資本結構，也是本章使用的資本結構概念，即企業長期資金構成及比例關係。資本結構的選擇直接關係到企業的融資和治理效率。企業資本結構一般用資產負債率（或稱負債比率）來表示。

從投資角度看，企業的資產結構也是資本結構的一種形式。

2. 優化資本結構的作用

優化資本結構可以降低資金成本，起到節稅和財務槓桿的作用。資本結構決策在企業融資決策中居於核心地位，資本結構安排是否合理，直接關係到企業資金成本的高低、財務風險的大小，以及財務槓桿能否有效發揮作用。因此，在規劃資本結構時，應合理確定負債比率及負債結構，這不僅有利於資金成本和財務風險的控制，而且還能提高權益資金報酬率。

3. 資本結構決策的影響因素

資本結構決策是個系統工程，對其產生影響的因素有很多，不僅有企業內部制約

因素，而且有外部宏觀因素。除資金成本和財務風險這兩個影響資本結構決策的基本因素外，影響資本結構的因素還包括以下方面：

(1) 企業財務狀況

企業財務狀況可以分為短期流動性（短期償債能力）、長期安全性和盈利性（獲利能力）三個方面。一個有著較強的短期償債能力和獲利能力的企業，較多地舉債融資既有必要（即充分利用財務槓桿效應），又有可能對債券投資者或信貸機構產生吸引力。

(2) 企業資產結構

很多資本結構理論研究發現，企業擁有資產的類型在某種程度上會影響企業資本結構的選擇。一般認為，當企業所擁有的資產較多地適合於進行擔保時，企業趨向於高負債；反之，則趨向於低負債。公司的資本結構也是經營者向外傳遞信息的一種方式。

(3) 投資者和經理的態度

投資者和經理的態度對資本結構特徵形成也有重要影響，因為他們是企業決策的擬訂者和最終確定者。喜歡冒險的經理人員，可能會安排比較高的負債比例；一些持穩健態度的經理人員則會使用較少的負債。另外，在不完善的經理約束機制下，經理會不顧或較少顧及企業的長期安全性，而是較多或片面追求眼前利益，因而就會偏好更多地利用負債。

(4) 債權人的影響

企業的債權人主要有兩類：一是債券投資者，二是以銀行為代表的信貸機構。一般而言，債權人都不希望公司的負債比例太高，因為過高的負債意味著企業的經營風險將更多地由股東轉嫁給債權人。

(5) 所得稅稅率的高低

企業利用負債所能獲得的節稅利益，與所得稅稅率成正比。所以，在其他因素既定的條件下，所得稅稅率越高，企業就越傾向於高負債；反之，企業就越傾向於低負債。

(6) 利率水平的變動趨勢

利率水平也是影響企業資本結構安排的一個重要因素。利率水平偏高，會增加負債企業的固定財務費用負擔，故企業只能將負債比例安排得低一些；反之，則相反。此外，利率對企業資本結構安排的影響，還表現在預期利率變動趨勢對企業籌資方式選擇的影響方面。預期利率趨漲時，企業在當前會較多地利用長期負債籌資方式；預期利率趨跌時，企業則會在當前較謹慎地利用長期負債籌資方式。

此外，由於歷史、文化因素的影響，資本結構在不同國家間存在差異；由於不同行業資本密集程度的不同，資本結構具有顯著的行業差異。

4. 最佳資本結構

利用負債資金具有雙重作用，適當利用負債資金，能夠降低資金成本，但當企業負債比率太高時，會帶來較大的財務風險。因此，每一個企業都必須權衡資金成本和財務風險的關係，並考慮上述因素，從而確定本企業最佳的資金結構。最佳的資本結

構，是指企業在一定時期內，籌措資本的加權平均資金成本最低，使企業的價值達到最大化的資金結構。它應是企業的目標資金結構。

最佳資本結構判斷的標準有：

（1）有利於最大限度地增加所有者（股東）財富，能使企業價值最大化。

（2）企業加權平均資金成本最低。

（3）資產保持適當的流動性，並使企業資金結構富有彈性。

其中加權平均資金成本最低是其主要標準。

二、資本結構決策與優化方法

1. 資本結構優化決策標準

資本結構決策在很大程度上受優化標準選擇的影響，現實中可以用成本是否最低或收益是否最大等來審視資本結構是否優化。

能滿足以下條件之一的企業，有可能按目標資本結構對企業現有資本結構進行調整：①現有資金結構彈性較好時；②有增加投資或減少投資時；③企業盈利較多時；④債務重新調整時。

資本結構調整的方法有：

（1）存量調整。即在不改變現有資產規模的基礎上，根據目標資本結構要求，對現有資金結構進行必要的調整。其方法主要有：債轉股、股轉債；增發新股償還債務；調整現有負債結構；調整權益資金結構。

（2）增量調整。即通過追加籌資量，以增加總資產的方式來調整資本結構。其主要途徑是從外部取得增量資本，如發行新債，舉借新貸款，進行融資租賃，發行新股等。

（3）減量調整。即通過減少資產總額的方式來調整資本結構。其主要途徑有：提前歸還借款，收回發行在外的可提前收回債券，股票回購以減少公司股本，進行企業分立等。

2. 最佳資本結構的確定

最佳資本結構是指在一定條件下使企業加權平均資本成本最低、企業價值最大的資金結構。確定最佳資本結構的方法有每股利潤無差別點法、比較資金成本法和公司價值分析法。

（1）每股利潤無差別點法

判斷資本結構的合理性，可以通過分析每股利潤（EPS）的變化來進行，能提高每股利潤的資本結構是合理的，反之則不夠合理。但每股收益不僅受資本結構的影響，還受到銷售水平的影響。要處理以上三者的關係，可以運用融資的每股利潤分析的方法（即每股利潤無差別點法）。

每股利潤無差別點法，又稱息稅前利潤-每股利潤分析法（EBIT-EPS分析法），是通過分析資本結構與每股利潤之間的關係，計算各種籌資方案的每股利潤的無差別點，進而確定合理的資本結構的方法。所謂無差別點，是指兩種籌資方式（即負債資金與權益資金）下每股利潤相等時的息稅前利潤點，也稱息稅前利潤平衡點或無差

異點。

每股收益 EPS 的計算公式為：

$$EPS = \frac{(S-VC-F-I)(1-T)-d}{N} = \frac{(EBIT-I)(1-T)-d}{N}$$

根據每股利潤無差別點的定義，能夠滿足下列條件的銷售額（S）或息稅前利潤（EBIT）就是每股利潤無差別點。計算公式為：

$$\frac{(S-VC_1-F_1-I_1)(1-T)-d_1}{N_1} = \frac{(S-VC_2-F_2-I_2)(1-T)-d_2}{N_2}$$

或：

$$\frac{(EBIT-I_1)(1-T)-d_1}{N_1} = \frac{(EBIT-I_2)(1-T)-d_2}{N_2}$$

每股利潤無差別點處的息稅前利潤的計算公式為：

$$EBIT = \{N_2[I_1(1-T)+D_1]-N_1[I_2(1-T)+D_2]\}/(N_2-N_1)$$

式中：EBIT——每股利潤無差別點處的息稅前利潤；

I_1，I_2——兩種籌資方式下的年利息；

D_1，D_2——兩種籌資方式下的優先股股利；

N_1，N_2——兩種籌資方式下流通在外的普通股股數。

如公司沒有發行優先股，上式可簡化為：

$$EBIT = (N_2I_1-N_1I_2)/(N_2-N_1)$$

這種方法只考慮了資本結構對每股利潤的影響，並假定每股利潤最大，股票價格也就最高。最佳資本結構亦即每股利潤最大的資本結構。

這種方法從資本的產出角度對資本結構進行分析，因而選擇籌資方案的主要依據是籌資方案每股收益值的大小。在融資分析時，當銷售額（或息稅前利潤）大於每股利潤無差別點的銷售額（或息稅前利潤）時，運用負債籌資可獲得較高的每股利潤；當銷售額（或息稅前利潤）低於每股利潤無差別點的銷售額（或息稅前利潤）時，運用權益籌資可獲得較高的每股利潤。每股利潤分析法是以每股利潤最大為決策標準，但沒有考慮融資風險。

【例 5-20】某公司的資本總額為 1,000 萬元：債務資本為 200 萬元、權益資本為 800 萬元。現擬追加籌資 200 萬元，有兩種方案：①增加權益資本；②增加負債。該公司增資前的負債利率為 10%，若採用負債增資的方式，則所有借款利率提高到 12%，增資後息稅前利潤率可達 20%，該企業所得稅稅率為 25%。

公司預計增資後的資本利潤率如表 5-8 所示。

表 5-8　　　　　　　　　　公司預計增資後的資本利潤率　　　　　　　　　單位：萬元

項目	（1）增加權益資本	（2）增加負債
資本總額	1,200	1,200
其中：權益資本	800+200	800
負債	200	200 + 200

表5-8(續)

項目	(1)增加權益資本	(2)增加負債
息稅前利潤（EBIT）	1,200×20%=240	1,200×20%=240
減：利息	200×10%=20	400×12%=48
稅前利潤	220	192
減：所得稅（25%）	55	48
稅後淨利潤	165	144
權益資本稅後利潤率	16.5%	18%

由計算結果可知，當息稅前利潤率為20%時，追加負債籌資的權益資本稅後利潤率較高（18%），即息稅前利潤額達到240萬元時，採用負債籌資比追加權益資本籌資有利。

每股利潤無差別點的計算：

權益資本籌資與債務籌資的每股利潤無差別點：

$[(EBIT-200×10\%)×(1-25\%)]÷(800+200)$
$=[(EBIT-400×12\%)×(1-25\%)]÷800$

$EBIT=160$（萬元）

計算結果表明，當息稅前利潤等於160萬元時，選擇增加權益資本籌資和選擇負債籌資無差異；當息稅前利潤預計大於160萬元時，則追加負債籌資更為有利；當息稅前利潤預計小於160萬元時，則增加權益資本籌資更為有利。

（2）比較資金成本法

比較資金成本法（Comparison Method），是通過計算各方案加權平均的資本成本，並根據加權平均資本成本的高低來確定最佳資本結構的方法。其程序包括：

①擬訂幾個籌資方案；

②確定各方案的資本結構；

③計算各方案的加權資本成本；

④通過比較，選擇加權平均資本成本最低的結構為最優資本結構。

【例5-21】某公司擬籌資1,000萬元，現有甲、乙兩個備選方案，有關資料如表5-9所示。要求確定該公司的最佳資本結構。

表5-9　　　　　　　　　　甲、乙方案的籌資情況

籌資方式	甲方案 籌資額（萬元）	甲方案 資本成本	乙方案 籌資額（萬元）	乙方案 資本成本
長期借款	150	9%	200	9%
債券	350	10%	200	10%
普通股	500	12%	600	12%
合計	1,000		1,000	

$K_{w甲}=150\div1,000\times9\%+350\div1,000\times10\%+500\div1,000\times12\%$
$\quad=10.85\%$
$K_{w乙}=200\div1,000\times9\%+200\div1,000\times10\%+600\div1,000\times12\%$
$\quad=11\%$

由於，$K_{w甲}<K_{w乙}$，在其他因素相同的條件下，方案甲優於方案乙，方案甲形成的資本結構為最優資本結構。

比較資金成本法是以資本成本最低為決策標準的方法，在對可選擇融資方案計算加權資金成本的基礎上，接受資本成本最低的融資方案。這種方法是從資本投入角度對資本結構進行分析，綜合資本成本是用這種方法進行資本結構決策的唯一依據，簡單實用，因而常常被採用。

（3）公司價值分析法

公司價值分析法，是通過計算和比較各種資本結構下公司的市場總價值來確定最佳資本結構的方法。最佳資本結構亦即公司市場價值最大的資本結構。

公司的市場總價值＝股票的總價值＋債券的價值

簡化起見，假定債券的市場價值等於其面值。股票市場價值的計算公式如下：

股票市場價值＝（息稅前利潤－利息）×（1－所得稅稅率）/權益資金的成本

3. 最佳資本結構決策的核心問題

（1）價值最大化是資本結構決策的核心標準。

（2）加權資本成本最低，或者短期內的股權資本收益率最高，可以看作兩個基本的判斷依據，這就是資本成本比較法和EBIT-EPS（ROE）分析法。

（3）這兩種方法都是短期決策方法，長期的資本結構決策主要依據於公司未來可創造的現金流。只要當公司有充足的現金流來滿足債權人求償義務時，任何適宜於某一特定公司的資本結構都可能是最佳的。

（4）在理論上存在最佳的資本結構，但具體的企業有不同的判斷標準。只有適宜，沒有最佳。信號理論、行業差異等，可能在某種程度上能解釋這種差異性。

三、資本結構理論

資本結構理論包括淨收益理論、淨營業收益理論、傳統折中理論、MM理論、平衡理論、代理理論和等級籌資理論等。

1. 西方早期資本結構理論

早期資本結構理論主要體現為「淨利理論」「營業淨利理論」和「傳統理論」，不同學說流派對資本成本、資本結構與企業價值的解釋也不相同。淨利理論認為負債能降低企業的加權平均資本成本，從而提高企業價值；營業淨利理論認為無論企業負債資本多少，加權平均資本成本都不會因負債而發生變化，故對企業的價值沒有影響；傳統理論是介於淨利理論和營業淨利理論之間的一種折中理論。

（1）淨收益理論（淨利理論）

該理論認為，債務成本一般較低，所以，負債程度越高，綜合資本成本越低，企業價值越大。這是因為債務利息和權益資本成本均不受財務槓桿影響，無論負債程度

多高，企業的債務資本成本和權益資本成本都不會變化。因此，只要債務資本成本低於權益資本成本，那麼負債越多，企業的綜合資本成本越低，企業價值將達到最大。在這種理論下，企業最理想的資本結構是100%的負債。

(2) 淨營業收益理論（營業淨利理論）

該理論認為，不論企業財務槓桿作用如何變化，企業綜合資本成本都是固定的，資本結構與企業的價值無關，決定企業價值的關鍵要素是企業的淨營業收益。這是因為企業利用財務槓桿時，即使債務資本成本本身不變，但由於加大了權益資本的風險，也會使權益資本成本上升，綜合資本成本不會因為負債比率的提高而降低，而是維持不變，企業的總價值也就固定不變，因而不存在最佳資本結構。

(3) 傳統折中理論

該理論認為，企業利用財務槓桿儘管會導致權益成本上升，但在一定範圍內並不會完全抵消利用成本較低的債務所帶來的好處，因此會使綜合資本成本下降、企業價值上升；不過一旦超過某一限度，綜合資本成本又會上升。在綜合資本成本由下降變為上升的轉折點上，資本結構達到最優。可見，此理論認為，確實存在一個最佳資本結構，也就是使企業價值最大的資本結構，並可以通過適度運用財務槓桿來獲得。

2. 現代資本結構理論

美國學者莫迪格利安尼（Modigliani）和米勒（Miller）共同創造的「MM理論」，標誌著現代資本結構理論的產生。

(1) MM理論

MM理論認為，在不考慮企業所得稅的情況下，企業的價值獨立於資本結構，不受有無負債及負債程度的影響；但由於存在所得稅及稅額庇護利益，企業價值會隨負債程度的提高而增加，股東也可獲得更多好處。於是，負債越多，企業價值也會越大。

(2) 平衡理論

該理論認為，當負債程度較低時，企業價值因稅額庇護利益的存在會隨負債水平的上升而增加；當負債達到一定界限時，負債稅額庇護利益開始為財務危機成本所抵消；當邊際負債稅額庇護利益等於邊際財務危機成本時，企業價值最大，資本結構最優。資本結構的確定應綜合權衡負債的減稅效應、財務拮据成本以及代理成本等因素的影響。

(3) 代理理論

代理理論認為，債權籌資能夠促使經理多努力工作，少進行個人享受，並且做出更好的投資決策，從而降低由於兩權分離而產生的代理成本。但是，負債籌資可能導致另一種代理成本，即企業接受債權人監督而產生的成本。均衡的企業所有權結構是由股權代理成本和債權代理成本之間的平衡關係來決定的。

(4) 等級籌資理論

由於企業所得稅的節稅利益，負債籌資可以增加企業的價值，即負債越多，企業價值增加越多，這是負債的第一種效應。但是，財務危機成本期望值的現值和代理成本的現值會導致企業價值的下降，即負債越多，企業價值減少額越大，這是負債的第二種效應。由於上述兩種效應相互抵消，企業應適度負債。最後，由於非對稱信息的存在，企業需要保留一定的負債容量以便有利可圖的投資機會來臨時可發行債券，避

免以太高的成本發行新股。

從成熟的證券市場來看，企業的籌資優序模式首先是內部籌資，其次是借款、發行債券、可轉換債券，最後是發行新股。

思考與練習

一、簡答題

1. 籌資費用在資金成本的計算中如何處理？
2. 計算個別資金成本時，是否應考慮所得稅的影響？所得稅會對哪些資金的成本造成影響？
3. 長期借款與長期債券的資金成本計算有何聯繫與區別？普通股和留存收益的資金成本計算又有何聯繫與區別？
4. 你認為在計算綜合資金成本時採用哪種價值基礎最為合理？
5. 何謂槓桿？經營槓桿和財務槓桿的原理是什麼？它們的影響因素都有哪些？二者誰更容易調節？
6. 經營槓桿系數、財務槓桿系數和綜合槓桿系數的變換公式中的數據是哪個期間的數據？這對企業管理有什麼便利之處？
7. 什麼是每股利潤無差別點？債券籌資和優先股籌資存在每股利潤無差別點嗎？為什麼？
8. 什麼是最佳資本結構？企業價值是否考慮了風險因素？

二、計算題

1. 設某公司發行票面年利率為10%、5年期每年付一次息的債券，溢價10%發行，發行費率為5%，所得稅稅率為25%。

【要求】

試計算該債券的稅前與稅後成本率。

2. 設某公司以2%的溢價率發行優先股，籌資費用率為2%，年股利率為10%，所得稅稅率為25%。

【要求】

計算該優先股成本。

3. 設某公司以2%的溢價率發行普通股，籌資費用率為3%，發行一年後支付現金紅利的票面年利率為6%，其年增長率為4%，所得稅稅率為25%。

【要求】

計算該普通股成本。

4. 某公司擬籌資5,000萬元，其中按面值發行5年期每年付一次息的債券2,000萬元，票面利率為10%，籌資費用率為2%；發行優先股800萬，股利率為12%，籌資

費用率為3%；發行普通股2,200萬元，籌資費用率為5%，預計第一年股利率為12%，以後每年按4%遞增。所得稅稅率為25%。

【要求】

（1）計算債券籌資成本；

（2）計算優先股籌資成本；

（3）計算普通股籌資成本；

（4）計算綜合資金成本率。

5. 星海公司擬籌資1,000萬元，現有甲、乙兩個備選方案。有關資料如表5-10所示。

表5-10　　　　　　　　　　甲、乙方案的籌資情況

籌資方式	甲方案		乙方案	
	籌資額（萬元）	資本成本	籌資額（萬元）	資本成本
長期借款	200	9%	180	9%
債券	300	10%	200	10.5%
普通股	500	12%	620	12%
合計	1,000		1,000	

【要求】

計算各方案的加權平均資金成本，並據此確定該公司的最佳資金結構。

6. 某企業擁有長期資金4,000萬元。其中長期借款600萬元，長期債券1,000萬元，普通股2,400萬元。由於擴大經營規模的需要，擬籌集新資金。經分析，認為籌集新資金後，仍應保持目前的資本結構，並測算出隨著籌資額的增加，各種資本成本的變化，具體如表5-11所示。

【要求】

（1）計算各種籌資條件下的籌資突破點（籌資總額分界點）；

（2）計算不同籌資範圍內的綜合資金成本。

表5-11　　　　　　　　　　資本成本的變化情況

資金種類	新籌資額	資金成本
長期借款	45萬元以內	6%
	45萬~90萬元	6.5%
	90萬元以上	8%
長期債券	200萬元以內	9%
	200萬~400萬元	10%
	400萬元以上	12%
普通股	300萬元以內	11%
	300萬~600萬元	13%
	600萬元以上	15%

7. 某企業的經營槓桿系數為2，預計息稅前利潤將增長10%。

【要求】

在其他條件不變的情況下，銷售量將增長多少？

8. 某企業預測期財務槓桿系數為1.5，本期息稅前利潤為450萬元。

【要求】

計算本期實際利息費用為多少。

9. 企業資本總額為150萬元，權益資本占55%，負債利率為12%，當前銷售額為100萬元，息稅前利潤為20萬元，則該企業優先股股息為2萬元，所得稅稅率為25%。

【要求】

計算財務槓桿系數。

10. 某公司基期實現銷售收入300萬元，變動成本總額為150萬元，固定成本為80萬元，利息費用為10萬元。

【要求】

計算該公司財務槓桿系數。

11. 甲公司無優先股。2008年營業收入為1,500萬元，息稅前利潤為450萬元，利息費用為200萬元。2009年營業收入為1,800萬元，變動經營成本占營業收入的50%，固定經營成本為300萬元。預計2010年每股利潤將增長22.5%，息稅前利潤增長15%。公司所得稅稅率為25%。

【要求】

試分別計算甲公司2009年和2010年的經營槓桿系數、財務槓桿系數和複合槓桿系數。

12. 乙公司目前長期資金市場價值為1,000萬元，其中債券400萬元，年利率為12%，普通股600萬元（60萬股，每股市價為10元）。現擬追加籌資300萬元，有兩種籌資方案：①增發30萬股普通股，每股發行價格為10元；②平價發行300萬元長期債券，年利率為14%。公司所得稅稅率為25%。

【要求】

試計算兩種籌資方式的每股利潤無差別點。如果預計息稅前利潤為150萬元，那麼應當選擇哪種籌資方案？若預計息稅前利潤為200萬元呢？

三、案例分析題

財務槓桿與資本結構分析

順潔公司是一家於2008年年初成立的洗滌用品公司，公司註冊資本為100萬元，由甲、乙、丙、丁四位股東各出資25萬元。在公司經營中，甲主管銷售，乙主管財務，丙主管生產和技術，丁主管人事和日常事務。經過三年的經營，到2010年年末，公司留存收益為60萬元，權益資金增加到160萬元。由於產品打開了銷路，市場前景看好，公司決定擴大經營規模。擴大經營規模需要投入資金，於是四人召開會議，討論增加資金事宜。

甲首先匯報了銷售預測情況。如果擴大經營規模，來年洗滌用品的銷售收入將達

到 50 萬元，以後每年還將以 10%的速度增長。

丙提出，擴大經營規模需要增加一條生產線。增加生產線後，變動經營成本占銷售收入的比率不變，仍然為 50%，每年的固定經營成本將由 7 萬元增加到 10 萬元。

丁提出，增加生產線後，需要增加生產和銷售人員。

四人根據上述情況，進行了簡單的資金測算，測算出公司大約需要增加資金 40 萬元。

甲建議四人各增資 10 萬元，出資比例保持不變。丙和丁提出出資有困難，建議吸納新股東，新股東出資 40 萬元，權益總額變為 200 萬元，五人各占 1/5 的權益份額。乙提出可以考慮向銀行借款，他曾與開戶行協商過，借款利率大約為 6%。甲和丙認為借款有風險，而且需要向銀行支付利息，從而損失一部分收益。

案例思考題

假設你是乙，你決定說服甲、丙和丁通過向銀行借款來增加資金。

1. 解釋負債經營的概念，說明「用他人的錢為自己賺錢」的道理。

2. 提出財務槓桿原理，解釋財務槓桿利益與財務槓桿風險。

3. 如果公司採納了借款方案，利用 2011 年的相關預測數據測算公司 2012 年的財務槓桿系數。

4. 假設公司所得稅稅率為 25%，試利用 2011 年和 2012 年兩年的預測數據測算 2012 年的財務槓桿系數。測算結果與第 3 問中的測算結果是否相同？

5. 解釋資本結構的概念，說明合理的資本結構的重要性。

6. 根據對公司擴大經營規模後 2011 年相關數據的預測，測算吸收新股東和向銀行借款兩種籌資方式下，平均每個股東所能獲得的淨利潤，以此判斷哪種籌資方式更優。

7. 假設以每個股東的出資總額作為 1 股，試計算兩種籌資方式下的每股利潤無差別點，並進一步解釋在預測情況下兩種籌資方式的優劣。

第六章　投資管理

案例導讀：

　　在美國歷史上曾經有過兩次「淘金熱」。一次是在加利福尼亞找金礦，一次是在德克薩斯找石油。在常人看來，尋找金礦、開採石油才是發財的唯一道路，其他行為都是不務正業。但是偏偏有「淘金者」能慧眼識商機，平凡出奇跡。

　　這位美國青年名叫亞默爾。他帶著發財的夢想，隨淘金的人群來到了加利福尼亞。面對人山人海正在揮汗如雨地尋找、開採金礦的淘金大軍，他並沒有馬上成為其中的一員，而是東走西看，南巡北察。亞默爾發現礦山氣候燥熱，水源奇缺，淘金者口渴難忍，常聽到人們抱怨說：「真是的，要是有人給我一杯水喝，我寧願給他一個金幣。」

　　亞默爾聽在耳裡，記在心上。他不找金礦而去找水源，找到後，他把水用紗網進行過濾，做成純淨、甘甜的礦泉水，賣給那些淘金者喝。

　　水，這個地球上最平凡的東西，在這裡卻以金幣論價。很多人淘了半天金沒有淘上，而亞默爾卻靠賣水發了大財。

　　淘金是發財的機會嗎？當然是，而且是大機會，這人人都知道。那賣水是機會嗎？這，很多人都無法回答了。因為大家本來都不認為是機會，可卻有人利用它發了大財。那為什麼有人就沒有發財呢？這就源於亞默爾對當時環境的細微觀察和把握。在西部酷熱缺水的環境下，水成了非常稀缺的資源。投資淘金，冒險機會非常大，誰都無法確定結果如何。可投資賣水，收益幾乎是百分之百可以肯定的。所以，亞默爾毅然選擇了賣水，而不是去淘金。企業在投資決策時也是如此。投資時一定要首先估量投資的風險有多大，企業是不是具備承受投資失敗的能力；否則，就應該堅決放棄這項投資，另尋機會。如何科學地進行投資決策，規避投資風險，避免投資失敗，是進行投資前必須慎重對待的問題。

　　資料來源：胡旭微，張惠忠．財務管理［M］．杭州：浙江大學出版社，2008：119.

第一節　投資的含義與特點

一、投資的含義

　　投資，是指特定經濟主體（包括國家、企業和個人）以回收本金並獲利為基本目的，將貨幣、實物資產等作為資本投放於某一具體對象，以在未來較長期間內獲取預

期經濟利益的經濟行為。例如,構建廠房設備、興建電站、購買股票債券等經濟行為,均屬於投資行為。

二、投資的特點

1. 屬於企業的戰略性決策

企業的投資活動一般涉及企業未來的經營發展方向、生產能力規模等問題,如產房設備的新建與更新、新產品的研發、對其他企業的股權控製等。這些投資活動,直接影響本企業未來的經營發展規模和方向,是企業簡單再生產得以順利進行並實現擴大再生產的前提條件。企業的投資活動先於經營活動進行,這些投資活動往往需要一次性地投入大量的資金,並在一段較長的時期內發生作用,對企業經營活動的方向產生重大影響。

2. 屬於企業的非程序化管理

企業有些經濟活動是日常重複性進行的例行性活動,如原材料的購買、產品的生產與銷售等。有些活動往往不會經常性地重複出現,如新產品的開發、設備的更新、企業兼併等,稱為非例行性活動。非例行性活動只能針對具體問題,按特定的影響因素、相關條件和具體要求來進行審查和抉擇。對這類非重複性特定經濟活動進行的管理,稱為非程序化管理。

3. 投資價值的波動性大

投資項目的價值,是由投資的標的物資產的內在獲利能力決定的。這些標的物資產的形態是不斷轉換的,未來收益的獲得具有較強的不確定性,其價值也具有較強的波動性。同時,各種外部因素,如市場利率、物價等的變化,也時刻影響著投資標的物的資產價值。因此,企業在進行投資管理決策時,要充分考慮投資項目的時間價值和風險價值。

第二節　投資的分類與內容

一、投資的分類

1. 按照與生產經營業務的相關程度的不同,分為直接投資和間接投資

直接投資是指企業將所籌集的資金直接用於企業的生產經營業務,如購買原材料、購置設備、建設廠房等。

間接投資是指企業將所籌集的資金投資於和直接生產業務不密切相關的項目,如購買股票、債券、基金等所發生的投資。

2. 按照投入的領域不同,分為生產性投資和非生產性投資

生產性投資是指將資金投入生產、建設等物質生產領域中,並能夠形成生產能力或可以產出生產資料的一種投資,又稱為生產資料投資。這種投資的最終成果將形成各種生產性資產,包括形成固定資產的投資、形成無形資產的投資、形成其他資產的

投資和流動資金投資。其中，前三項屬於墊支資本投資，後者屬於週轉資本投資。

非生產性投資是指將資金投入非物質生產領域中，不能形成生產能力，但能形成社會消費或服務能力，滿足人民的物質文化生活需要的一種投資。這種投資的最終成果是形成各種非生產性資產。

3. 按照投資的方向不同，分為對內投資和對外投資

從企業的角度看，對內投資就是項目投資，是指企業將資金投放於為取得供本企業生產經營使用的固定資產、無形資產、其他資產和墊支流動資金而形成的一種投資。

對外投資是指企業為購買國家及其他企業發行的有價證券或其他金融產品（包括期貨與期權、信託、保險），或以貨幣資金、實物資產、無形資產向其他企業（如聯營企業、子公司等）注入資金而發生的投資。

4. 按照投資內容的不同，分為固定資產投資、無形資產投資、流動資金投資、房地產投資、有價證券投資、期貨與期權投資、信託投資和保險投資等多種形式

本章所討論的投資，是指屬於直接投資範疇的企業內部投資，即項目投資。

二、投資的程序

企業投資的程序主要包括以下步驟：

（1）提出投資領域和投資對象。這需要在把握良好投資機會的情況下，根據企業的長遠發展戰略、中長期投資計劃和投資環境的變化來確定。

（2）評價投資方案的可行性。在分析投資項目的環境、市場、技術和生產可行性的基礎上，對財務可行性做出總體評價。

（3）投資方案的比較與選擇。在財務可行性評價的基礎上，對可供選擇的多個投資方案進行比較和選擇。

（4）投資方案的執行。即投資行為的具體實施。

（5）投資方案的再評價。在投資方案的執行過程中，應注意原來做出的投資決策是否合理，是否正確。一旦出現新的情況，就要隨時根據變化的情況做出新的評價和調整。

三、投資項目的可行性研究

(一) 可行性研究的概念

可行性是指一項事物可以做到的、現實行得通的、有成功把握的可能性。就企業投資項目而言，其可行性就是指對環境的不利影響最小，在技術上具有先進性和適應性，產品在市場上能夠被容納或接受，在財務上具有合理性和較強的盈利能力，對國民經濟有貢獻，能夠創造社會效益。

廣義的可行性研究是指在現代環境中，組織一個長期投資項目之前，必須進行的有關該項目投資必要性的全面考察與系統分析，以及有關該項目未來在技術、財務乃至國際經濟等諸方面能否實現其投資目標的綜合論證與科學評價。它是有關決策人（包括宏觀投資管理當局與投資當事人）做出正確可靠投資決策的前提與保證。

狹義的可行性研究專指在實施廣義可行性研究的過程中，與編制相關研究報告相

聯繫的有關工作。

廣義的可行性研究包括機會研究、初步可行性研究和最終可行性研究三個階段，具體又包括環境與市場分析、與生產技術分析和財務可行性評價等主要分析內容。

(二) 環境與市場分析

1. 建設項目的環境影響評價

在可行性研究中，必須開展建設項目的環境影響評價。所謂建設項目的環境，是對建設項目所在地的自然環境、社會環境和生態環境的統稱。

建設項目的環境影響報告書應當包括下列內容：
(1) 建設項目概況；
(2) 建設項目周圍環境現狀；
(3) 建設項目對環境可能造成影響的分析、預測和評估；
(4) 建設項目環境保護措施及其技術、經濟論證；
(5) 建設項目對環境影響的經濟損益分析；
(6) 對建設項目實施環境監測的建議；
(7) 環境影響評價的結論。

建設項目的環境影響評價屬於否決性指標，凡未開展或沒通過環境影響評價的建設項目，不論其經濟可行性和財務可行性如何，一律不得上馬。

2. 市場分析

市場分析又稱市場研究，是指在市場調查的基礎上，通過預測未來市場的變化趨勢，為瞭解擬建項目產品的未來銷路而開展的工作。

進行投資項目可行性研究，必須要從市場分析入手。因為一個投資項目的設想，大多來自市場分析的結果或源於某一自然資源的發現和開發，以及某一新技術、新設計的應用。即使是後兩種情況，也必須把市場分析放在可行性研究的首要位置。如果市場對於項目的產品完全沒有需求，項目仍不能成立。

市場分析要提供未來生產經營期不同階段的產品年需求量和預測價格等預測數據，同時要綜合考慮潛在或現實競爭產品的市場佔有率和變動趨勢，以及人們的購買力及消費心理的變化情況。這項工作通常由市場行銷人員或委託市場分析專家完成。

(三) 生產與技術分析

1. 生產分析

生產分析是指在確保能夠通過項目對環境影響評價的前提下，所進行的廠址選擇分析、資源條件分析、建設實施條件分析、投產後生產條件分析等一系列分析論證工作的統稱。廠址選擇分析包括選點和定址兩個方面內容。前者主要指建設地區的選擇，主要考慮生產力佈局對項目的約束；後者則指項目具體地理位置的確定。在廠址選擇時，應通盤考慮自然因素（包括自然資源和自然條件）、經濟技術因素、社會政治因素、運輸及地理位置因素。

生產分析涉及的因素多，問題複雜，需要組織各方面專家分工協作才能完成。

2. 技術分析

技術是指在生產過程中由系統的科學知識、成熟的時間經驗和操作技藝綜合而成的專門學問和手段。它經常與工藝統稱為工藝技術，但工藝是指為生產某種產品所採用的工作流程和製造方法，不能將兩者混為一談。

廣義的技術分析是指構成項目組成部分及在發展階段上凡與技術問題有關的分析論證與評價。它貫穿於可行性研究的項目確立、廠址選擇、工程設計、設備選型和生產工藝確定等各項工作，成為與財務可行性評價相區別的技術可行性評價的主要內容。狹義的技術分析是指對項目本身所採用的工藝技術、技術裝備的構成以及產品內在的技術含量等方面內容進行的分析研究與評價。

技術可行性研究是一項十分複雜的工作，通常由專業工程師完成。

(四) 財務可行性分析

財務可行性分析，是指在已完成相關環境與市場分析、與生產技術分析的前提下，圍繞已具備技術可行性的建設項目而開展的，對該項目在財務方面是否具有投資可行性的一種專門分析。

第三節　項目投資的相關概念

一、項目投資的概念及特點

1. 項目投資的概念

項目投資，是一種以特定項目為對象，直接與新建項目或更新改造項目有關的長期投資行為。財務管理中所討論的投資主要是指企業所進行的生產經營性資產的直接投資。在企業的整個投資中，項目投資具有十分重要的地位，對企業的穩定與發展、未來盈利能力、長期償債能力都有著重要影響。

2. 項目投資的特點

與企業其他類型的投資相比，項目投資具有以下幾個特點：

第一，項目投資影響期間長。

項目投資的建設週期及使用週期往往比較長，其決策一經做出，將會在相當長的時間內影響企業的經營成果和財務狀況，甚至對企業的生存和發展產生重要的影響，往往需要幾年、十幾年甚至幾十年才能收回投資。因此，項目投資決策的成效對企業未來的命運將產生決定性作用。

第二，項目投資次數少、金額大。

與流動資產投資相比，項目投資並不經常發生，特別是大規模的固定資產投資，一般要隔若干年甚至十幾年才發生一次。雖然投資次數少，但每次投資金額比較多，特別是戰略性的擴大生產能力投資，其投資數額往往是企業或其投資人多年的資金累積，在企業總資產中佔有相當大的比重。因此，項目投資對企業未來的現金流量和財務狀況都將產生深遠的影響。

第三，項目投資實物形態與價值形態可以分離。

項目投資中建設的項目投入使用後，所形成的固定資產因日益磨損，其價值將逐漸、部分地脫離其實物形態，轉化為貨幣準備金，而其餘部分仍存在於實物形態中。在使用年限內，保留在固定資產實物形態上的價值逐年減少，而脫離實物形態轉化為貨幣準備金的價值卻逐年增加。直到固定資產報廢，其價值才得到全部補償。但當用以往年度形成的貨幣準備金重新購置固定資產時，其實物也得到更新。這時，固定資產的價值與其實物形態又重新統一起來。這一特點說明，由於企業各種固定資產的新舊程度不同，實物更新時間不同，企業可以在某些固定資產需要更新之前，利用脫離實物形態的貨幣準備金去投資其他固定資產，然後再利用新固定資產所形成的貨幣準備金去更新舊的固定資產，從而充分發揮資金的使用效能。

第四，項目投資變現能力較差。

項目投資形成的主體通常是廠房和設備等固定資產，是企業從事生產經營活動所必需的勞動手段，但這些資產不輕易改變其用途。因此，項目投資一旦完成，要想改變其用途或者出售是相當困難的，不是無法實現，就是代價太大。這種投資所具有的不可逆轉性，要求企業注重投資的有效性，絕不可盲目投資。

第五，項目投資資金占用數量較穩定。

項目投資完成後，一經形成生產能力，便在資金占用數量上保持相對穩定。因為如果營業量在一定範圍內增加，往往並不需要立即增加固定資產投資，通過挖掘潛力、提高效率可以完成增加的業務量。如果業務量在一定範圍內減少，為維持一定的生產能力，企業並不能出售固定資產以調節資金占用。

二、項目投資的類型

按照不同的分類標準，可以對項目投資進行一定的分類。

1. 按照投資對企業影響的不同，分為戰略性投資和戰術性投資

戰略性投資，是指對企業全局產生重大影響的投資，如控製企業的主要原材料供應商、擴大企業規模、開發新型產品等。戰略性投資可能是為了實現多元化經營，也可能出於控製或影響被投資單位的目的。其特點在於所需資金量一般較大，收回時間較長，風險較大。

戰術性投資，是指只關係企業某一局部的具體業務投資，如設備的技術投資、原有產品新功能的開發、產品成本的降低等投資項目。戰術性投資主要是為了維持原有產品的市場佔有率，或者是利用閒置資金增加企業收益。其特點在於投資所需資金量較少，風險相對較小。

2. 按照項目投資對象的不同，分為固定資產投資、無形資產投資和其他資產投資

固定資產投資，是指將資金投放於房屋和建築物、機器設備、運輸設備、工具器具等固定資產。

無形資產投資，是指將資金投放於專利權、非專利技術、商標權、著作權、土地使用權、商譽等無形資產。

其他資產投資，是指除以上資產投資之外的投資，如應在以後年度內分期攤銷的

各項費用，如開辦費等。

3. 按照項目投資的順序與性質的不同，分為先決性投資和後續性投資

先決性投資是指必須對某項目進行投資，才能使其後或同時進行的項目實現收益的投資。例如，企業為擴大生產能力引進了新的生產線，為使生產線得以運轉，必須有電力保證，這裡的電力項目投資就是先決性投資。

後續性投資是指在原有基礎上進行的項目建設，建成後將發揮原項目同樣作用或更有效地發揮同一作用和性能，能夠完善或取代現有項目的投資。

4. 按照項目投資的時序和作用的不同，分為新建企業投資、簡單再生產投資和擴大再生產投資

新建企業投資，是指為建立一個新企業，包括在生產、經營、生活條件等方面所進行的投資。投入的資金通過建設形成企業的原始資產。

簡單再生產投資，是指為更新生產經營中已提足折舊的生產經營性資產所進行的投資。其特點是把原來生產經營過程中收回的資金重新再投入生產過程中，維持原有的經營規模。

擴大再生產投資，是指為擴大企業現有的經營規模所進行的投資。這是企業需要追加資金而進行的投資，從而擴大了企業的資產規模。

5. 按照增加利潤途徑的不同，分為增加收入投資和降低成本投資

增加收入投資，是指通過擴大企業生產經營規模或增加行銷活動來增加收入，進而增加利潤的投資。

降低成本投資，是指企業維持現有的經營規模，通過投資來降低生產經營中的成本費用，間接增加企業利潤的投資。

6. 按照項目投資之間的關係不同，分為相關性投資、獨立性投資與互斥性投資

相關性投資，是指當採納或放棄某個投資項目時，會使另外一個投資項目的經濟指標發生顯著變動，如對油田和輸油管道的投資、對車間廠房與生產設備的投資等都屬於相關性投資。

獨立性投資，是指當採納或放棄某一投資項目時，並不影響另一項目的經濟指標，如一個製造公司在專用機床上的投資和在辦公設施上的投資，就是兩個不相關的投資項目，屬於獨立性投資。

互斥性投資，是指接受了某一項目，必須拒絕其他項目的投資。即便所有的互斥項目通過可行性研究，均可以接受，也只能選擇其中的一個，如在一塊土地上興建一個兒童樂園或者建造一個運動場，就屬於互斥性投資。

三、項目計算期的構成與資金投入方式

項目計算期是指投資項目從投資建設開始到最終清理結束整個過程的全部時間，即該項目的有效持續期間。完整的項目計算期包括建設期和生產經營期。其中，建設期（記作 s）的第一年年初（記作第 0 年）作為建設起點，建設期的最後一年年末（記作 n 年）作為投產日。從投產日到終結點之間的時間間隔稱為生產經營期（記作 p）。項目計算期包括建設期和生產經營期，關係如圖 6-1 所示。

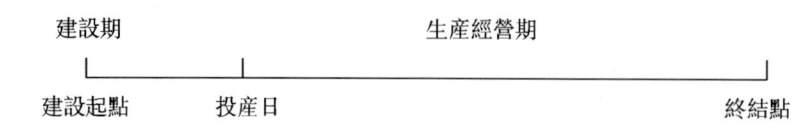

```
建設期              生產經營期
|────────|──────────────────────|
建設起點   投產日                  終結點
```

圖 6-1　項目計算期構成圖

　　財務管理討論的項目投資，其投資主體是企業，而非個人、政府或專業投資機構。企業從金融市場上籌集資金，然後投資於固定資產和流動資產，期望能運用這些資產賺取報酬，增加企業價值。企業是資金市場上取得資金的一方，取得資金後所進行的投資，其報酬必須超過金融市場上提供資金者要求的報酬率，超過部分才可以增加企業價值。如果投資報酬率低於資金提供者要求的報酬率，將會減少企業價值。

　　從時間特徵上看，企業將資金投入具體投資項目的方式有一次投入和分次投入兩種。一次投入方式是指投資行為集中一次發生在項目計算期第一個年度的某一時間點；如果投資行為涉及兩個或兩個以上年度，或者雖只涉及一個年度，但同時在該年的不同時間點發生，則屬於分次投入方式。

第四節　現金流量及淨現金流量的確定

一、項目投資的現金流量估計

(一)　現金流量的概念

　　現金流量是指一個項目引起的企業現金支出和現金收入增加的數量。這裡的「現金」是廣義的現金，不僅包括各種貨幣資金，也包括項目需要企業投入的現有非貨幣資源的變現價值。現金流量是項目投資決策的依據，是運用各種項目投資決策評價方法的基本前提。

　　選擇以現金流量作為評價項目經濟效益的基礎，而不是選擇淨利潤指標，其主要原因如下：

　　第一，採用現金流量有利於科學地考慮時間價值因素。不同時點的資金具有不同的價值，因此，科學的投資決策必須考慮資金的時間價值，一定要弄清每筆預期現金收入和現金支出的具體時點，確定其價值。而利潤的計算是不考慮資金的時間價值的。

　　第二，採用現金流量保證了評價的客觀性。會計政策的可選擇性使利潤的計算受到各種人為因素的影響，而現金流量的計算不受這些因素的影響。這些人為因素包括計提折舊方法、存貨計價方法、間接費用分配方法、成本計算方法等。

　　第三，在項目投資分析中，現金流動狀況比盈虧狀況更為重要，一個項目能否維持下去，不是取決於利潤，而是取決於有無現金用於各種支付。

　　第四，採用現金流量能夠考慮項目投資的逐步回收問題。項目投資中的固定資產投資、無形資產投資以及其他資產投資均屬於項目投資的現金流出，但是項目投資完成後形成的固定資產、無形資產和其他資產都需要通過折舊或攤銷的辦法進入產品成

本，從所取得的收入中得到補償。這部分現金收入不需要馬上進行後續性投資，可以參與企業的生產經營週轉，並在此過程中得以進一步增值，從而產生新的現金流入，為企業帶來未來經濟利益。其未來經濟利益的多少和期限也是企業項目投資決策必須考慮的重要因素。

(二) 現金流量的內容

按照投資項目的投資時間，我們可以將投資項目引起的現金流量變化分為以下幾個部分：

1. 初始現金流量

初始現金流量是指開始投資時發生的現金流量，一般指現金的流出。

(1) 建設投資

建設投資是建設期發生的主要現金流出量，包括固定資產投資、無形資產投資和其他資產投資。

固定資產投資，通常指房屋、建築物、生產設備等的購入或建造成本、運輸成本和安裝成本等，應按項目規模和投資計劃所確定的各項建築工程費用、設備購置費用、安裝工程費用和其他費用來估算。

無形資產投資，主要包括土地使用權、專利權、商標權、特許權等方面的投資。其他投資費用，是指與投資項目有關的諮詢費、註冊費、人員培訓費等。無形資產投資和其他資產投資，則應根據需要逐項按照有關資產的評估方法和計價標準進行估算。

(2) 墊付的流動資金

流動資金是項目投產後為保證其生產經營活動得以正常進行所必需的週轉資金，應根據墊付材料、在產品、產成品和現金等流動資產的價值估算。

流動資金投資屬於墊付週轉金，其資金投入方式也包括一次投入和分次投入兩種形式。在理論上，投產第一年所需的流動資金應在項目投產前安排，即第一次投資應發生在建設期末，以後分次投資則陸續發生在生產經營期內前若干年的年末。為了簡化計算，本章假定流動資金投資為一次投入，發生在建設期末。

2. 營業現金流量

營業現金流量是指投資項目整個經營期內生產經營活動導致的現金流入和流出。

(1) 營業收入

營業收入是指項目投產後，因生產產品或提供勞務而使公司每年增加的現金流入，這是投資項目經營期最主要的現金流入量。營業收入本來屬於時期指標，為簡化計算，假定營業收入發生於生產經營期各年的年末。

(2) 付現的營運成本

付現的營運成本是指所有以現金支出的各種成本和費用，包括稅金及附加等，不包括所得稅支出。它是項目投產後最主要的現金流出，如材料費、人工費、設備維修費等。這裡須注意固定資產折舊、無形資產攤銷等項目，在權責發生制的財務會計中是費用，但並不需要支付現金，因此不是付現的營運成本。付現的營運成本也屬於時期指標，為簡化計算，可假定其發生在生產經營期各年的年末。

（3）支付的各項稅款

支付的各項稅款，是指生產經營期內企業實際支付的流轉稅、所得稅等。這裡主要是指項目投產後依法繳納的所得稅。

3. 終結現金流量

終結現金流量，是指項目完結時發生的現金流量。

（1）回收的固定資產殘值

回收的固定資產殘值是指投資項目的固定資產出售或報廢時的變賣收入。此項現金流入一般發生在項目計算期最後一年的年末，即發生在項目計算期的終結點。

（2）回收的流動資金

投資項目出售或報廢時，原流動資金投資可用於其他目的，回收的流動資金也屬於項目投資現金流入量的構成內容。為簡化計算，假定生產經營期內不存在因加速週轉而提前回收流動資金的情況，此時終結點一次回收的流動資金必然等於各年墊支的流動資金投資額的合計數。

二、現金淨流量的含義和計算

因為項目投資的投入、回收以及收益的形成均以現金流量的形式來表現，所以，在項目計算期的各個階段都有可能發生現金流量，必須逐年估算每一時點上的現金流入量和現金流出量，並計算該時點的現金淨流量，從而正確進行項目投資管理。現金淨流量是計算項目投資決策評價指標的基礎數據。

項目投資的現金淨流量（以 NCF 表示）是指投資項目週期內現金流入量和現金流出量的差額。當現金流入量大於現金流出量時，現金淨流量為正值；反之，現金淨流量為負值。其理論計算公式為：

某年現金淨流量（NCF_t）= 該年現金流入量−該年現金流出量

$$= CI_t - CO_t \quad (t=0, 1, 2, \cdots, n)$$

現金淨流量又包括所得稅稅前現金淨流量和所得稅稅後現金淨流量兩種形式。前者不受籌資方案和所得稅政策變化的影響，是全面反應投資項目方案本身財務獲利能力的基礎數據。計算時，現金流出量的內容中不考慮所得稅因素；後者則將所得稅視為現金流出，可用於評價在考慮所得稅因素時項目投資對企業價值所做出的貢獻，可以在稅前現金淨流量的基礎上，直接扣除所得稅求得。

初始投資時現金淨流量＝−初始投資額

= −（建設投資＋墊支流動資金）

營業現金淨流量＝營業收入−付現成本−所得稅

＝營業收入−（營業成本−折舊與攤銷）−所得稅

＝營業收入−營業成本−所得稅＋折舊與攤銷

＝（營業收入−營業成本）（1−所得稅稅率）＋折舊與攤銷

＝稅後淨利潤＋折舊與攤銷

終結期的現金淨流量＝固定資產的殘值或變價收入＋原墊支的流動資金的回收

【例6-1】 某公司準備購入一設備以擴充生產能力，現有甲、乙兩個方案可供選擇。假設所得稅稅率為25%，公司資金成本率為10%。

甲方案需投資30,000元，使用壽命為5年，採用直線法計提折舊，5年後設備無殘值，5年中每年銷售收入為15,000元，每年付現成本為5,000元。

乙方案需投資40,000元，使用壽命、折舊方法與甲方案相同，5年後有殘值收入5,000元。5年中每年銷售收入為18,000元，付現成本第一年為6,000元，以後隨著設備的日益老化，逐年將增加修理費300元。開始投資時還需墊支營運資金3,000元。

要求計算兩個方案各年的淨現金流量。

（1）甲方案每年折舊額＝30,000÷5＝6,000（元）

$NCF_0 = -30,000$（元）

$NCF_{1-5} = 15,000 - 5,000 - (15,000 - 5,000 - 6,000) \times 25\% = 9,000$（元）

（2）乙方案每年折舊額＝（40,000-5,000）÷5＝7,000（元）

$NCF_0 = -(40,000 + 3,000) = -43,000$（元）

$NCF_1 = 18,000 - 6,000 - (18,000 - 6,000 - 7,000) \times 25\% = 10,750$（元）

$NCF_2 = 18,000 - 6,300 - (18,000 - 6,300 - 7,000) \times 25\% = 10,525$（元）

$NCF_3 = 18,000 - 6,600 - (18,000 - 6,600 - 7,000) \times 25\% = 10,300$（元）

$NCF_4 = 18,000 - 6,900 - (18,000 - 6,900 - 7,000) \times 25\% = 10,075$（元）

$NCF_5 = 18,000 - 7,200 - (18,000 - 7,200 - 7,000) \times 25\% + 5,000 + 3,000 = 17,850$（元）

第五節　項目投資決策的方法

一、項目投資決策評價指標及其類型

（一）項目投資決策評價指標

項目投資決策評價指標是指用於衡量和比較投資項目可行性，據以進行方案決策的定量化標準與尺度。它主要包括靜態投資回收期、會計收益率、淨現值、淨現值率、獲利指數、內含報酬率等。

（二）項目投資決策指標的類型

1. 按照是否考慮資金時間價值因素，分為非貼現現金流量指標和貼現現金流量指標

非貼現現金流量指標是指在指標計算過程中不考慮資金時間價值因素的指標，主要包括靜態投資回收期、會計收益率等，一般用於對眾多投資方案的初選。

貼現現金流量指標是指在指標計算過程中充分考慮和利用資金時間價值的指標，主要包括淨現值、淨現值率、獲利指數、內含報酬率等，一般用於對投資方案的最終選擇。

2. 按照數量特徵的不同，可分為絕對量指標和相對量指標

絕對量指標是指通過計算最終得到的指標是絕對數，包括靜態投資回收期和淨現

值，一般不便於不同投資規模方案的比較。相對量指標是指通過計算最終得到的指標是相對數，包括會計收益率、淨現值率、獲利指數、內含報酬率。

3. 按照指標性質的不同，可分為正指標和反指標

所謂正指標，是指在一定範圍內其數值越大越好的指標，即指標值的大小與投資項目的好壞成正相關關係，如會計收益率、淨現值、淨現值率、獲利指數、內含報酬率均屬於正指標。所謂反指標是指在一定範圍內其數值越小越好的指標，即指標值的大小與投資項目的好壞成負相關關係，如靜態投資回收期就屬於反指標。

二、靜態評價指標的概念、計算方法及特點

（一）靜態投資回收期

1. 靜態投資回收期的概念及計算

靜態投資回收期（簡稱回收期），指的是自項目投資方案實施起，至收回初始投入資本所需的時間，即能夠使此方案相關的累計現金流入量等於累計現金流出量的時間。它有「包括建設期的靜態投資回收期（記作 PP）」和「不包括建設期的靜態投資回收期（記作 PP'）」兩種形式。顯然，在建設期為 s 時，$PP'+s=PP$。只要求出其中一種形式，就可很方便推算出另一種形式。

靜態投資回收期一般以年為單位，是一種使用很久、很廣的投資決策指標。在評價投資可行性時，包括建設期的靜態投資回收期比不包括建設期的靜態投資回收期用途更廣泛。

靜態投資回收期的具體計算方法有兩種，一種是公式法，一種是列表法。

（1）公式法

公式法是指在按一定簡化公式直接計算出不包括建設期的投資回收期的基礎上，再推算出包括建設期的投資回收期的方法。

如果投資項目的投資均集中發生在建設期內，投產後若干年內，每年的淨現金流量相等，則可按以下簡化公式直接求出不包括建設期的投資回收期：

$$不包括建設期的投資回收期(PP') = \frac{原始投資額}{投資後若干年內相等的淨現金流量}$$

在計算出不包括建設期的投資回收期 PP' 的基礎上，將其與建設期 s 代入下式，即可求出包括建設期的投資回收期 PP：

$$PP = PP' + s$$

公式法所要求的應用條件比較特殊，包括：項目生產經營期內前若干年內每年的淨現金流量必須相等，這些年內的淨現金流量之和應大於或等於建設期發生的原始投資合計。如果不能滿足上述條件，就無法採用這種方法，必須採用列表法。

【例6-2】天宇公司某投資項目的現金淨流量如下：第0年建設期現金淨流量為 $-1,150$ 萬元，建設期為1年，投產後第1到9年經營期現金淨流量為175萬元，第10年項目終結現金流量為325萬元。判斷是否可利用公式法計算靜態回收期，如果可以，計算其結果。

依題意：

投產後 1~9 年淨現金流量相等，
生產經營期前 9 年每年淨現金流量 = 175 萬元
建設期發生的原始投資合計 = 1,150（萬元）
前 9 年現金淨流量之和 = 9×175 = 1,575（萬元）＞原始投資額 = 1,150（萬元）
因此可以使用簡化公式計算靜態回收期：
不包括建設期的投資回收期 $PP' = 1,150 \div 175 = 6.57$（年）
包括建設期的投資回收期 $PP = PP' + s = 6.57 + 1 = 7.57$（年）

（2）列表法

所謂列表法，是指通過列表計算「累計淨現金流量」的方式，來確定包括建設期的靜態投資回收期，進而推算出不包括建設期的靜態投資回收期的方法。這是確定靜態投資回收期的一般方法。

該方法的原理是：按照投資回收期的定義，包括建設期的投資回收期 PP 滿足以下關係式：

$$\sum_{t=0}^{PP} NCF_t = 0$$

這表明在現金流量表的「累計淨現金流量」一欄中，包括建設期的投資回收期 PP 恰好是累計淨現金流量為零的年限。在計算時有兩種可能：

第一，在「累計淨現金流量」一欄中可以直接找到零，那麼零所在列的 t 值即為所求的包括建設期的投資回收期 PP。

第二，無法在「累計淨現金流量」一欄中直接找到零，那麼，計算投資回收期要根據每年年末尚未回收的投資額加以確定，可按下式進行計算：

包括建設期的投資回收期（PP）

$= T - 1 + \dfrac{第（T-1）年的累積淨現金流量的絕對值即年末尚未回收的投資額}{第\ T\ 年的淨現金流量}$

式中，T 為項目各年累積淨現金流量首次為正值的年份。

【例 6-3】列表法編製的表格如表 6-1 所示。

表 6-1　　　　　　　　某固定資產投資項目現金流量表　　　　　　單位：萬元

項目計算期 （第 t 年）	建設期		經		營			期		合計
	0	1	2	3	4	5	6	7	8	11	
現金淨流量	-1,100	-50	175	175	175	175	175	175	175	325	750
累計現金淨流量	-1,100	-1,150	-975	-800	-625	-450	-275	-100	+75	+1,100	

因為第 7 年的累計淨現金流量小於零，第 8 年的累計淨現金流量大於零，因此：

包括建設期的投資回收期 $PP = 7 + \dfrac{-100}{175} \approx 7.57$（年）

不包括建設期的投資回收期 $PP' = 7.57 - 1 = 6.57$（年）

本例表明，按列表法計算的結果與按公式法計算的結果相同。

2. 靜態投資回收期的決策規則

運用投資回收期進行互斥選擇投資決策時，應優先選擇投資回收期短的項目；若進行選擇與否投資決策時，則必須設置基準投資回收期，當投資回收期短於或等於基準投資回收期時，項目可以考慮接受，否則應予拒絕。

3. 靜態投資回收期法的優缺點

靜態投資回收期法的優點包括：①容易理解，計算也較簡便；②根據項目的投資回收時間長短評價優劣，有利於加速資本回收，減少投資風險。缺點包括：①沒有考慮資金的時間價值；②沒有考慮回收期以後的現金流量狀況，容易導致錯誤的抉擇，投資回收期法優先考慮急功近利的投資項目，可能導致放棄長期成功的投資項目。在實際工作中，項目投資往往看重的是項目中後期得到的較為豐厚的長久收益。對於這種類型的投資項目，用靜態投資回收期法來判斷其優劣，就顯得片面了。現舉例說明如下：

【例6-4】天宇公司兩個投資項目的預計現金流量如表6-2所示，試計算投資回收期，比較其優劣。

表6-2　　　　　　　　　　投資項目現金流量表　　　　　　　　　單位：萬元

項目	第0年	第1年	第2年	第3年	第4年	第5年
甲方案現金流量	-2,000	1,200	800	700	600	600
乙方案現金流量	-2,000	800	1,200	1,200	1,300	1,400

從表6-2中可以看出，甲、乙兩個項目的投資回收期相同，都是2年，如果用靜態投資回收期進行評價，似乎兩者不相上下，然而這兩個項目的風險是否一樣呢？通過比較，發現並非如此，對於甲和乙兩個項目，其前2年總現金流量為2,000萬元，但甲是從1,200萬元到800萬元，而乙則相反。如果考慮貨幣時間價值，則乙的淨現值要高於甲，而且，從第3年開始，乙項目的現金流量高於甲項目。所以，投資回收期法忽略了回收期以後的現金流量。

(二) 會計收益率

1. 會計收益率的概念及計算

會計收益率（accounting rate of return，ARR）是指項目達到設計生產能力後正常年份內的年均淨收益與項目總投資的比率。這種指標計算簡便，應用範圍很廣。它在計算時使用會計報表上的數據，以及會計的收益和成本觀念。其計算公式為：

會計收益率（ARR）＝年平均收益/原始投資額×100%

【例6-5】天宇公司擬新購建一項固定資產，需在建設起點一次投入全部資金1,100萬元，建設期為一年，墊支營運資金50萬元。投產後第1到9年經營期現金淨流量為175萬元，第10年項目終結期現金流量為325萬元。計算該項目的會計收益率。

$$ARR = \frac{(175 \times 9 + 325) \div 10}{1,100 + 50} \times 100\% = 16.52\%$$

2. 會計收益率的決策規則

運用會計收益率法進行評價時，應首先確定企業要求達到的最低會計收益率。對於互斥項目的決策，在項目會計收益率高於可接受的最低會計收益率時，應優先選擇會計收益率較高的項目；對於獨立項目的決策，當投資項目的會計收益率高於可接受的最低會計收益率時，接受該投資項目。

3. 會計收益率法的優缺點

會計收益率法的優點包括：①簡單易懂，容易計算，並能說明各投資方案的收益水平；②考慮了整個方案在其壽命週期內的全部現金流量。缺點包括：①未考慮資金的時間價值，把第一年的現金流量看作與其他年份具有相同的價值，有時會做出錯誤的決策；②在會計收益率相同的情況下無法做出決策。會計收益率通常不作為獨立的投資決策評價指標，而是在事後的考核評價中使用。

三、動態評價指標的含義、計算方法及特點

(一) 淨現值

1. 淨現值的概念及計算

所謂淨現值（NPV），是指在項目的整個實施運行過程中，未來各年淨現金流量的現值之和。一般情況下，淨現值就是投資項目投產後的淨現金流入量，按照項目的必要報酬率折現後的現值，再減去初始投資額的餘額。

淨現值的基本公式是：

$$淨現值（NPV） = \sum_{t=0}^{n} \frac{NCF_t}{(1+i)^t}$$

式中，n 表示項目的實施運行時間（年份），NCF_t 表示在項目實施第 t 年的淨現金流量，i 是預定的貼現率，t 表示年數（$t=0, 1, 2, \cdots, n$）

計算淨現值，可按照如下步驟進行：

第一步：計算每年的現金淨流量。

第二步：確定或選擇適當的貼現率。貼現率的選擇有兩種辦法，一種是根據資本成本來確定，一種是根據企業要求的最低資金利潤率（即必要報酬率）來確定。

第三步：計算各年現金淨流量的現值之和，即淨現值。如果每年的 NCF 相等，則按年金形式折成現值；如果每年的 NCF 不相等，則先對每年的 NCF 進行貼現，然後加以合計。

【例6-6】天宇公司有 A、B 兩個投資項目要進行決策，其現金流量分佈如表 6-3 所示。

表 6-3　　　　　　　　　　　投資項目現金流量表　　　　　　　　　　單位：萬元

時間	0	1	2	3	4	5
A 方案	-10,000	3,000	3,000	3,000	3,000	3,000
B 方案	-14,000	3,200	4,200	5,200	5,200	5,200

假設投資項目 A 和 B 的必要報酬率均為 10%，請代為天宇公司進行決策。

A、B 兩個項目的各年現金流量及必要報酬率已知，可直接根據這些數據計算其淨現值。

NPV_A = 未來現金淨流入量的現值之和－原始投資

  = $3,000 \times (P/A, 10\%, 5) - 10,000$

  = $1,372.4$（萬元）

$NPV_B = 3,200 \times (P/F, 10\%, 1) + 4,200 \times (P/F, 10\%, 2) + 5,200 \times (P/F, 10\%, 3) + 5,200$
   $\times (P/F, 10\%, 4) + 5,200 \times (P/F, 10\%, 5) - 14,000$

  = $3,067.04$（萬元）

2. 淨現值的內涵

淨現值是一個非常重要的項目投資決策指標，應注意以下幾點：

（1）淨現值是指項目計算期內各年現金淨流量的現值和與投資現值之間的差額，它以現金流量的形式反應投資所得與投資的關係：當淨現值大於零時，意味著投資所得大於投資，該項目具有可取性；當淨現值小於零時，意味著投資所得小於投資，該項目則不具有可取性。

（2）淨現值的計算過程實際就是現金流量的計算及時間價值的計算過程，它的計算實際上就是根據項目計算期內的現金流量的分佈情況，或者按照複利現值進行計算，或者按照年金現值進行計算。

（3）淨現值的大小取決於折現率的大小，其含義也取決於折現率的規定：如果以投資項目的資本成本作為折現率，則淨現值表示按現值計算的該項目的全部收益（或損失）；如果以投資項目的機會成本作為折現率，則淨現值表示按現值計算的該項目比已放棄方案多（或少）獲得的收益；如果以行業平均資金收益率作為折現率，則淨現值表示按現值計算的該項目比行業平均收益水平多（或少）獲得的收益。

（4）實際工作中，可以根據不同階段採用不同的折現率，比如對項目建設期間的現金流量按貸款利率作為折現率，而對經營期的現金流量則按社會平均資金收益率作為折現率。

（5）淨現值指標適用於投資額相同、項目計算期相等的多方案決策。

3. 淨現值的決策規則

淨現值指標所依據的原理是：假設預計的現金流入在年末肯定可以實現，並把原始投資看成按預定折現率借入的。當淨現值為正數時，償還本息後該項目仍有剩餘的收益；當淨現值為零時，償還本息後一無所獲；當淨現值為負數時，該項目收益不足以償還本息。

因此，運用淨現值指標進行決策時，對於獨立的投資項目，以淨現值是否大於 0 作為判斷標準。如果投資項目的淨現值大於 0，說明投資項目帶來的現金流入在支付資金成本後仍有剩餘，則投資項目可行；對於互斥項目，則應在淨現值大於 0 的項目中選擇該值最大的投資項目。

從例 6-6 的計算中可以看出，兩個項目的淨現值均大於零，說明 A 項目和 B 項目的報酬率均超過了預定的貼現率，故都是可取的，但 B 項目的淨現值 3,067.04 萬元大

於 A 項目的 1,372.4 萬元，故天宇公司應選用 B 項目。

4. 淨現值法的優缺點

淨現值法的優點主要有：①它充分考慮了貨幣時間價值，不僅估算了現金流量的數額，而且還考慮了現金流量的時間；②它能反應投資項目在其整個經濟年限內的總效益；③它可以根據未來需要來改變貼現率，因為項目的經濟年限越長，貼現率變動的可能性越大，在計算淨現值時，只需改變公式中的分母就行了。

淨現值法的缺點主要有：①不能揭示各投資項目本身可能達到的實際報酬率是多少，如不同投資項目間投資額大的同時淨現值也大，此時僅用淨現值法來判斷評價方案，就顯得不恰當了；②淨現金流量測算和貼現率確定困難，而它們的正確性對計算淨現值有著重要影響。

(二) 現值指數

1. 現值指數的概念及計算

所謂現值指數（PVI），指的是在投資項目的整個實施運行過程中，投產後各年現金淨流量的現值合計與原始投資現值合計之間的比值。即：

現值指數 PVI＝投產後各年現金淨流量的現值合計÷原始投資現值合計

$$PVI = \sum_{t=s+1}^{n} \frac{NCF_t}{(1+i)^t} \div A_0$$

$$= 1 + 淨現值 / 初始投資額$$

式中，NCF_t、s、n、t 和 i 所代表的內容與淨現值公式中的內容相同。

現值指數和淨現值的區別在於，它不是簡單地計算投資方案投產後各年現金淨流量的現值合計與原始投資額現值合計的差額，而是計算兩者的比值，它的經濟意義是每元投資投產後可以獲得的現金淨流量的現值數。這個指標可以使不同方案具有共同的可比基礎，因而具有較廣泛的適用性。

【例 6-7】根據【例 6-6】的資料（表 6-3），分別計算天宇公司 A 項目和 B 項目的獲利指數。

$PVI_A = 1 + 1,372.4/10,000 = 1.137,2$

$PVI_B = 1 + 3,067.04/14,000 = 1.219,1$

2. 現值指數與淨現值

理解現值指數的內涵，關鍵要理解其與淨現值之間的關係：

(1) 現值指數是以相對數形式將項目計算期內各年現金淨流量的現值和與投資現值進行比較，而淨現值則是以絕對數形式將項目計算期內各年現金淨流量的現值和與投資現值進行比較。前者是除的關係，後者是減的關係，計算區別僅在於此。

(2) 現值指數往往作為淨現值的輔助指標使用，一般並不單獨使用。

(3) 淨現值和現值指數的計算都是在假定貼現率的基礎上進行的，但是如何確定貼現率卻有一定的難度。

3. 現值指數的決策規則

運用現值指數法評價方案時，對於獨立項目的決策，現值指數應大於或等於 1，表

明該項目的報酬率大於或等於預定的投資報酬率，項目可行；反之，則項目不可行。

從以上計算可以看出，A 項目和 B 項目的現值指數都大於 1，說明 A 項目和 B 項目的報酬率均超過了預定的貼現率，故對兩個項目都可進行投資。

4. 現值指數法的優缺點

現值指數法的優點在於：①考慮了資金的時間價值，能夠真實地反應投資項目的盈虧程度；②與淨現值相比，現值指數是一個相對數，能正確地反應各投資方案的經濟效率。現值指數法的缺點則是其概念比較抽象，不便於理解，並且仍然無法直接反應投資項目的實際收益率。

(三) 內含報酬率

1. 內含報酬率的概念及計算

內含報酬率 (IRR)，又稱內部報酬率或內部收益率，是在整個投資項目的實施運行過程中，能夠使項目的淨現值為零的報酬率。

淨現值、淨現值率和獲利指數雖然考慮了時間價值，可以說明投資項目的報酬率高於或低於某一特定的投資報酬率，但沒有揭示方案本身可以達到的具體的報酬率是多少。而內含報酬率是根據項目的現金流量計算的，是項目本身實際達到的投資報酬率。目前越來越多的企業使用該項指標對投資項目進行評價。

內含報酬率用公式表示則為：

$$\sum_{t=0}^{n} \frac{NCF_t}{(1+i)^n} = 0$$

式中：NCF_t、n、t 和 i 所代表的內容與淨現值公式中的內容相同。

內含報酬率的計算比較複雜，通常根據未來現金流量的情況，可以採用以下兩種方法：

(1) 如果沒有建設期，投產後各年的現金淨流量 (NCF) 相等，則按下列步驟計算：

第一步：計算年金現值系數。

年金現值系數=原始投資總額/每年現金淨流量 (NCF)

第二步：查年金現值系數表。在相同的期數內，找出與上述年金現值系數相等的系數，所對應的貼現率恰好就是所求的內含報酬率；若在相同的期數內找不到上述年金現值系數，則找出與其相鄰近兩個年金現值系數及其所對應的較大和較小的兩個貼現率。

第三步：根據上述兩個鄰近的貼現率和已求得的年金現值系數，採用插值法計算出該投資項目的內含報酬率。

(2) 如果每年的淨現金流量 (NCF) 不相等，則需要按下列步驟計算：

第一步：先預估一個貼現率，並按此貼現率計算淨現值。如果計算出的淨現值為正數，則表示預估的貼現率小於該項目的實際內含報酬率，應提高貼現率再進行測算；如果計算出的淨現值為負數，則表明預估的貼現率大於該方案的實際內含報酬率，應降低貼現率再進行測算。經過如此反覆測算，找到淨現值由正到負並且接近於零的兩

個貼現率。

第二步：根據上述鄰近的貼現率及其對應的一正一負兩個淨現值，再採用插值法計算出項目的內含報酬率。

【例6-8】根據【例6-6】的資料（表6-3），計算天宇公司A、B兩個項目的內含報酬率。

（1）A項目的每年淨現金流量（NCF）相等，因而，可採用如下方法計算內含報酬率。

年金現值系數＝原始投資總額／每年的現金淨流量（NCF）
$$= 10,000/3,000 = 3.333,3$$

查年金現值系數表，第五期與3.333,3相鄰近的年金現值系數分別為3.352,2和3.274,3，它們所對應的貼現率分別是15%和16%，由此可知所要求的內含報酬率在15%到16%之間，然後用插值法計算，設內含報酬率為X，則：

$$\frac{X-15\%}{16\%-15\%} = \frac{3.333,3-3.352,2}{3.274,3-3.352,2}$$

解方程得：

$X = 15.24\%$

A項目的內含報酬率＝15.24%

（2）B項目的每年淨現金流量（NCF）不相等，必須逐次進行測算。測算過程如表6-4所示。

表6-4　　　　　　　　B項目內含報酬率逐次測試表　　　　　　　　單位：萬元

年度	NCF_t	測試 16% 複利現值系數	現值	測試 18% 複利現值系數	現值
0	-14,000	1.000,0	-14,000	1.000,0	-31,000
1	3,200	0.862,1	2,758.72	0.847,5	2,712.00
2	4,200	0.743,2	3,121.44	0.718,2	3,016.44
3	5,200	0.640,7	3,331.64	0.608,6	3,164.72
4	5,200	0.552,3	2,871.96	0.515,8	2,682.16
5	5,200	0.476,2	2,476.24	0.437,1	2,272.92
NPV	—	—	560.00	—	-151.76

在表6-4中，先按16%的貼現率進行測算，淨現值為正數，再把貼現率提高到18%，進行第二次測算，淨現值為負數。這說明該項目的內部報酬率一定在16%到18%之間。然後用插值法計算，設內含報酬率為X，則：

$$\frac{X-16\%}{18\%-16\%} = \frac{0-560}{-151.76-560}$$

解方程得：

$X = 17.57\%$

B項目的內含報酬率＝16%+1.57%＝17.57%

2. 內含報酬率的決策規則

運用內含報酬率指標評價方案時，對於獨立項目的決策，如果計算出的內含報酬率大於或等於企業所要求的必要報酬率，則項目可行；反之，則項目不可行。

【例6-6】中，如果設置的基準貼現率為10%，從以上計算可以看出，A項目的內含報酬率為15.24%，B項目內含報酬率為17.57%，兩個項目均可採納。

3. 內含報酬率法的優缺點

內含報酬率法有以下優點：①它充分考慮了資金的時間價值，能反應投資項目本身的真實報酬率；②不受基準貼現率高低的影響，比較客觀。

內含報酬率法的缺點則在於：①計算過程比較複雜，特別是對於每年 NCF 不相等的投資項目，一般需要兩次或多次測算才能求得；②內含報酬率隱含了再投資假設，即各年的淨現金流量流入後是假定各個項目在其全過程內是按各自的內含報酬率進行再投資而形成增值。這一假定具有較大的主觀性，缺乏客觀的經濟依據。

(四) 動態指標之間的關係

淨現值 NPV、現值指數 PVI 和內部收益率 IRR 指標之間存在以下數量關係，即：

當 $NPV>0$ 時，$PVI>1$，$IRR>i$；

當 $NPV=0$ 時，$PVI=1$，$IRR=i$；

當 $NPV<0$ 時，$PVI<1$，$IRR<i$。

這些指標都會受到建設期的時長、投資方式，以及各年現金淨流量的數量特徵的影響。所不同的是，NPV 為絕對數指標，其餘為相對數指標，計算淨現值 NPV、現值指數 PVI 所依據的折現率都是事先已知的 i，而內部收益率 IRR 的計算本身與折現率 i 的高低無關。

第六節　項目投資決策評價指標的運用

一、固定資產是否更新決策

固定資產更新是對技術上或經濟上不宜繼續使用的舊資產，用新的資產更換，或用先進的技術對原有設備進行局部改造。因為舊設備總可以通過修理繼續使用，所以更新決策是關於繼續使用舊設備還是購置新設備的選擇。

更新決策不同於一般的投資決策。更新決策的現金流量主要是現金流出。即使有少量的殘值變現收入，也屬於支出抵減，而非實質上的流入增加。因此，較好的分析方法是比較繼續使用和更新的年成本，以較低者作為好方案。

【例6-9】某企業有一個舊設備，工程技術人員提出更新要求，資料如表6-5所示。

表 6-5　　　　　　　　　　　　　設備更新方案對比情況表

	舊設備	新設備
原值（元）	2,200	2,400
預計使用年限	10	10
已經使用年限	4	0
最終殘值（元）	200	300
變現價值（元）	600	2,400
年運行成本（元）	700	400

假定該企業要求的最低報酬率是15%，要求進行新舊設備的更新決策。
（1）不考慮貨幣時間價值
舊設備年平均成本＝（600+700×6-200）/6＝767（元）
新設備年平均成本＝（2,400+400×10-300）/10＝610（元）
新設備的年平均成本小於舊設備的年平均成本，所以選擇新設備，更新舊設備。
（2）考慮貨幣時間價值
舊設備年平均成本
＝[600+700×(P/A,15%,6)-200×(P/F,15%,6)]/(P/A,15%,6)
＝(600+700×3.784-200×0.432)/3.784
＝836
新設備年平均成本
＝[2,400+400×(P/A,15%,10)-300×(P/F,15%,10)]/(P/A,15%,10)
＝(2,400+400×5.019-300×0.247)/5.019
＝863
新設備年平均成本大於舊設備年平均成本，因此選擇繼續使用舊設備。
使用設備年平均成本法需要注意的問題：

第一，年平均成本法就是把繼續使用舊設備和購置新設備看成兩個互斥的方案，而不是一個更換設備的特定方案。即從局外人的角度來考察：一個方案是用600元購置舊設備，可使用6年；另外一個方案是用2,400元購置新設備，可使用10年。在此基礎上比較年均成本誰高誰低，並做出選擇。

第二，年平均成本法的假設前提是將來設備更換時，可以按照原來的年平均成本找到可替代的設備。例如舊設備6年後報廢時，仍然可以找到使用年平均成本為836元的替代設備。如果有證據表示，6年後可替代設備年平均成本會高於當前的更新設備的年平均成本（863元），則需要把6年後的更新成本納入分析範圍，合併計算當前使用舊設備以及6年後更新設備的綜合平均成本，然後與當前更新設備的年平均成本比較。這會成為多階段決策問題。

二、固定資產的經濟壽命的判斷決策

通過固定資產年平均成本概念，我們很容易發現，固定資產的使用初期運行費比

較低，以後隨著設備逐漸陳舊，性能變差，維護費用、修理費用和能源消耗會逐漸增加。與此同時固定資產價值逐漸減少，資產占用的資金應計利息也會逐漸減少。隨著時間的遞延，運行成本和持有成本呈反方向變化，兩者之和呈馬鞍形，這樣必然存在一個最經濟的使用年限，如圖6-2所示。

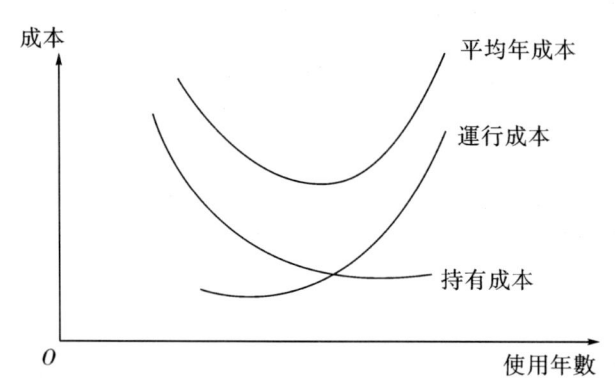

圖6-2 固定資產經濟壽命

設：C——固定資產原值；

S_n——n年後固定資產餘值；

C_t——第t年運行成本；

n——預計使用年限；

I——投資最低報酬率；

UAC——固定資產年平均成本。

則：$UAC = [C - S_n/(1+i)^n + \sum_{t=1}^{n} \frac{C_t}{(1+i)^t}] \div (P/A, i, n)$

【例6-10】某固定資產原值為1,400萬元，運行成本逐年增加，折餘價值逐年下降。有關數據如表6-6所示。

表6-6　　　　　　　　　　　固定資產的經濟壽命　　　　　　　　　　單位：萬元

更新年限	1	2	3	4	5	6	7	8
原值①	1,400	1,400	1,400	1,400	1,400	1,400	1,400	1,400
餘值②	1,000	760	600	460	340	240	160	100
貼現系數③$I=8\%$	0.926	0.857	0.794	0.735	0.681	0.630	0.583	0.541
餘值現值④=②×③	926	651	476	338	232	151	93	54
運行成本⑤	200	220	250	290	340	400	450	500
運行成本現值⑥=⑤×③	185	189	199	213	232	252	262	271
更新時運行成本現值⑦=∑⑥	185	374	573	786	1,018	1,270	1,532	1,803
現值總成本⑧=①-④+⑦	659	1,123	573	1,848	2,186	2,519	2,839	3,149
年金現值系數⑨$I=8\%$	0.926	1.783	2.577	3.312	3.399	4.623	5.206	5.749
平均年成本⑩=⑧÷⑨	711.7	629.8	580.9	558.0	547.5	544.9	545.3	547.8

該項資產在使用6年後更新為宜。因為此時的年平均成本是544.9萬元，比其他時間更新的年平均成本都要低。6年是該設備的經濟壽命。

思考與練習

一、簡答題

1. 什麼是投資項目的可行性研究？它包括哪些內容？
2. 什麼是項目投資？項目投資的特點有哪些？
3. 財務管理中的現金與財務會計中的現金有何異同點？
4. 為什麼投資決策要用現金流量而不是利潤進行計算？
5. 現金流量包括哪些內容？
6. 簡述淨現值與內含報酬率的聯繫與區別。
7. 簡述淨現值與獲利指數的聯繫與區別。
8. 簡述靜態投資回收期法的優缺點。
9. 當投資額不同或項目計算期不等時，如何才能正確決策？
10. 對於獨立項目如何進行評價？

二、計算題

1. 某公司來年擬投資A項目，經過可行性分析，有關資料如下：

（1）A項目共需固定資產投資4,500萬元，其中第一年年初一次投入4,500萬元，建設期為一年，第一年年末全部竣工交付使用。

（2）A項目投產時需墊支流動資金500萬元，用於購買材料、支付工資等。

（3）A項目經營期預計為五年，固定資產按直線法計提折舊。A項目正常終結處理時殘餘價值為500萬元。

（4）根據市場預測，A項目投產後第一年營業收入為3,200萬元，以後四年每年營業收入均為4,200萬元。第一年的付現成本為1,500萬元，以後四年每年的付現成本均為2,100萬元。

（5）假設該企業適用的所得稅稅率為25%。

【要求】
試計算A項目預計五年的現金流量。

2. 某公司有兩個投資項目可供選擇，其中：

（1）A項目的現金淨流量如下：第0年現金淨流量為-2,000萬元，當年建設當年投產，投產後第1年到第5年的現金淨流量為625萬元。

（2）B項目的現金淨流量如下：第0年現金淨流量為-3,100萬元，當年建設當年投產，投產後第1年到第5年的現金淨流量分別為850萬元、775萬元、700萬元、625萬元、1,650萬元。

【要求】

（1）試計算 A 項目和 B 項目的靜態投資回收期；

（2）試計算 A 項目和 B 項目的會計收益率。

3. 神龍公司擬投資一項目，投資額為 1,000 萬元，使用壽命期為 5 年，5 年中每年銷售收入為 800 萬元，付現成本為 500 萬元，假定所得稅稅率為 20%，固定資產殘值不計，資金成本率為 10%。

【要求】

（1）計算該項目的年營業現金淨流量；

（2）計算投資回收期；

（3）計算該項目的 NPV；

（4）當資金成本率為 15% 時，該項目投資是否可行？

4. 某公司現有資金 200 萬元可用於以下投資項目 A 或 B。

A 項目：購入國庫券（五年期，年利率為 14%，不計複利，到期一次支付本息）。

B 項目：購買新設備，使用期為五年，預計殘值收入為設備總額的 10%，按直線法計提折舊；設備交付使用後每年可以實現 24 萬元的稅前利潤。該企業的資金成本率為 10%，適用所得稅稅率為 25%。

【要求】

（1）計算投資項目 A 的淨現值。

（2）計算投資項目 B 各年的現金流量及淨現值。

（3）運用淨現值法對上述投資項目進行選擇。

5. 已知宏達公司擬於 2000 年年初用自有資金購置設備一壹，需一次性投資 100 萬元。經測算，該設備使用壽命為 5 年，稅法亦允許按 5 年計提折舊；設備投入運營後每年可新增利潤 20 萬元（淨利潤）。假定該設備按直線法折舊，預計的淨殘值率為 5%；不考慮建設安裝期和公司所得稅。

【要求】

（1）計算使用期內各年淨現金流量。

（2）計算該設備的靜態投資回收期。

（3）如果以 10% 作為折現率，計算其淨現值。

6. 某公司正在考慮一項初始投資為 5,420 萬元的投資項目，該項目預計年限為 5 年，每年年末將產生 2,060 元的淨現金流量，第 5 年年末設備殘值收入為 320 元。公司要求的收益率為 15%。

【要求】

（1）計算該項目的淨現值；

（2）計算該項目的淨現值率；

（3）計算該項目的獲利指數；

（4）計算該項目的內含報酬率；

（5）判斷是否採納這一項目。

第七章　營運資金管理

案例導讀：

　　海爾集團創立於 1984 年，在首席執行官張瑞敏的領導下，先後實施了名牌戰略、多元化戰略、國際化戰略和全球化品牌戰略。對於眾多中國企業來說，應收帳款和庫存是兩個沉重的包袱，特別是在現金為王的金融危機時代。海爾在 1998 年就在中國市場率先實行「現款現貨」。當時海爾也遇到了很大的阻力，因為在當時的形勢下沒有一家企業認為有必要這麼做，但是海爾還是堅持了下來，在金融危機來臨時避免了很多損失。2008 年 7 月，海爾在現款現貨的基礎上，又提出防止「兩多兩少」：防止庫存多、應收多、利潤少、現金少。具體措施就是探索「零庫存下的即需即供」，取消倉庫，推行按訂單生產的戰略，有效避免了庫存和存貨貶值。

　　要實現零庫存下的即需即供，第一個目標必須是零庫存：海爾的採購、生產都來源於真正的訂單，按單銷售、按單生產、按單採購，消滅成品、在產品、原材料庫存。第二個目標必須是即需即供：客戶的訂單必須在第一時間完成將產品交付客戶手中，客戶的訂單下達週期也可以縮短，從而減少客戶的資金占用。零庫存是以快速響應和滿足用戶訂單需求的速度消滅庫存空間，即用時間消滅空間。海爾通過按單生產，通過即時制（just in time，JIT）採購、即時制送料、即時制配送三個 JIT 打通供應鏈的各環節，把物流變成一條流動的河，使其不斷地流動。

第一節　營運資金的含義與特點

一、營運資金的含義

　　營運資金是指流動資產減去流動負債後的餘額。營運資金的管理包括流動資產的管理和流動負債的管理。

　　流動資產是指可以在一年以內或超過一個營業週期內變現或運用的資產，企業擁有較多的流動資產可在一定程度上降低財務風險。流動資產按用途分為臨時性流動資產和永久性流動資產，臨時性流動資產是指隨生產的週期性或季節性需求變化而變化的流動資產；永久性流動資產是指滿足企業一定時期生產經營最低需要的那部分流動資產。

　　流動負債指需要在一年或者超過一年的一個營業週期內償還的債務。流動負債按

形成原因的不同，可分自發性流動負債和臨時性流動負債：自發性流動負債是指企業在生產經營過程中不需要正式安排，由於結算程序的原因而自然形成一部分貨款的支付時間晚於形成時間的流動負債，如應付帳款、應付票據等，它們是資金的一種長期來源；臨時性流動負債是指為了滿足臨時性流動資金需要所發生的負債，如商業零售企業春節前為滿足節日銷售需要，超量購入貨物而舉借的債務，它是資金的一種短期來源。

當流動資產大於流動負債時，營運資金是正值，表示流動負債提供了部分流動資產的資金來源，另外的部分是由長期資金來源支持的，這部分金額就是營運資本。

二、營運資金的特點

（1）營運資金的週轉時間短。企業占用在流動資產上的資金，通常會在一年或一個營業週期內收回。這一特點說明營運資金可以通過短期籌資方式加以解決。

（2）營運資金的實物形態具有變動性和易變現性。非現金形態的營運資金如存貨、應收帳款、短期有價證券容易變現，這一點對企業應付臨時性的資金需求有重要意義。

（3）營運資金的數量具有波動性。流動資產或流動負債容易受內外條件的影響，數量的波動幅度往往很大。

（4）營運資金的來源具有多樣性。營運資金的需求問題既可通過長期籌資方式解決，也可通過短期籌資方式解決。僅短期籌資就有銀行短期借款、短期融資、商業信用、票據貼現等多種方式。

三、營運資本管理的原則

企業的營運資本在全部資本中佔有相當大的比重，而且週轉期短，形態易變，所以是企業財務管理工作的一項重要內容。實證研究也表明，財務經理的大量時間都用於營運資本的管理。企業進行營運資本管理，必須遵循以下原則。

1. 認真分析生產經營狀況，合理確定營運資本的需要數量

企業營運資本的需要數量與企業生產經營活動有直接關係，當企業產銷兩旺時，流動資產不斷增加，流動負債也會相應增加；而當企業產銷量不斷減少時，流動資產和流動負債也會相應減少。因此，企業財務人員應認真分析生產經營狀況，採用一定的方法預測營運資本的需要數量，以便合理使用營運資本。

2. 在保證生產經營需要的前提下，節約使用資本

在營運資本管理中，必須正確處理保證生產經營需要和節約使用資本二者之間的關係。要在保證生產經營需要的前提下，遵守勤儉節約的原則，挖掘資本潛力，精打細算地使用資本。

3. 加速營運資本週轉，提升資本的利用效果

營運資本週轉是指企業的營運資金從現金投入生產經營開始，到最終轉化為現金的過程。在其他因素不變的情況下，加速營運資本的週轉，也就相應地提升了資本的利用效果。因此，企業要千方百計地加速存貨、應收帳款等流動資產的週轉，以便用有限的資本，取得最優的經濟效益。

4. 合理安排流動資產與流動負債的比例關係，保證企業有足夠的短期償債能力

流動資產、流動負債以及二者之間的關係能較好地反應企業的短期償債能力。流動負債是在短期內需要償還的債務，而流動資產則是在短期內可以轉化為現金的資產。因此，如果一個企業的流動資產比較多，流動負債比較少，說明企業的短期償債能力較強；反之，則說明短期償債能力較弱。但如果企業的流動資產太多，流動負債太少，也並不是正常現象，這可能是因流動資產閒置或流動負債利用不足所致。根據慣例，流動資產是流動負債的一倍是比較合理的。因此，在營運資本管理中，要合理安排流動資產和流動負債的比例關係，以便既節約使用資金，又保證企業有足夠的償債能力。

第二節　現金管理

現金有廣義、狹義之分。廣義的現金是指在生產經營過程中以貨幣形態存在的資金，包括庫存現金、銀行存款和其他貨幣資金等。狹義的現金僅指庫存現金。這裡所講的現金是指廣義的現金。

保持合理的現金水平是企業現金管理的重要內容。現金是變現能力最強的資產，可以用來滿足生產經營開支的各種需要，也是還本付息和履行納稅義務的保證。擁有足夠的現金對於降低企業的風險，增強企業資產的流動性和債務的可清償性有著重要的意義。除了應付日常的業務活動之外，企業還需要擁有足夠的現金償還貸款、把握商機以及防止不時之需。但庫存現金是唯一的不創造價值的資產，對其持有量不是越多越好，即使是銀行存款，其利率也非常低。因此，現金存量過多，它所提供的流動性邊際效益便會隨之下降，從而使企業的收益水平下降。

所以，企業必須建立一套管理現金的方法，持有合理的現金數額，使其在時間上繼起，在空間上並存。現金預算是每個企業必做的功課，以衡量企業在某段時間內的現金流入量與流出量，以便在保證企業經營活動所需現金的同時，盡量減少企業的現金數量，提高資金收益率。

一、持有現金的動機

（一）交易性動機

企業的交易性動機是企業為了維持日常週轉及正常商業活動所需持有的現金額。企業每日都在發生許多支出和收入，這些支出和收入在數額上不相等及時間上不匹配，使企業需要持有一定量的現金來調節，以使生產經營活動能繼續進行。

在許多情況下，企業向客戶提供的商業信用條件和它從供應商那裡獲得的信用條件不同可能使企業必須持有現金。如供應商提供的信用條件是 30 天付款，而公司迫於競爭壓力，則向顧客提供 45 天的信用期，這樣，企業必須籌集 15 天的運轉資金來維持企業運轉。

另外，企業業務的季節性，要求企業逐漸增加存貨以等待季節性的銷售高潮。這時，一般會發生季節性的現金支出，公司現金餘額下降，隨後又隨著銷售高潮到來，

存貨減少，而現金又逐漸恢復到原來水平。

(二) 預防性動機

預防性動機是指企業需要維持充足現金，以應付突發事件。這種突發事件可能是政治環境變化、公司突發性償付，也可能是公司的某大客戶違約導致企業突發償債。儘管財務主管試圖利用各種手段來較準確地估算企業需要的現金數，但這些突發事件會使原本很好的財務計劃失去效果。因此，企業為了應付突發事件，有必要維持比日常正常運轉所需金額更多的現金。

(三) 投機性動機

投機性動機是企業為了抓住突然出現的獲利機會而持有的現金，這種機會大都是一閃即逝的，如證券價格的突然下跌，企業若沒有用於投機的現金，就會錯過這一機會。

二、現金管理的成本

(一) 現金的機會成本

現金作為企業的一項資金占用，是有代價的，這種代價就是它的機會成本。現金的機會成本，是指企業因持有一定現金餘額喪失的再投資收益。再投資收益是企業不能同時用該現金進行有價證券投資所產生的機會成本，這種成本在數額上等於資金成本。即：

$$機會成本 = 平均現金持有量 \times 有價證券利率（或資本成本率）$$

例如：某企業的資本成本為10%，年均持有現金50萬元，則該企業每年的現金成本為5萬元（50×10%）。放棄的再投資收益即機會成本屬於變動成本，它與現金持有量的多少密切相關，即現金持有量越大，機會成本越大，反之就越小。

(二) 現金的管理成本

現金的管理成本，是指企業因持有一定量的現金而發生的管理費用，如管理人員工資、安全措施費等。現金的管理成本是一種固定成本，與現金持有量之間無明顯的比例關係。

(三) 現金的交易成本

企業每次以有價證券轉換回現金是要付出代價的（如支付經紀費用、證券過戶費及其他費用），這被稱為現金的交易成本。現金的交易成本與現金轉換次數有關，而與持有現金的金額無關。

(四) 現金的短缺成本

現金的短缺成本，是企業因缺乏必要的現金，不能應付業務開支所需，而蒙受損失或為此付出的代價。現金的短缺成本隨現金持有量的增加而下降，隨現金持有量的減少而上升。

三、最佳現金持有量的確定

現金的管理除了做好日常收支、加快現金流轉速度外，還需要控製好現金持有規模，即確定適當的現金持有量。下面是幾種確定最佳現金持有量的方法。

(一) 成本分析模式

　　成本分析模式是通過分析持有現金的成本，尋找持有成本最低的現金持有量。運用成本分析模式確定最佳現金持有量時，只考慮因持有一定量現金而產生的機會成本、管理成本和短缺成本，而不考慮交易成本。

　　現金的機會成本、管理成本與短缺成本之和最小的現金持有量，就是最佳現金持有量。如果把這三種成本線放在一個圖上（見圖7-1），就能表現出持有現金的總成本（總代價），找出最佳現金持有量的點：機會成本線向右上方傾斜，短缺成本線向右下方傾斜，管理成本線為平行於橫軸的平行線，總成本線便是一條拋物線，該拋物線的最低點即持有現金的最低總成本。超過這一點，機會成本上升的代價又會大於短缺成本下降的好處；這一點之前，短缺成本上升的代價又會大於機會成本下降的好處。這一點橫軸上的量，即最佳現金持有量。

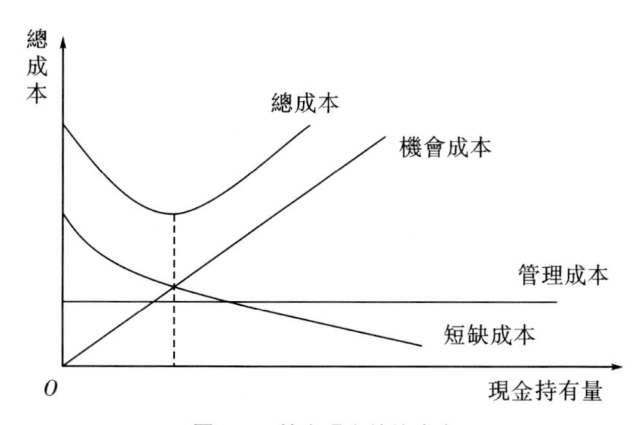

圖 7-1　持有現金的總成本

在實際工作中，運用成本分析模式確定最佳現金持有量的具體步驟為：
（1）根據不同現金持有量測算並確定有關成本數值；
（2）按照不同現金持有量及其有關成本資料編制現金持有總成本表；
（3）在總成本表中找出總成本最低時的現金持有量，即最佳現金持有量。

【例7-1】某企業有四種現金持有方案，它們各自的機會成本、管理成本、短缺成本如表7-1所示。

表 7-1　　　　　　　　　　　現金持有方案　　　　　　　　　　單位：元

項　目＼方　案	甲	乙	丙	丁
平均現金持有量	25,000	50,000	75,000	100,000
機會成本	2,500	5,000	7,500	10,000
管理成本	10,000	10,000	10,000	10,000
短缺成本	12,000	6,750	2,500	1,000

註：機會成本率即該企業的資本收益率，為10%。

這四種方案的總成本計算結果如表 7-2 所示。

表 7-2　　　　　　　　　　　　　現金持有總成本　　　　　　　　　　　單位：元

項　目 \ 方　案	甲	乙	丙	丁
機會成本	2,500	5,000	7,500	10,000
管理成本	10,000	10,000	10,000	10,000
短缺成本	12,000	6,750	2,500	1,000
總成本	24,500	21,750	20,000	21,000

將以上各方案的總成本加以比較可知，丙方案的總成本最低，也就是說當企業持有 75,000 元現金時，各方面的總成本最低，對企業來說最劃算，故 75,000 元是該企業的最佳現金持有量。

（二）存貨模式

從上面的分析中我們已經知道，企業平時持有較多的現金，會降低現金的短缺成本，但也會增加現金占用的機會成本；而平時持有較少的現金，則會增加現金的短缺成本，卻能減少現金占用的機會成本。如果企業平時只持有較少的現金，在有現金需要時（如手頭的現金用盡），通過出售有價證券換回現金（或從銀行借入現金），便能既滿足現金的需要，避免短缺成本，又能減少機會成本。因此，現金與有價證券之間的轉換，是企業提高資金使用效率的有效途徑。但是，如果每次任意量地進行有價證券與現金的轉換，會加大企業現金的交易成本，因此如何確定有價證券與現金的每次轉換量，是一個需要研究的問題。這可以應用現金持有量的存貨模式解決。

現金持有量的存貨模式又稱鮑曼模型，是威廉·鮑曼（William Baumol）提出的用以確定目標現金持有量的模型。在持有現金的成本中，管理成本因其相對穩定，同現金持有量的關係不大，因此在存貨模式中將其視為決策無關成本而不予考慮。現金是否會發生短缺、短缺多少、概率多大以及各種短缺情形發生時可能的損失如何，都存在很大的不確定性和無法計量性，因而，在利用存貨模式計算現金最佳持有量時，對短缺成本也不予考慮。在存貨模式中，只考慮機會成本和交易成本。

假定每次用有價證券轉換回現金的交易成本是固定的，在企業一定時期現金使用量確定的前提下，每次以有價證券轉換回現金的金額越高，企業平時持有的現金量便越高，轉換的次數便越少，現金的交易成本就越低；每次轉換回現金的金額越低，企業平時持有的現金量便越低，轉換的次數會越多，現金的交易成本就越高。可見，現金的交易成本與現金的平時持有量成反比，現金的成本構成可重新表現為如圖 7-2 所示。

在圖 7-2 中，現金的機會成本和交易成本是兩條隨現金持有量的增加呈不同方向發展的線，兩條線交叉點相應的現金持有量即是相關總成本最低的現金持有量，它可以運用現金持有量存貨模式求出。以下通過舉例，說明現金持有量存貨模式的應用。

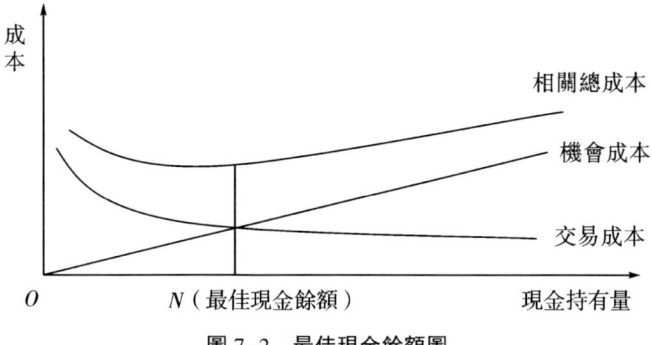

圖 7-2　最佳現金餘額圖

【例 7-2】某企業的現金使用量是均衡的，每週的現金淨流出量為 20 萬元。若該企業第 0 週持有現金 60 萬元，那麼這些現金夠企業支用 3 週，在第 3 週結束時現金持有量將降為 0，其 3 週內的平均現金持有量則為 30 萬元（60÷2）。第 4 週開始時，企業需將 60 萬元的有價證券轉換為現金以備支用；待第 6 週結束時，現金持有量再次降為零，這 3 週內的現金平均餘額仍為 30 萬元。如此循環，企業一段時期內的現金持有狀況如圖 7-3 所示。

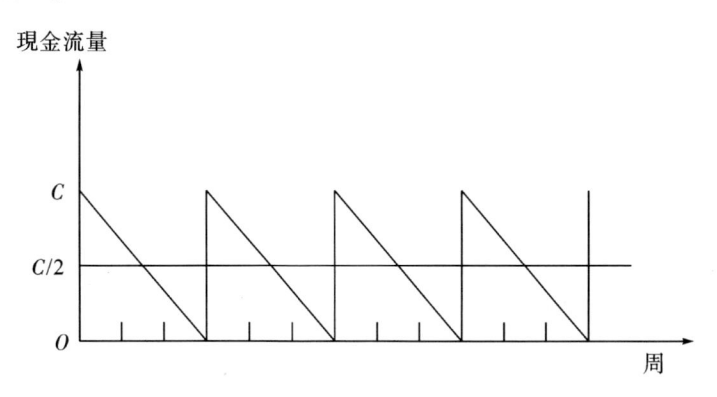

圖 7-3　一段時間內的現金持有狀況

在圖 7-3 中，每 3 週為一個現金使用的循環期，以 C 代表各循環期之初的現金持有量，以 $C/2$ 代表各循環期內的現金平均持有量。

於是，企業需要合理地確定 C，以使現金的相關總成本最低。解決這一問題先要明確三點：

（1）一定期間內的現金需求量，用 T 表示。

（2）每次出售有價證券以補充現金所需的交易成本，用 F 表示。一定時期內出售有價證券的總交易成本為：

$$交易成本 = (T/C) \times F$$

（3）持有現金的機會成本率，用 K 表示。一定時期內持有現金的總機會成本表示為：

$$機會成本 = (C/2) \times K$$

解決這一問題的方法有兩種：列表法和公式法。

方法一：列表法

在以上的舉例中，企業一年的現金需求量為20萬元×52週=1,040萬元。該企業有幾種確定 C 的方案，每種方案對應的機會成本和交易成本，分別如表7-3、表7-4所示。

表7-3　　　　　　　　　　　各方案對應的機會成本　　　　　　　　　　　單位：萬元

初始現金持有量 C	平均現金持有量 $C/2$	機會成本（$K=0.1$） $(C/2) \times K$
120	60	6
80	40	4
60	30	3
40	20	2
20	10	1

表7-4　　　　　　　　　　　各方案對應的交易成本　　　　　　　　　　　單位：萬元

現金總需求 T	初始現金持有量 C	交易成本（$F=0.1$） $(T/C) \times F$
1,040	120	0.866,7
1,040	80	1.3
1,040	60	1.733,3
1,040	40	2.6
1,040	20	5.2

計算出了各種方案的機會成本和交易成本，將它們相加，就可以得到各種方案的相關總成本：

$$相關總成本 = 機會成本 + 交易成本$$
$$= (C/2) \times K + (T/C) \times F$$

該企業各種初始現金持有量方案的相關總成本如表7-5所示。

表7-5　　　　　　　　　　　　　　　　　　　　　　　　　　　　　單位：萬元

初始現金持有量	機會成本	交易成本	相關總成本
120	6	0.866,7	6.866,7
80	4	1.3	5.3
60	3	1.733,3	4.733,3
40	2	2.6	4.6
20	1	5.2	6.2

表7-5顯示，當企業的初始現金持有量為40萬元時，現金總成本最低。以上結論是通過對各種初始現金持有量方案進行逐次成本計算得出的。

方法二：公式法

也可以利用公式求出成本最低的現金持有量，這一現金持有量稱為最佳現金持有量，以 C^* 表示。

從圖 7-2 中可知，最佳現金持有量 C^* 是機會成本線與交易成本線交叉點所對應的現金持有量，因此 C^* 應當滿足：機會成本＝交易成本。即：

$$(C^*/2) \times K = (T/C^*) \times F$$

整理後，可得出：

$$(C^*)^2 = (2T \times F)/K$$

等式兩邊分別取平方根，有：

$$C^* = \sqrt{(2T \times F)/K}$$

本例中，$T=104$ 萬元，$F=0.1$ 元，$K=0.1$，利用上述公式即可計算出最佳現金持有量：

$$C^* = \sqrt{(2 \times 104 \times 0.1)/0.1}$$
$$= 45.6（萬元）$$

現金持有量的存貨模式是一種簡單、直觀的確定最佳現金持有量的方法，但它也有缺點，主要是假定現金的流出量穩定不變，實際上這種情況很少出現。相比而言，那些適用於現金流量不確定的控制最佳現金持有量的方法，就顯得更具普遍應用性。

(三) 隨機模式

隨機模式是在現金需求量難以預知的情況下進行現金持有量控制的方法。對企業來講，現金需求量往往波動大且難以預知，但企業可以根據歷史經驗和現實需要，測算出一個現金持有量的控制範圍，即制定出現金持有量的上限和下限，將現金量控制在上下限之內。當現金持有量達到控制上限時，用現金購入有價證券，使現金持有量下降；當現金持有量降到控制下限時，則抛售有價證券換回現金，使現金持有量回升。若現金持有量在控制的上下限之內，便不必進行現金與有價證券的轉換，保持它們各自的現有存量。這種對現金持有量的控制如圖 7-4 所示。

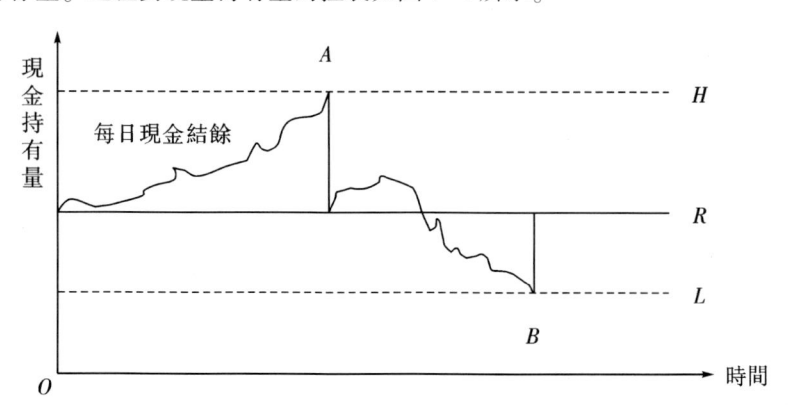

圖 7-4　現金持有量的隨機模式

在圖 7-4 中，虛線 H 為現金存量的上限，虛線 L 為現金存量的下限，實線 R 為最優現金返回線。從圖 7-4 中可以看到，企業的現金存量（表現為現金每日餘額）是隨機波動的，當其達到 A 點時，即達到了現金控制的上限，企業應用現金購買有價證券，使現金持有量回落到現金返回線（R 線）的水平；當現金存量降至 B 點時，即達到了現金控制的下限，企業則應轉讓有價證券換回現金，使其存量回升至現金返回線的水平。現金存量在上下限之間的波動屬控制範圍內的變化，是合理的，可不予理會。以上關係中的上限 H、現金返回線 R 可按下列公式計算：

$$R=\sqrt[3]{\frac{3b\delta^2}{4i}}+L$$

$$H=3R-2L$$

式中：b——每次有價證券的固定交易成本；

i——有價證券的日利息率；

δ——預期每日現金餘額變化的標準差（可根據歷史資料測算）。

而下限 L 的確定，則要受到企業每日的最低現金需要、管理人員的風險承受傾向等因素的影響。

【例 7-3】假定某公司有價證券的年利率為 9%，每次固定交易成本為 50 元，公司認為任何時候其銀行活期存款及現金餘額均不能低於 1,000 元，又根據以往經驗測算出現金餘額波動的標準差為 800 元。最優現金返回線 R、現金控制上限 H 的計算為：

有價證券日利率 = 9% ÷ 360 = 0.025%

$$R=\sqrt[3]{\frac{3b\delta^2}{4i}}+L=\sqrt[3]{\frac{3\times 50\times 800^2}{4\times 0.025\%}}+1,000$$

=5,579（元）

H = 3R - 2L = 3×5,579 - 2×1,000 = 14,737（元）

這樣，當公司的現金餘額達到 14,737 元時，即應以 9,158 元（14,737-5,579）的現金去投資有價證券，使現金持有量回落到 5,579 元；當公司的現金餘額降至 1,000 元時，則應轉讓 4,579 元（5,579-1,000）的有價證券，使現金持有量回升到 5,579 元，這可以用圖 7-5 表示。

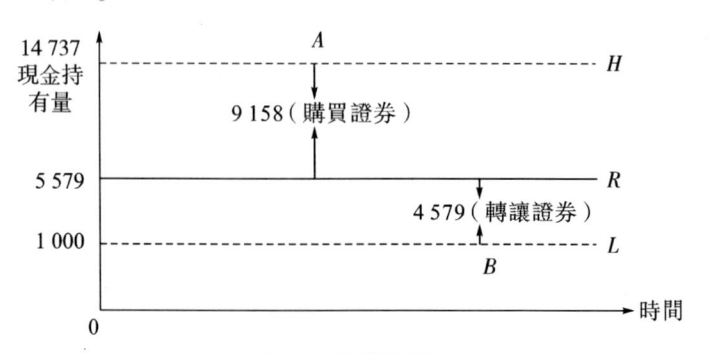

圖 7-5　隨機模型圖

隨機模式建立在企業的現金未來需求總量和收支不可預測的前提下，因此計算出來的現金持有量比較保守。

四、現金的日常管理

(一) 現金收入管理

　　1. 收帳的流動時間

　　一個高效率的收款系統能夠使收款成本最低以及收款浮動期最短，同時能夠保證與客戶匯款及其他現金流入來源相關的信息的質量。收款系統成本包括浮動期成本、管理收款系統的相關費用（例如銀行手續費）及第三方處理費用或清算相關費用。在獲得資金之前，收款在途項目使企業無法利用這些資金，也會產生機會成本。信息的質量包括收款方得到的付款人的姓名、付款的內容和付款時間。信息要求及時、準確地到達收款人一方，以便收款人及時處理資金，做出發貨的安排。

　　收款浮動期是指從支付開始到企業收到資金的時間間隔。收款浮動期主要是紙基支付工具導致的，有下列三種類型：①郵寄浮動期，從付款人寄出支票到收款人或收款人的處理系統收到支票的時間間隔；②處理浮動期，是指支票的接受方處理支票和將支票存入銀行以收回現金所花的時間；③結算浮動期，是指通過銀行系統進行支票結算所需的時間。

　　2. 郵寄的處理

　　紙基支付收款系統主要有兩大類：一類是櫃臺存入的體系，一類是郵政支付系統。

　　這裡主要討論的支付系統是企業通過郵政收到顧客或者其他商業夥伴的支票。一家公司可能採用內部清算處理中心或者一個鎖箱來接收和處理郵政支付。具體採用哪種方式取決於兩個因素：支付的筆數和金額。

　　企業處理中心處理支票和做存單準備都在公司內進行。這一方式主要為那些收到的付款金額相對較小而發生頻率很高的企業所採用（例如公用事業公司和保險公司）。場內處理中心最大的優勢在於對操作的控制。操作控制有助於：①對系統做出調整改變；②根據公司需要定制系統程序；③監控掌握客戶服務質量；④獲取信息；⑤更新應收帳款；⑥控製成本。

　　3. 收款方式的改善

　　電子支付方式對比紙質支付是一種改進。電子支付方式（例如聯儲通信系統 Fedwire 資金轉移，ACH 借記和貸記，借記卡或貸記卡支付）提供了如下好處：①結算時間和資金可用性可以預計；②向任何一個帳戶或任何金融機構的支付具有靈活性，不受人工干擾；③客戶的匯款信息可與支付同時傳送，更容易更新應收帳款；④客戶的匯款從紙質方式轉向電子化，減少或消除了收款浮動期，降低了收款成本，收款過程更容易控制，並且提高了預測精度。

(二) 現金支出管理

　　現金支出管理的主要任務是盡可能延緩現金的支出時間。當然，這種延緩必須是合理合法的。

1. 使用現金浮遊量

　　現金浮遊量是指由於企業提高收款效率和延長付款時間所產生的企業帳戶上的現金餘額和銀行帳戶上的企業存款餘額之間的差額。

　　2. 推遲應付款的支付

　　推遲應付款的支付，是指企業在不影響自己信譽的前提下，充分運用供貨方所提供的信用優惠，盡可能地推遲應付款的支付期。

　　3. 匯票代替支票

　　匯票分為商業承兌匯票和銀行承兌匯票，與支票不同的是，承兌匯票並不是見票即付。這一方式的優點是它推遲了企業調入資金支付匯票的實際所需時間。這樣企業就只需要在銀行中保持較少的現金餘額。它的缺點是某些供應商可能並不喜歡用匯票付款，銀行也不喜歡處理匯票，它們通常需要耗費更多的人力。同支票相比，銀行會收取較高的手續費。

　　4. 改進員工工資支付模式

　　企業可以為支付員工工資專門設立一個工資帳戶，通過銀行向職工支付工資。為了最大限度地減少工資帳戶的存款餘額，企業要合理預測開出支付工資的支票到職工去銀行兌現的具體時間。

　　企業若能有效控製現金支出，同樣可帶來大量的現金結餘。控製現金支出的目標是在不損害企業信譽的條件下，盡可能推遲現金的支出。

第三節　應收帳款管理

　　隨著市場經濟的發展、商業信用的推行，企業應收帳款數額明顯增多，已成為流動資產管理中一個日益重要的問題。企業通過提供商業信用，採取賒銷、分期付款等方式可以擴大銷售，增強競爭力，獲得利潤。應收帳款作為企業為擴大銷售和盈利的一項投資，也會發生一定的成本。所以企業需要在應收帳款所增加的盈利和所增加的成本之間做出權衡。應收帳款管理就是分析賒銷的條件，使賒銷帶來的盈利增加大於應收帳款投資產生的成本增加，最終使企業現金收入增加，企業價值上升。

一、持有應收帳款的動機、成本與管理目標

　　（一）持有應收帳款的動機

　　1. 商業競爭

　　在社會主義市場經濟的條件下，存在著激烈的商業競爭，競爭機制的作用迫使企業以各種手段擴大銷售。除了依靠產品質量、價格、售後服務、廣告等外，賒銷也是擴大銷售的手段之一。對於同等的產品價格、類似的質量水平、一樣的售後服務，實行賒銷的產品或商品的銷售額將大於現金銷售的產品或商品的銷售額，這是因為顧客將從賒銷中得到好處。出於擴大銷售的競爭需要，企業不得不以賒銷或其他優惠方式招攬顧客，於是就產生了應收帳款。由競爭引起的應收帳款，是一種商業信用，這是

企業持有應收帳款的主要原因。

2. 銷售和收款的時間差距

商品成交的時間和收到貨款的時間經常不一致，這也導致了應收帳款。當然，現實生活中現金銷售是很普遍的，特別是零售企業更常見。不過就一般批發和大量生產企業來講，發貨的時間和收到貨款的時間往往不同，這是貨款結算需要時間的緣故。結算手段越是落後，結算所需時間就越長，銷售企業只能承認這種現實並承擔由此引起的資金墊支。由於銷售和收款的時間差而造成的應收帳款，不屬於商業信用，也不是應收帳款的主要內容，我們不再對它進行深入討論，而只論述屬於商業信用的應收帳款的管理。

既然企業發生應收帳款的主要原因是擴大銷售、增強競爭力，那麼其管理的目標就是求得利潤。應收帳款是企業的一項資金投放，是為了擴大銷售和盈利而進行的投資。而投資肯定要發生成本，這就需要在應收帳款信用政策所增加的盈利和這種政策的成本之間做出權衡。只有當應收帳款所增加的盈利超過所增加的成本時，才應當實施應收帳款賒銷；如果應收帳款賒銷有著良好的盈利前景，就應當放寬信用條件，增加賒銷量。

（二）持有應收帳款的成本

應收帳款作為企業為增加銷售和盈利進行的投資，肯定會發生一定的成本。應收帳款管理的成本主要有：

1. 應收帳款的機會成本

應收帳款會占用企業一定量的資金，企業若不把這部分資金投放於應收帳款，便可以用於其他投資並可能獲得收益，例如投資債券獲得利息收入。這種因投放於應收帳款而放棄其他投資所帶來的收益，即為應收帳款的機會成本。有關計算公式為：

$$應收帳款機會成本 = 應收帳款占用的資金 \times 資金成本率$$

式中，資本成本率為等風險投資所要求的必要收益率。

應收帳款占用的資金數量可按下列步驟計算：

第一步，計算應收帳款平均餘額。

$$應收帳款平均餘額 = \frac{年賒銷額}{360} \times 平均收帳天數$$

$$應收帳款平均餘額 = 平均每日賒銷額 \times 平均收帳天數$$

第二步，計算應收帳款占用的資金。

$$應收帳款占用的資金 = 應收帳款平均餘額 \times 變動成本率$$

綜上，應收帳款機會成本可按下式計算：

$$應收帳款機會成本 = \frac{年賒銷額}{360} \times 平均收帳天數 \times 變動成本率 \times 資本成本率$$

在上述分析中，假設企業的成本水平保持不變（即單位變動成本不變，固定成本總額不變），因此隨著賒銷業務的擴大，只有變動成本隨之上升。

【例7-4】假設某企業預測的年度賒銷額為3,000,000元，應收帳款平均收帳天數為60天，變動成本率為60%，應收帳款機會成本率（資本成本率）為10%，則應收帳

款機會成本可計算如下：

$$應收帳款平均餘額 = \frac{3,000,000}{360} \times 60 = 500,000 （元）$$

應收帳款占用的資金 = 500,000×60% = 300,000 （元）

應收帳款的機會成本 = 300,000×10% = 30,000 （元）

上述計算表明，企業投放 300,000 元的資金可維持 3,000,000 元的賒銷業務，相當於墊支資金的 10 倍之多。這一較高的倍數在很大程度上取決於應收帳款的收帳速度。在正常情況下，應收帳款收帳天數越少，一定數量資金所維持的賒銷額越大；應收帳款收帳天數越多，維持相同賒銷額所需要的資金數量就越大。而應收帳款機會成本在很大程度上取決於企業維持賒銷業務所需要的資金量。

2. 應收帳款的管理成本

應收帳款的管理成本主要是指在進行應收帳款管理時，所增加的費用。它主要包括調查顧客信用狀況的費用、收集各種信息的費用、帳簿的記錄費用、收帳費用、現金折扣成本等。

3. 應收帳款的壞帳成本

在賒銷交易中，債務人由於種種原因無力償還債務，債權人就有可能無法收回應收帳款而發生損失，這種損失就是壞帳成本。可以說，企業發生壞帳成本是不可避免的，而此項成本一般與應收帳款發生的數量成正比。

(三) 應收帳款的管理目標

應收帳款管理的基本目標在於，通過應收帳款管理髮揮應收帳款強化競爭、擴大銷售的功能；同時，盡可能降低投資的機會成本、管理成本和壞帳成本，最大限度地提高應收帳款投資的效益。

二、應收帳款的信用政策

應收帳款的信用政策，是企業財務政策的一個重要組成部分。企業要管好應收帳款，必須事先制定合理的信用政策。信用政策包括信用標準、信用條件和收帳政策。

(一) 信用標準

1. 信用標準的概念及判別標準

信用標準，是指顧客獲得企業的交易信用所應具備的條件。如果顧客達不到信用標準，便不能享受企業的信用或只能享受較低的信用優惠。信用標準通常以預期的壞帳損失率作為判別標準。如果企業的信用標準較嚴，只對信譽好、壞帳損失率低的顧客給予賒銷，則會減少壞帳損失和應收帳款的機會成本，但這可能不利於擴大銷售，甚至會使銷售量減少；如果信用標準較寬，雖然會增加銷售，但會相應增加壞帳損失和應收帳款的機會成本。企業應根據具體情況權衡。

2. 確定信用標準的信息來源

當公司建立分析信用請求的方法時，必須考慮信息的類型、數量和成本。信息既可以從公司內部收集，也可以從公司外部收集。無論信用信息從哪兒收集，都必須將

成本與預期的收益進行對比。公司內部產生的最重要的信用信息來源是信用申請人執行信用申請（協議）的情況和公司自己保存的有關信用申請人還款歷史的記錄。

公司可以使用各種外部信息來源來幫助其確定申請人的信譽。申請人的財務報表是該種信息的主要來源之一，無論是經過審計過的還是沒有經過審計的財務報表，因為可以將這些財務報表及其相關比率與行業平均數進行對比，因此它們都提供了有關信用申請人的重要信息。

3. 信用標準的定性評估

企業在設定某一顧客的信用標準時，往往先要評估他賴帳的可能性。這可以通過「5C」系統來進行。所謂「5C」系統，是評估顧客信用品質的五個方面，即品質（character）、能力（capacity）、資本（capital）、抵押（collateral）和條件（conditions）。

（1）品質。品質指顧客的信譽，即履行償債義務的可能性。企業必須設法瞭解顧客過去的付款記錄，看其是否有按期如數付款的一貫做法，及與其他供貨企業的關係是否良好。這一點經常被視為評價顧客信用的首要因素。

（2）能力。能力指顧客的償債能力，即其流動資產的數量和質量以及與流動負債的比例。顧客的流動資產越多，其轉換為現金支付款項的能力越強。同時，還應注意顧客流動資產的質量，看是否有存貨過多、過時或質量下降，影響其變現能力和支付能力的情況。

（3）資本。資本指顧客的財務實力和財務狀況，表明顧客可能償還債務的背景。

（4）抵押。抵押指顧客拒付款項或無力支付款項時能被用作抵押的資產。這對於不知底細或信用狀況有爭議的顧客尤為重要，一旦收不到這些顧客的款項便以抵押品抵補。如果這些顧客提供足夠的抵押，就可以考慮向他們提供相應的信用。

（5）條件。條件指可能影響顧客付款能力的經濟環境。比如，萬一出現經濟不景氣，會對顧客的付款產生什麼影響，顧客會如何做，等等，這需要瞭解顧客在過去困難時期的付款歷史。

4. 信用標準的定量分析

進行商業信用的定量分析可以從考察信用申請人的財務報表開始。通常使用比率分析法評價顧客的財務狀況。常用的指標有：流動性和營運資本比率（如流動比率、速動比率以及現金對負債總額比率）、債務管理和支付比率（利息保障倍數、長期債務對資本比率、帶息債務對資產總額比率，以及負債總額對資產總額比率）和盈利能力指標（銷售回報率、總資產回報率和淨資產收益率）。

將這些指標和信用評級機構及其他協會發布的行業標準進行比較可以深入洞察申請人的信用狀況。定量信用評價法常被像百貨店這樣的大型零售信用提供商使用。信用評分包括以下四個步驟：

（1）根據信用申請人的月收入、尚未償還的債務和過去受雇用的情況將申請人劃分為標準的客戶和高風險的客戶；

（2）對符合某一類型申請人的特徵值進行加權平均以確定信譽值；

（3）確定明確的同意或拒絕給予信用的門檻值；

（4）對落在同意給予信用的門檻值或拒絕給予信用的門檻值之間的申請人進行進

一步分析。

這些定量分析方法符合成本-效益原則，並且也符合消費者信用方面的法律規定。判別分析是一種規範的統計分析方法，可以有效確定區分按約付款或違約顧客的因素。信用機構也可根據獲得專利的模型來評價信譽值。

(二) 信用條件

信用條件是指企業要求顧客支付賒銷條款的條件，包括信用期間、折扣期限和現金折扣。信用期間是企業為顧客規定的最長付款時間，折扣期限是為顧客規定的可享受現金折扣的付款時間，現金折扣是在顧客提前付款時給予的優惠。如「2/10，n/30」就是一項信用條件。它規定如果在發票開出後 10 天內付款，可享受 2%的現金折扣；如果不想取得折扣，這筆貨款必須在 30 天內付清。在這裡，30 天為信用期間，10 天為折扣期限，2%為現金折扣。提供比較優惠的信用條件能增加銷售量，但也會帶來額外的負擔，如會增加應收帳款的機會成本、壞帳成本、現金折扣成本等。

1. 信用期間

信用期間是企業允許顧客從購貨到付款之間的時間，或者說是企業給予顧客的付款期間。例如，若某企業允許顧客在購貨後的 50 天內付款，則信用期為 50 天。信用期過短，不足以吸引顧客，在競爭中會使銷售額下降；信用期過長，對銷售額增加固然有利，但只顧及銷售增長而盲目放寬信用期，所得的收益有時會被增長的費用抵銷，甚至造成利潤減少。因此，企業必須慎重研究，確定出恰當的信用期。

信用期的確定，主要是分析改變現行信用期對收入和成本的影響。延長信用期，會使銷售額增加，產生有利影響；與此同時，應收帳款、收帳費用和壞帳損失增加，會產生不利影響。當前者大於後者時，可以延長信用期，否則不宜延長。如果縮短信用期，情況與此相反。

【例 7-5】某公司現在採用 30 天按發票金額付款的信用政策，擬將信用期放寬至 60 天，仍按發票金額付款即不給折扣。假設應收帳款的機會成本率為 15%，其他有關的數據如表 7-6 所示。

表 7-6　　　　　　　　　　信用條件備選方案　　　　　　　　　　單位：元

項　目	30 天	60 天
銷售量（件）	100,000	120,000
銷售額（元）（單價 5 元）	500,000	600,000
銷售成本（元）	450,000	530,000
變動成本（每件 4 元）	400,000	480,000
固定成本（元）	50,000	50,000
毛利（元）	50,000	70,000
可能發生的收帳費用（元）	3,000	5,000
可能發生的壞帳損失（元）	4,000	7,000

在分析時，先計算放寬信用期後因銷售額增加而增加的邊際貢獻，然後計算增加的成本，最後根據兩者比較的結果做出判斷。

（1）因銷售量增加而增加的邊際貢獻

邊際貢獻的增加＝銷售量的增加×單位邊際貢獻
$$= (120,000-100,000) \times (5-4) = 20,000 （元）$$

（2）應收帳款機會成本增加

30 天信用期機會成本＝$\dfrac{500,000}{360} \times 30 \times \dfrac{400,000}{500,000} \times 15\% = 5,000$（元）

60 天信用期機會成本＝$\dfrac{600,000}{360} \times 60 \times \dfrac{480,000}{600,000} \times 15\% = 12,000$（元）

機會成本增加＝12,000−5,000＝7,000（元）

（3）收帳費用和壞帳損失增加

收帳費用增加＝5,000−3,000＝2,000（元）

壞帳損失增加＝7,000−4,000＝3,000（元）

（4）改變信用期對稅前利潤的影響

邊際貢獻增加−信用成本增加＝20,000−（7,000+2,000+3,000）＝8,000（元）

由於稅前利潤的增加大於成本增加，故應採用 60 天的信用期。

上述信用期分析的方法是比較簡略的，可以滿足一般制定信用政策的需要。如有必要，也可以進行更細緻的分析，如進一步考慮銷貨增加引起存貨增加而多占用的資金，等等。

2. 現金折扣政策

現金折扣是企業對顧客在商品價格上所做的扣減。向顧客提供這種價格上的優惠，主要目的在於吸引顧客為享受優惠而提前付款，縮短企業的平均收款期。另外，現金折扣也能招攬一些視折扣為減價出售的顧客前來購貨，借此擴大銷售量。折扣的表示常採用 5/10、3/20、n/30 這樣一些符號形式。這三種符號的含義為：5/10 表示 10 天內付款，可享受 5%的價格優惠，即只需支付原價的 95%，如原價為 10,000 元，只支付 9,500 元；3/20 表示 20 天內付款，可享受 3%的價格優惠，即只需支付原價的 97%，若原價為 10,000 元，只支付 9,700 元；n/30 表示付款的最後期限為 30 天，此時付款無優惠。

企業採用什麼程度的現金折扣，要與信用期間結合起來考慮。比如，要求顧客最遲不超過 30 天付款，若希望顧客 20 天、10 天付款，能給予多大折扣？或者給予 5%、3%的折扣，能吸引顧客在多少天內付款？無論是信用期間還是現金折扣，都可能給企業帶來收益，但也會增加成本。現金折扣帶給企業的好處前面已講過，它使企業增加的成本，則指的是價格折扣損失。當企業給予顧客某種現金折扣時，應當考慮折扣所能帶來的收益與成本孰高孰低，權衡利弊，進行抉擇。

因為現金折扣是與信用期間結合使用的，所以確定折扣程度的方法與程序實際上與前述確定信用期間的方法與程序一致，只不過要把所提供的延期付款時間和折扣綜合起來，看各方案的延期與折扣能取得多大的收益增量，再計算各方案帶來的成本變

化，最終確定最佳方案。

【例7-6】沿用【例7-5】，假定該公司在放寬信用期的同時，為了吸引顧客盡早付款，提出了 0.8/30、n/60 的現金折扣條件，估計會有一半的顧客（按 60 天信用期所能實現的銷售量計）將享受現金折扣優惠。

(1) 因銷售量變動而增加的邊際貢獻

邊際貢獻的增加＝銷售量的增加×單位邊際貢獻

$$=(120,000-100,000)\times(5-4)=20,000（元）$$

(2) 應收帳款占用資金的應計利息增加

$$30\text{ 天信用期機會成本}=\frac{500,000}{360}\times30\times\frac{400,000}{500,000}\times15\%=5,000（元）$$

$$\text{提供現金折扣的機會成本}=(\frac{600,000\times50\%}{360}\times60\times\frac{480,000\times50\%}{600,000\times50\%}\times15\%)$$

$$+(\frac{600,000\times50\%}{360}\times30\times\frac{480,000\times50\%}{600,000\times50\%}\times15\%)$$

$$=9,000（元）$$

機會成本增加＝9,000－5,000＝4,000（元）

(3) 收帳費用和壞帳損失增加

收帳費用增加＝5,000－3,000＝2,000（元）

壞帳損失增加＝7,000－7,000＝3,000（元）

(4) 估計現金折扣成本的變化

現金折扣成本增加＝新的銷售水平×新的現金折扣率×享受現金折扣的顧客比例

－舊的銷售水平×舊的現金折扣率×享受現金折扣的顧客比例

$$=600,000\times0.8\%\times50\%-500,000\times0\times0$$

$$=2,400（元）$$

(5) 提供現金折扣後稅前利潤的增加

稅前利潤的增加＝邊際貢獻增加－信用成本增加

$$=20,000-(4,000+2,000+3,000+2,400)$$

$$=8,600（元）$$

由於可增加稅前利潤，應當放寬信用期，提供現金折扣。

(三) 收帳政策

企業對各種不同過期帳款的催收方式，包括準備為此付出的代價，就是它的收帳政策。比如：對過期較短的顧客，不過多地打擾，以免將來失去這一市場；對過期稍長的顧客，可措辭婉轉地寫信催款；對過期較長的顧客，可採用頻繁的信件催款並電話催詢的方式；對過期很長的顧客，可在催款時措辭嚴厲，必要時提請有關部門仲裁或提起訴訟；等等。

催收帳款要發生費用，某些催款方式的費用還會很高（如訴訟費）。一般說來，收帳的花費越大，收帳措施越有力，可收回的帳款應越多，壞帳損失也就越小。因此制定收帳政策，就是要在收帳費用和所減少的壞帳損失以及減少的機會成本之間做出權

衡。制定有效、得當的收帳政策在很大程度上依靠有關人員的經驗，從財務管理的角度講，也有一些數量化的方法可以參照。根據收帳政策的效果在於應收帳款總成本最小化的道理，可以通過比較各收帳方案的成本對其加以選擇。

三、應收帳款的日常管理

（一）應收帳款的帳齡分析

企業已發生的應收帳款時間有長有短，有的尚未超過收款期，有的則超過了收款期。一般來講，拖欠時間越長，款項收回的可能性越小，形成壞帳的可能性越大。對此，企業應實施嚴密的監督，隨時掌握回收情況。實施對應收帳款回收情況的監督，可以通過編制帳齡分析表進行。

帳齡分析表是一張能顯示應收帳款在外天數（帳齡）長短的報告，其格式如表 7-7 所示。

表 7-7　　　　　　　　　　　帳齡分析表
2015 年 12 月 31 日

應收帳款帳齡	帳戶數量	金額（千元）	百分率（％）
信用期內	200	80	40
超過信用期 1~20 天	100	40	20
超過信用期 21~40 天	50	20	10
超過信用期 41~60 天	30	20	10
超過信用期 61~80 天	20	20	10
超過信用期 81~100 天	15	10	5
超過信用期 100 天以上	5	10	5
合　計	420	200	100

利用帳齡分析表，企業可以瞭解到以下情況：

（1）有多少欠款尚在信用期內。表 7-7 顯示，有價值 80,000 元的應收帳款處在信用期內，占全部應收帳款的 40%。這些款項未到償付期，欠款是正常的，但到期後能否收回，還要待時再定。故及時的監督仍是必要的。

（2）有多少欠款超過了信用期，超過不同時間的款項各占多少，有多少欠款會因拖欠時間太久而可能成為壞帳。表 7-7 顯示，有價值 120,000 元的應收帳款已超過了信用期，占全部應收帳款的 60%。不過，其中拖欠時間較短的（20 天內）有 40,000 元，占全部應收帳款的 20%，這部分欠款收回的可能性很大；拖欠時間較長的（21~100 天）有 70,000 元，占全部應收帳款的 35%，這部分欠款的回收有一定難度；拖欠時間很長的（100 天以上）有 10,000 元，占全部應收帳款的 5%，這部分欠款有可能成為壞帳。對不同拖欠時間的欠款，企業應採取不同的收帳方法，制定出經濟、可行的收帳政策；對可能發生的壞帳損失，則應提前做好準備，充分估計這一因素對損益的影響。

(二) 對客戶的信用分析評價

1. 調查客戶信用

信用調查是指收集和整理反應客戶信用狀況的有關資料的工作，是企業應收帳款日常管理的基礎，是正確評價客戶信用的前提條件。企業對顧客進行信用調查主要通過兩種方法：

（1）直接調查

直接調查是指調查人員通過與被調查單位進行直接接觸，通過當面採訪、詢問、觀看等方式獲取信用資料的一種方法。直接調查可以保證收集資料的準確性和及時性，但也有一定的局限，即往往獲得的是感性資料，同時若不能得到被調查單位的合作，則會使調查工作難以開展。

（2）間接調查

間接調查是以被調查單位以及其他單位保存的有關原始記錄和核算資料為基礎，通過加工整理獲得被調查單位信用資料的一種方法。這些資料主要來自以下幾個方面：

①財務報表。通過財務報表分析，可以基本掌握一個企業的財務狀況和信用狀況。

②信用評估機構。即專門的信用評估部門，因為它們的評估方法先進，評估調查細緻，評估程序合理，所以可信度較高。

③銀行。銀行是信用資料的一個重要來源，許多銀行都設有信用部，為其顧客服務，並負責對其顧客信用狀況進行記錄、評估。但銀行的資料一般僅願意在內部及同行間進行交流，而不願向其他單位提供。

④其他途徑。如財稅部門、工商管理部門、消費者協會等機構都可能提供相關的信用狀況資料。

2. 評估客戶信用

收集好信用資料以後，就需要對這些資料進行分析、評價。企業一般採用「5C」系統來評價，並對客戶信用進行等級劃分。在信用等級方面，目前主要有兩種：一種是三類九等，即將企業的信用狀況分為 AAA、AA、A、BBB、BB、B、CCC、CC、C 九等，其中 AAA 為信用最優等級，C 為信用最低等級；另一種是三級制，即分為 AAA、AA、A 三個信用等級。

第四節　存貨管理

存貨是指企業在生產經營過程中為銷售或者耗用而儲備的物資，包括材料、燃料、低值易耗品、在產品、半成品、產成品、協作件、商品等。存貨管理水平直接影響著企業的生產經營，並最終影響企業的收益、風險等狀況。因此，存貨管理是財務管理的一項重要內容。

存貨管理的目標，就是盡力在各種存貨成本與存貨效益之間做出權衡，在充分發揮存貨功能的基礎上，降低存貨成本，實現兩者的最佳結合。

一、持有存貨的意義

持有存貨的意義是指存貨在企業生產經營過程中起到的作用。具體包括以下幾個方面：

（一）保證生產正常進行

生產過程中需要的原材料和在產品，是生產的物質保證，為保障生產的正常進行，必須儲備一定量的原材料；否則可能會造成生產中斷、停工待料現象。

（二）有利於銷售

一定數量的存貨儲備能夠增加企業在生產和銷售方面的機動性和適應市場變化的能力。當企業市場需求量增加時，若產品儲備不足就有可能失去銷售良機，所以保持一定量的存貨是有利於市場銷售的。

（三）便於維持均衡生產，降低產品成本

有些企業產品屬於季節性產品或者需求波動較大的產品，此時若根據需求狀況組織生產，則可能導致有時生產能力得不到充分利用，有時又超負荷生產，從而造成產品成本的上升。

（四）降低存貨取得成本

一般情況下，當企業進行採購時，進貨總成本與採購物資的單價和採購次數有密切關係。而許多供應商為鼓勵客戶多購買其產品，往往在客戶採購量達到一定數量時，給予價格折扣，所以企業通過大批量集中進貨，既可以享受價格折扣，降低購置成本，也因減少訂貨次數，降低了訂貨成本，使總的進貨成本降低。

（五）防止意外事件的發生

企業在採購、運輸、生產和銷售過程中，都可能發生意料之外的事故，保持必要的存貨保險儲備，可以避免和減少意外事件的損失。

二、存貨管理的成本

與持有存貨有關的成本，包括以下三種：

（一）取得成本

取得成本指為取得某種存貨而支出的成本，通常用 TC_a 來表示。其又分為訂貨成本和購置成本。

1. 訂貨成本

訂貨成本指取得訂單的成本，如辦公費、差旅費、郵資、電報電話費、運輸費等支出。訂貨成本中有一部分與訂貨次數無關，如常設採購機構的基本開支等，稱為固定的訂貨成本，用 F_1 表示；另一部分與訂貨次數有關，如差旅費、郵資等，稱為訂貨的變動成本。每次訂貨的變動成本用 K 表示，訂貨次數等於存貨年需要量 D 與每次進貨量 Q 之商。訂貨成本的計算公式為：

$$訂貨成本 = F_1 + \frac{D}{Q}K$$

2. 購置成本

購置成本指為購買存貨本身所支出的成本，即存貨本身的價值，經常用數量與單價的乘積來確定。年需要量用 D 表示，單價用 U 表示，於是購置成本為 DU。

訂貨成本加上購置成本，就等於存貨的取得成本。其公式可表示為：

取得成本 = 訂貨成本 + 購置成本

= 訂貨固定成本 + 訂貨變動成本 + 購置成本

$$TC_a = F_1 + \frac{D}{Q}K + DU$$

(二) 儲存成本

儲存成本指為保持存貨而發生的成本，包括存貨占用資金所應計的利息、倉庫費用、保險費用、存貨破損和變質損失等，通常用 TC_c 來表示。

儲存成本也分為固定成本和變動成本。固定成本與存貨數量的多少無關，如倉庫折舊、倉庫職工的固定工資等，常用 F_2 表示。變動成本與存貨的數量有關，如存貨資金的應計利息、存貨的破損和變質損失、存貨的保險費用等，單位成本用 K_c 來表示，平均儲存量用 $\bar{E}$ 表示。用公式表達的儲存成本為：

儲存成本 = 儲存固定成本 + 儲存變動成本

$$TC_c = F_2 + K_c \bar{E}$$

(三) 缺貨成本

缺貨成本指由於存貨供應中斷而造成的損失，包括材料供應中斷造成的停工損失、產成品庫存缺貨造成的拖欠發貨損失、喪失銷售機會的損失及造成的商譽損失等。如果生產企業以緊急採購代用材料解決庫存材料中斷之急，那麼缺貨成本表現為緊急額外購入成本。缺貨成本用 TC_s 表示。

如果以 TC 來表示儲備存貨的總成本，它的計算公式為：

$$TC = TC_a + TC_c + TC_s = F_1 + \frac{D}{Q}K + DU + F_2 + K_c \bar{E} + TC_s$$

企業存貨的最優化，就是使企業存貨總成本即上式 TC 值最小。

三、存貨決策

(一) 訂貨批量的決策

1. 經濟訂貨量基本模型

經濟訂貨量基本模型需要設立的假設條件是：①企業能夠及時補充存貨，即需要訂貨時便可立即取得存貨；②能集中到貨，而不是陸續入庫；③不允許缺貨，既無缺貨成本，TC_s 為零，這是因為良好的存貨管理本來就不應該出現缺貨成本；④需求量穩定，並且能預測，即 D 為已知常量；⑤存貨單價不變，即 U 為已知常量；⑥企業現金

充足，不會因現金短缺而影響進貨；⑦所需存貨市場供應充足，不會因買不到需要的存貨而影響其他方面。

設立了上述假設後，TC_s 為零，存貨的平均儲存量 $\bar{E}$ 就等於 $Q/2$，存貨總成本的公式可以簡化為：

$$TC = F_1 + \frac{D}{Q}K + DU + F_2 + K_c\frac{Q}{2}$$

為了確定經濟批量，可採用公式法來進行計算。

當 F_1、K、D、U、F_2、K_c 為常數量時，TC 的大小取決於 Q。為了求出 TC 的極小值，對其進行求導演算，可得出下列公式：

$$Q^* = \sqrt{\frac{2KD}{K_c}}$$

這一公式稱為經濟訂貨量基本模型，求出的每次訂貨批量，可使 TC 達到最小值。
這個基本模型還可以演變為其他形式：
每年最佳訂貨次數公式：

$$N^* = \frac{D}{Q^*} = \frac{D}{\sqrt{\frac{2KD}{K_c}}} = \sqrt{\frac{DK_c}{2K}}$$

與批量有關的存貨總成本公式：

$$TC（Q^*）= \frac{KD}{\sqrt{\frac{2KD}{K_c}}} + \frac{\sqrt{\frac{2KD}{K_c}}}{2} \cdot K_c = \sqrt{2KDK_c}$$

最佳訂貨週期公式：

$$t^* = \frac{1}{N^*} = \frac{1}{\sqrt{\frac{DK_c}{2K}}}$$

經濟訂貨量占用資金：

$$I^* = \frac{Q^*}{2} \cdot U = \frac{\sqrt{\frac{2KD}{K_c}}}{2} \cdot U = \sqrt{\frac{KD}{2K_c}} \cdot U$$

【例 7-7】某企業每年耗用某種材料 3,600 千克，單位存儲成本為 2 元，一次訂貨成本為 25 元。則：

$$Q^* = \sqrt{\frac{2KD}{K_c}} = \sqrt{\frac{2 \times 3,600 \times 25}{2}} = 300（千克）$$

$$N^* = \frac{D}{Q^*} = \frac{3,600}{300} = 12（次）$$

$$TC（Q^*）= \sqrt{2KDK_c} = \sqrt{2 \times 25 \times 3,600 \times 2} = 600（元）$$

$$t^* = \frac{1}{N^*} = \frac{1}{12} \text{ (年)} = 1 \text{ (個月)}$$

$$I^* = \frac{Q^*}{2} \cdot U = \frac{600}{2} \times 10 = 3,000 \text{ (元)}$$

2. 存貨陸續供應和使用的經濟訂貨量基本模型

經濟訂貨量基本模型是在前述各假設條件下建立的，但現實生活中能夠滿足這些假設條件的情況十分罕見。為使模型更接近於實際情況，具有較高的可用性，需逐一放寬假設，同時改進模型。

在建立基本模型時，假設存貨一次全部入庫，故存貨增加時存量變化為一條垂直的直線。事實上，各批存貨可能陸續入庫，存量陸續增加。尤其是產成品入庫和在產品轉移，幾乎總是陸續供應和陸續耗用的。

【例7-8】某零件年需用量（D）為7,200件，每日送貨量（P）為30件，每日耗用量（d）為10件，單價（U）為10元，一次訂貨成本（生產準備成本）（K）為50元，單位儲存變動成本（K_c）為2元。存貨數量的變動如圖7-6所示。

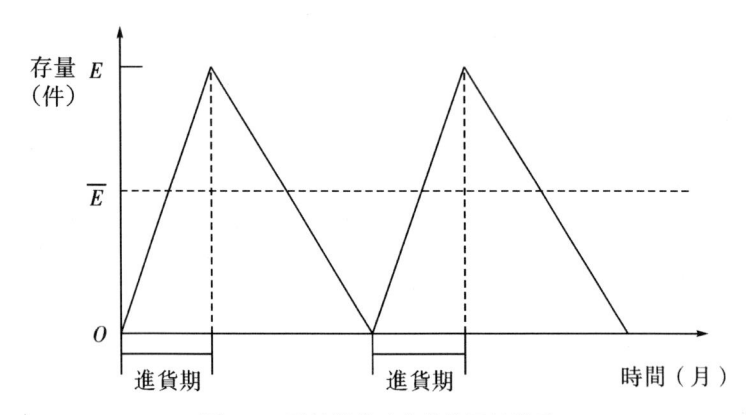

圖7-6 陸續供貨時存貨數量的變動

設每批訂貨批量為Q。由於每日送貨量為P，故該批貨全部送達所需日數為Q/P，稱為送貨期。

因零件每日耗用量為d，故送貨期內的全部耗用量為：

$$\frac{Q}{P} \cdot d$$

由於零件邊送邊用，所以每批送完時，最高庫存量為：

$$Q - \frac{Q}{P} \cdot d$$

平均存量則為：

$$\frac{1}{2}\left(Q - \frac{Q}{P} \cdot d\right)$$

圖7-6中的E表示最高庫存量，$\overline{E}$表示平均庫存量。這樣，與批量有關的總成

本為：

$$TC(Q) = \frac{D}{Q} \cdot K + \frac{1}{2}(Q - \frac{Q}{P} \cdot d) \cdot K_c = \frac{D}{Q} \cdot K + \frac{Q}{2}(1 - \frac{d}{P}) \cdot K_c$$

在訂貨變動成本與儲存變動成本相等時，$TC(Q)$ 有最小值，故存貨陸續供應和使用的經濟訂貨量公式為：

$$\frac{D}{Q} \cdot K = \frac{Q}{2}(1 - \frac{d}{P}) \cdot K_c$$

$$Q^* = \sqrt{\frac{2KD}{K_c} \times \frac{P}{P-d}}$$

將這一公式代入上述 $TC(Q)$ 公式，可得出存貨陸續供應和使用的經濟訂貨量總成本公式為：

$$TC(Q^*) = \sqrt{2KDK_c \times (1 - \frac{d}{P})}$$

將上述【例7-8】數據代入，則：

$$Q^* = \sqrt{\frac{2 \times 50 \times 7,200}{2} \times \frac{30}{30-10}} = 734 \text{（件）}$$

$$TC(Q^*) = \sqrt{2 \times 50 \times 7,200 \times 2 \times (1 - \frac{10}{30})} = 980 \text{（元）}$$

（二）訂貨時間的決策

1. 再訂貨點的概念

一般情況下，企業的存貨不能做到隨用隨時補充，因此不能等存貨用光再去訂貨，而需要在沒有用完時提前訂貨。在提前訂貨的情況下，企業再次發出訂貨單時，尚有存貨的庫存量，稱為再訂貨點，用 R 來表示。它的數量等於交貨時間（L）和每日平均需用量（d）的乘積：

$$R = L \cdot d$$

例如，企業訂貨日至到貨期的時間為10天，每日存貨需要量為10千克，那麼：

$R = L \cdot d$

$\quad = 10 \times 10$

$\quad = 100$（千克）

即企業在尚存100千克存貨時，就應當再次訂貨，等到下批訂貨到達時（再次發出訂貨單10天後），原有庫存剛好用完。此時，有關存貨的每次訂貨批量、訂貨次數、訂貨間隔時間等並無變化，與瞬時補充時相同。訂貨提前期的情形如圖7-7所示。也就是說，訂貨提前期對經濟訂貨量並無影響，可仍以原來瞬時補充情況下的300千克為訂貨批量，只不過在達到再訂貨點（庫存100千克）時即發出訂貨單罷了。

图7-7 订货提前期

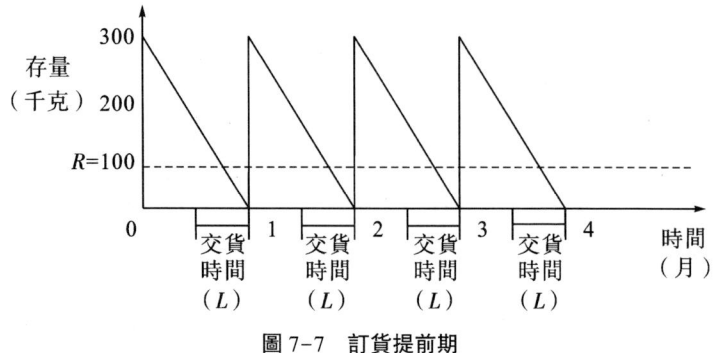

2. 保险储备

假定存货的供需稳定且确知，即每日需求量不变，交货时间也固定不变。實際上，每日需求量可能變化，交貨時間也可能變化。按照某一訂貨批量（如經濟訂貨批量）和再訂貨點發出訂單後，如果需求增大或送貨延遲，就會發生缺貨或供貨中斷。為防止由此造成的損失，就需要多儲備一些存貨以備應急之需，稱為保險儲備（安全存量）。這些存貨在正常情況下不動用，只有當存貨過量使用或送貨延遲時才動用。保險儲備如圖7-8 所示。

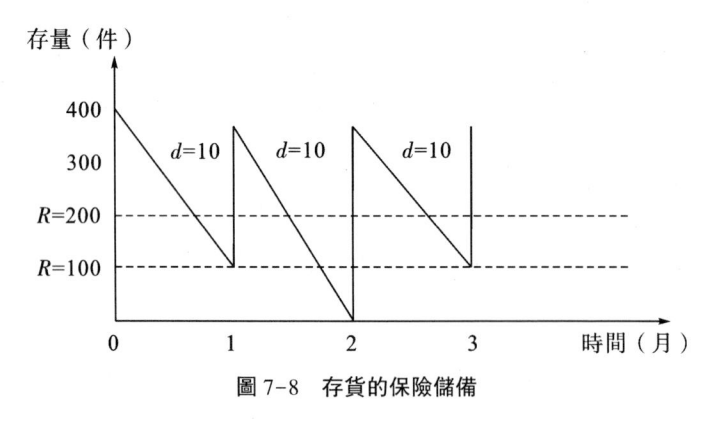

圖7-8 存貨的保險儲備

在圖7-8中，年需用量（D）為3,600件，已計算出經濟訂貨量為300件，每年訂貨12次。又知全年平均日需求量（d）為10件，平均每次交貨時間（L）為10天。為防止需求變化引起缺貨損失，設保險儲備量（B）為100件，再訂貨點R由此而相應提高為：

R = 交貨時間×平均日需求+保險儲備

　　= $L \cdot d + B$ = 10×10+100 = 200（件）

在第一個訂貨週期裡，$d=10$，不需要動用保險儲備；在第二個訂貨週期內，$d>10$，需求量大於供貨量，需要動用保險儲備；在第三個訂貨週期內，$d<10$，不僅不需要動用保險儲備，正常儲備亦未用完，下次存貨即已送到。

建立保險儲備，固然可以使企業避免缺貨或供應中斷造成的損失，但存貨平均儲備量加大會使儲備成本升高。研究保險儲備的目的，就是要找出合理的保險儲備量，

使缺貨或供應中斷損失和儲備成本之和最小。方法上可先計算出各不同保險儲備量的總成本，然後再對總成本進行比較，選定其中最低的。

如果設與此有關的總成本為 $TC（S、B）$，缺貨成本為 C_S，保險儲備成本為 C_B，則：

$$TC（S，B）= C_S + C_B$$

設單位缺貨成本為 K_U，一次訂貨缺貨量為 S，年訂貨次數為 N，保險儲備量為 B，單位存貨成本為 K_C，則：

$$C_S = K_U \cdot S \cdot N$$
$$C_B = B \cdot K_C$$
$$TC（S、B）= K_u \cdot S \cdot N + B \cdot K_C$$

現實中，缺貨量 S 具有概率性，其概率可根據歷史經驗估計得出，保險儲備量 B 可依選擇而定。

【例7-9】假定某存貨的年需要量 $D=7,600$ 件，單位儲存變動成本 $K_c=2$ 元，單位缺貨成本 $K_u=4$ 元，交貨時間 $L=10$ 天。已經計算出經濟訂貨量 $Q=600$ 件，每年訂貨次數 $N=12$ 次。交貨期內的存貨需要量及其概率分佈如表7-8所示。

表7-8　　　　　　　　交貨期內的存貨需要量及其概率分佈

需要量（10×d）	140	160	180	200	220	240	260
概率（P_i）	0.01	0.04	0.20	0.50	0.20	0.04	0.01

先計算不同保險儲備的總成本：

（1）不設置保險儲備量

即令 $B=0$，且以200件為再訂貨點。在此種情況下，當需求量為200件或以下時，不會發生缺貨，其概率為 0.75（0.01+0.04+0.20+0.50）；當需求量為220件時，缺貨10件（110-100），其概率為 0.20；當需求量為240件時，缺貨20件（120-100），其概率為 0.04；當需求量為260件時，缺貨30件（130-100），其概率為 0.01。因此，$B=0$ 時缺貨的期望值 S_0、總成本 $TC（S，B）$ 可計算如下：

$S_0 = (220-200) \times 0.2 + (240-200) \times 0.04 + (260-200) \times 0.01$
　　$= 6.2$（件）

$TC（S、B）= K_u \cdot S \cdot N + B \cdot K_C$
　　　　　$= 4 \times 6.2 \times 12 + 0 \times 2$
　　　　　$= 294.6$（元）

（2）保險儲備量為20件

即 $B=10$ 件，以220件為再訂貨點。在此種情況下，當需求量為220件或以下時，不會發生缺貨，其概率為 0.95（0.01+0.04+0.20+0.50+0.20）；當需求量為240件時，缺貨20件（240-220），其概率為 0.04；當需求量為260件時，缺貨40件（260-220），其概率為 0.01。因此，$B=10$ 件時缺貨的期望值 S_{10}、總成本 $TC（S、B）$ 可計算如下：

S_{10} =（240-220）×0.04+（260-240）×0.01
　　　=1.2（件）
TC（S、B）= $K_u \cdot S \cdot N + B \cdot K_C$
　　　　　　=4×1.2×12+20×2
　　　　　　=97.6（元）

（3）保險儲備量為40件

同樣運用以上方法，可計算S_{20}、TC（S、B）為：

S_{20} =（260-240）×0.01=0.2（件）

TC（S、B）= 4×0.2×12+40×2=89.6（元）

（4）保險儲備量為60件

即B=30件，以260件為再訂貨點。在此種情況下可滿足最大需求，不會發生缺貨，因此：

S_{30}=0

TC（S、B）= 4×0×12+60×2=120（元）

然後，比較上述不同保險儲備量的總成本，以低者為最佳。

當B=40件時，總成本為89.6元，是各總成本中最低的。故應確定保險儲備量為40件，或者說應確定以240件為再訂貨點。

以上舉例解決了由於需求量變化引起的缺貨問題。至於由於延遲交貨引起的缺貨，也可以通過建立保險儲備量的方法來解決。確定其保險儲備量時，可將延遲的天數折算為增加的需求量，其餘計算過程與前述方法相同。如前例，若企業延遲到貨3天的概率為0.01，則可認為缺貨30件（3×10）或者交貨期內需求量為130件（10×10+30）的概率為0.01。這樣就把交貨延遲問題轉換成了需求過量問題。

四、存貨的日常管理

伴隨著業務流程重組的興起以及計算機行業的發展，庫存管理系統也得到了很大的發展。從MRP（物料資源規劃）發展到MRP-Ⅱ（製造資源規劃），再到ERP（企業資源規劃），以及後來的柔性製造和供應鏈管理，甚至是外包（outsourcing）等管理方法的快速發展，都大大地推動了企業庫存管理方法的發展。這些新的生產方式把信息技術革命和管理進一步融為一體，提高了企業的整體運作效率。以下將對典型的庫存控製系統進行介紹。

（一）存貨的歸口分級管理

存貨的歸口分級控制，是加強存貨日常管理的一種重要方法。歸口分級管理的基本做法是在企業總經理的領導下，財務部門對企業的存貨資金實行集中統一管理，財務部門應該掌握整個企業存貨資金的佔用、耗費和週轉情況，實現企業資金使用的綜合平衡，加速資金週轉。實行存貨歸口分級管理，有利於調動各職能部門、各級單位和員工管好、用好存貨的積極性和主動性，把存貨管理同企業的生產經營結合起來，貫徹責權利相結合的原則。這一管理方法包括如下三項內容。

1. 在企業管理層領導下，財務部門對存貨資金實行統一管理

企業必須加強對存貨資金的集中、統一管理，促進供、產、銷相互協調，實現資金使用的綜合平衡，加速資金週轉。財務部門的統一管理主要包括如下幾方面工作：①根據國家財務制度和企業具體情況制定企業資金管理的各種制度；②認真測算各種資金占用數額，匯總編制存貨資金計劃；③把有關計劃指標進行分解，落實到有關單位和個人；④對各單位的資金使用情況進行檢查和分析，統一考核資金的使用情況。

2. 使用資金的歸口管理

根據使用資金和管理資金相結合、物資管理和資金管理相結合的原則，每項資金由哪個部門使用，就歸哪個部門管理。各項自今年歸口管理的分工如下：①原材料、燃料、包裝物等資金歸供應部門管理；②在產品和自製半成品占用的資金歸生產部門管理；③產成品資金歸銷售部門管理；④工具、用具占用的資金歸工具部門管理；⑤修理用備件占用的資金歸設備動力部門管理。

3. 實行資金的分級管理

各歸口的管理部門要根據具體情況將資金計劃指標進行分解，分配給所屬單位或個人，層層落實，實行分級管理。具體分解過程可按如下方式進行：①原材料資金計劃指標可分配給供應計劃、材料採購、倉庫保管、整理準備各業務組管理；②在產品資金計劃指標可分配給各車間、半成品庫管理；③成品資金計劃指標可分配給銷售、倉庫保管、成品發運各業務組管理。

(二) ABC 分類法

ABC 分類法就是把企業種類繁多的存貨，依據其重要程度、價值大小或者資金占用多少等標準分為三大類：A 類高價值庫存，品種數量約占整個庫存的 10% 至 15%，但價值約占全部庫存的 50% 至 70%；B 類中等價值庫存，品種數量約占全部庫存的 20% 至 25%，價值約占全部庫存的 15% 至 20%；C 類低價值庫存，品種數量多，約占整個庫存的 60% 至 70%，價值約占全部庫存的 10% 至 35%。針對不同類別的庫存，分別採用不同的管理方法，A 類庫存應作為管理的重點，對其實行重點控製、嚴格管理，而對 B 類和 C 類庫存的重視程度則可依次降低，採取一般管理。

(三) 適時制庫存控製系統

適時制庫存控製系統在中國早就引進了，又稱零庫存管理或看板管理系統。它最早是由豐田公司提出並將其應用於實踐的，是指製造企業事先和供應商和客戶協調好：只有當製造企業在生產過程中需要原料或零件時，供應商才會將原料或零件送來；而每當產品生產出來就被客戶拉走。這樣，製造企業的庫存持有水平就可以大大下降。顯然，適時制庫存控製系統需要的是穩定而標準的生產程序以及供應商的誠信，否則，任何一環出現差錯將導致整個生產線的停止。目前，已有越來越多的公司利用適時制庫存控製系統減少甚至消除對庫存的需求——實行零庫存管理，比如沃爾瑪、海爾等。適時制庫存控製系統進一步的發展被應用於企業生產管理過程中——集開發、生產、庫存分銷於一體，大大提高了企業的運營管理效率。

第五節　銀行短期借款

企業的借款通常按其流動性或償還時間的長短，劃分為短期借款和長期借款。短期借款是指企業向銀行或其他金融機構借入的期限在一年（含一年）以內的各種借款。

一、短期借款的種類

中國目前的短期借款按照目的和用途分為若干種，主要有生產週轉借款、臨時借款、結算借款等。按照國際通行做法，短期借款還可依償還方式的不同，分為一次性償還借款和分期償還借款；依利息支付方法的不同，分為收款法借款、貼現法借款和加息法借款；依有無擔保，分為抵押借款和信用借款等。

企業在申請借款時，應根據各種借款的條件和需要加以選擇。

二、短期借款的信用條件

按照國際通行做法，銀行發放短期借款往往帶有一些信用條件，主要有：

1. 信貸限額

信貸限額是銀行對借款人規定的無擔保貸款的最高額。信貸限額的有限期限通常為 1 年，但根據情況也可延期 1 年。一般來講，企業在批准的信貸限額內，可隨時使用銀行借款。但是，銀行並不承擔必須提供全部信貸限額的義務。如果企業信譽惡化，即使銀行曾同意按信貸限額提供貸款，企業也可能得不到借款。這時，銀行不會承擔法律責任。

2. 週轉信貸協定

週轉信貸協定是銀行具有法律義務地承諾提供不超過某一最高限額的貸款協定，在協定的有效期內，只要企業的借款總額未超過最高限額，銀行必須滿足企業任何時候提出的借款要求。企業享用週轉信貸協定，通常要就貸款限額的未使用部分付給銀行一筆承諾費（commitment fee）。

【例 7-10】某週轉信貸額為 1,100 萬元，承諾費率為 0.5%，借款企業年度內使用了 600 萬元，餘額為 500 萬元。借款企業該年度就要向銀行支付承諾費 2.5 萬元（500×0.5%），這是銀行向企業提供此項貸款的一項附加條件。

週轉信貸協定的有效期通常超過 1 年，但實際上貸款每幾個月發放一次，所以這種信貸具有短期和長期借款的雙重特點。

3. 補償性餘額

補償性餘額是銀行要求借款企業在銀行中保持貸款限額或實際貸款額一定百分比（一般為 10%~20%）的最低存款餘額。從銀行的角度講，補償性餘額可降低貸款風險，補償可能遭受的貸款損失。對於借款企業來講，補償性餘額則提高了借款的實際利率。

【例 7-11】某企業按年利率 9% 向銀行借款 10 萬元，銀行要求維持貸款限額 10%

的補償性餘額，那麼企業實際可用的借款只有 9 萬元。該項借款的實際利率則為：

$$實際利率 = \frac{10 \times 9\%}{9} = 10\%$$

4. 借款抵押

銀行向財務風險較大的企業或對其信譽不甚有把握的企業發放貸款，有時需要有抵押品擔保，以降低自己蒙受損失的風險，短期借款的抵押品經常是借款企業的應收帳款、存貨、股票、債券等。銀行接受抵押品後，根據抵押品的面值決定貸款金額，一般為抵押品面值的 30%～90%。這一比例，取決於抵押品的變現能力和銀行的風險偏好。抵押借款的成本通常高於非抵押借款，這是因為銀行主要向信譽好的客戶提供非抵押貸款，而將抵押貸款看成一種風險投資，故而收取較高的利率；同時銀行管理抵押貸款要比管理非抵押貸款困難，為此往往另外收取手續費。

另外，企業向貸款人提供抵押品，會限制其財產的使用和將來的借款能力。

5. 償還條件

貸款的償還有到期一次償還和在貸款期內定期（每月、季）等額償還兩種方式。一般來講，企業不希望採用後一種償還方式，因為這會提高借款的實際利率；而銀行不希望採用前一種償還方式，因為這會加重企業的財務負擔，增加企業的拒付風險，同時會降低實際貸款利率。

6. 其他承諾

銀行有時還要求企業為取得貸款而做出其他承諾，如及時提供財務報表，保持適當的財務水平（如特定的流動比率）等。如企業違背所做出的承諾，銀行可要求企業立即償還全部貸款。

三、短期借款利率及利息的支付方式

短期借款的利率多種多樣，利息支付方法也不同，銀行可根據借款企業的情況選用。

1. 借款利率

借款利率分為以下三種：

（1）優惠利率

優惠利率是銀行向財力雄厚、經營狀況好的企業貸款時收取的名義利率，為貸款利率的最低限。

（2）浮動優惠利率

這是一種隨其他短期利率的變動而浮動的優惠利率，即隨市場條件的變化而隨時調整變化的優惠利率。

（3）非優惠利率

這是銀行貸款給一般企業時收取的高於優惠利率的利率。這種利率經常在優惠利率的基礎上加一定的百分比。比如，銀行按高於優惠利率 1% 的利率向某企業貸款，若當時的最優利率為 8%，向該企業貸款收取的利率即為 9%；若當時的最優利率為 7.5%，向該企業貸款收取的利率即為 8.5%。非優惠利率與優惠利率之間的差距，由

借款企業的信譽、與銀行的往來關係及當時的信貸狀況決定。

2. 借款利息的支付方法

一般來講，借款企業可以用三種方法支付銀行貸款利率。

（1）收款法

收款法是在借款到期時向銀行支付利息的方法，也叫利隨本清法。銀行向工商企業發放的貸款大都採用這種方法收息。採用收款法，借款的實際利率等於借款的名義利率。

（2）貼現法

貼現法是銀行向企業發放貸款時，先從本金中扣除利息部分，而到期時借款企業則要償還貸款全部本金的一種計息方法。採用這種方法，企業可利用的貸款額只有本金減去利息部分後的差額，因此貸款的實際利率高於名義利率。

$$實際利率 = \frac{利息支出}{借款總額 - 利息支出} \times 100\%$$

【例7-12】某企業從銀行取得借款10,000元，期限為1年，年利率（即名義利率）為9%，利息額900元（10,000×9%）。按照貼現法付息，企業實際可利用的貸款為9,100元（10,000-900）。該項貸款的實際利率為：

$$實際利率 = \frac{900}{9,100} \times 100\% = 98.9\%$$

（3）加息法

加息法是銀行發放分期等額償還貸款時採用的利息收取方法。在分期等額償還貸款的情況下，銀行將根據名義利率計算的利息加到貸款本金上，計算出貸款的本息和，要求企業在貸款期內分期償還本息之和的金額。由於貸款分期均衡償還，借款企業實際上只平均使用了貸款本金的半數，卻支付了全額利息。這樣，企業所擔負的實際利率便高於名義利率大約1倍。

$$實際利率 = \frac{利息支出}{借款實際使用額} \times 100\%$$

【例7-13】某企業借入（名義）年利率為10%的貸款40,000元，分12個月等額償還本息。該項借款的實際利率為：

$$實際利率 = \frac{40,000 \times 10\%}{40,000 \div 2} = 20\%$$

四、企業對銀行的選擇

隨著金融信貸業的發展，可向企業提供貸款的銀行和非銀行金融機構增多，企業有可能在各貸款機構之間做出選擇，以圖對己最為有利。

選擇銀行時，重要的是要選用適宜的借款種類、借款成本和借款條件，此外還應考慮下列有關因素：

1. 銀行對貸款風險的政策

通常銀行對其貸款風險有著不同的政策：有的傾向於保守，只願承擔較小的貸款

風險；有的富於開拓，敢於承擔較大的貸款風險。

2. 銀行對企業的態度

不同的銀行對企業的態度各不一樣。有的銀行肯於積極地為企業提供建議，幫助分析企業潛在的財務問題，提供良好的服務，樂於為具有發展潛力的企業發放大量貸款，在企業遇到困難時幫助其渡過難關；也有的銀行很少提供諮詢服務，在企業遇到困難時一味地為清償貸款而向其施加壓力。

3. 貸款的專業化程度

一些大銀行設有不同的專業部門，分別處理不同類型、不同行業的貸款。企業與這些擁有豐富專業化貸款經驗的銀行合作，會更多地受益。

4. 銀行的穩定性

穩定的銀行可以保證企業的貸款不致中途發生變故。銀行的穩定性取決於它的資本規模、存款水平波動程度和存款結構。一般來講，資本雄厚、存款水平波動小、定期存款比重大的銀行穩定性好；反之，則穩定性差。

五、短期借款籌資的優缺點

1. 短期借款籌資的優點

（1）銀行資金充足，實力雄厚，能隨時為企業提供比較多的短期貸款。對於季節性和臨時性的資金需求，採用銀行短期借款尤為方便。而那些規模大、信譽好的企業，則可以比較低的利率借入資金。

（2）銀行短期借款具有較好的彈性，可在資金需要增加時借入，在資金需要減少時還款。

2. 短期借款籌資的缺點

（1）資金成本較高。採用短期借款成本比較高，不僅不能與商業信用相比，與短期融資券相比也高出許多。而抵押借款因需要支付管理和服務費用，成本更高。

（2）限制較多。向銀行借款，銀行要對企業的經營和財務狀況進行調查以後才能決定是否貸款，有些銀行還要求對企業擁有一定的控製權，要企業把流動比率、負債比率維持在一定的範圍之內，這些都會構成對企業的限制。

第六節　商業信用

一、商業信用的概念及形式

商業信用是指在商品交易中由於延期付款或預收貨款所形成的企業間的借貸關係。商業信用產生於商品交換之中，是所謂的「自發性籌資」。雖然按照慣例，經常把它們歸入自發性負債，但嚴格來說它是企業主動選擇的一種籌資行為，並非完全不可控的自發行為。商業信用運用廣泛，在短期負債籌資中佔有相當大的比重。

商業信用的具體形式有應付帳款、應付票據、預收帳款等。

1. 應付帳款

應付帳款是企業購買貨物暫時未付款而欠對方的帳項，即賣方允許買方在購貨後一定時期內支付貨款的一種形式。賣方利用這種方式促銷，而對買方來說延期付款則等於向賣方借用資金購進商品，可以滿足短期的資金需要。

2. 應付票據

應付票據是企業進行延期付款商品交易時開具的反應債權債務關係的票據。根據承兌人不同，應付票據分為商業承兌匯票和銀行承兌匯票兩種。支付期最長不超過6個月。應付票據可以帶息，也可以不帶息。應付票據的利率一般比銀行借款的利率低，且不用保持相應的補償餘額和支付協議費，所以應付票據的籌資成本低於銀行借款成本。但是應付票據到期必須歸還，如延期便要交付罰金，因而風險較大。

3. 預收帳款

預收帳款是賣方企業在交付貨物之前向買方預先收取部分或全部貨款的信用形式。對於賣方來講，預收帳款相當於向買方借用資金後用貨物抵償。預收帳款一般用於生產週期長、資金需要量大的貨物銷售。

此外，企業往往還存在一些在非商品交易中產生，但亦為自發性籌資的應付費用，如應付職工薪酬、應交稅費、其他應付款等。應付費用使企業收益在前，費用支付在後，相當於享用了收款方的借款，在一定程度上緩解了企業的資金需要。應付費用的期限具有強制性，不能由企業自有斟酌使用，但通常不需花費代價。

二、應付帳款的成本

與應收帳款相對應，應付帳款也有付款期、折扣等信用條件。應付帳款可以分為免費信用、有代價信用和展期信用。

1. 免費信用

免費信用，即買方企業在規定的折扣期內享受折扣而獲得的信用，這種情況下企業沒有因為享受信用而付出代價。

【例7-14】某企業按 2/10、n/30 的條件購入貨物 20 萬元。如果該企業在 10 天內付款，便享受了 10 天的免費信用期，並獲得折扣 0.4 萬元（20×2%），免費信用額為 19.6 萬元（20-0.4）。

2. 有代價信用

有代價信用，即買方企業因放棄折扣，付出代價而獲得的信用，在這種情況下企業便要承受因放棄折扣而造成的隱含利息成本。一般而言，放棄現金折扣的成本可由下式求得：

$$放棄現金折扣成本 = \frac{折扣百分比}{1-折扣百分比} \times \frac{360}{信用期（或付款期）-折扣期} \times 100\%$$

【例7-15】沿【例7-14】，倘若買方企業放棄折扣，在 10 天後（不超過 30 天）付款，運用上式，該企業放棄折扣所負擔的成本為：

$$\frac{2\%}{1-2\%} \times \frac{360}{30-10} \times 100\% = 36.7\%$$

公式表明，放棄現金折扣的成本與折扣百分比、折扣期同方向變化，與信用期反方向變化。如果買方企業放棄折扣而獲得信用，其代價是較高的。

3. 展期信用

展期信用，即買方企業超過規定的信用期推遲付款而強制獲得的信用，在這種情況下企業也要承受因放棄折扣而造成的隱含利息成本。

【例7-16】沿【例7-14】，如果企業延至60天付款，其成本則為：

$$\frac{2\%}{1-2\%} \times \frac{360}{60-10} \times 100\% = 14.7\%$$

可見，企業在放棄折扣的情況下，推遲付款的時間越長，其成本便會越小。但要考慮到，這種成本降低是以企業的信用喪失為代價的，會降低企業的信用等級，可能會使企業在以後的經營活動中遭遇更為苛刻的信用條件。

三、利用現金折扣的決策

在附有信用條件的情況下，因為獲得不同信用要負擔不同的代價，買方企業便要在利用哪種信用之間做出決策。一般說來：

如果能以低於放棄折扣的隱含利息成本（實質是一種機會成本）的利率借入資金，便應在現金折扣期內用借入的資金支付貨款，享受現金折扣。比如，同期的銀行短期借款年利率為12%，則買方企業應利用更便宜的銀行借款在折扣期內償還應付帳款；反之，企業應放棄折扣。

如果在折扣期內將應付帳款用於短期投資，所得的投資收益率高於放棄折扣的隱含利息成本，則應放棄折扣而去追求更高的收益。當然，假使企業放棄折扣優惠，也應將付款日推遲至信用期內的最後一天（如【例7-15】中的第30天），以降低放棄折扣的成本。

如果企業因缺乏資金而欲展延付款期（如【例7-16】中將付款日推遲到第60天），則需在降低了的放棄折扣成本與展延付款帶來的損失之間做出選擇。展延付款帶來的損失主要是指因企業信譽惡化而喪失供應商乃至其他貸款人的信用，或日後招致苛刻的信用條件。

如果面對兩家以上提供不同信用條件的賣方，應通過衡量放棄折扣成本的大小，選擇信用成本最小（或所獲利益最大）的一家。比如，【例7-15】中另有一家供應商提出 $1/20$、$n/40$ 的信用條件，其放棄折扣的成本為：

$$放棄折扣成本 = \frac{1\%}{1-1\%} \times \frac{360}{40-20} \times 100\% = 18.2\%$$

所以，應選擇第二家供應商。

四、商業信用籌資的優缺點

1. 商業信用籌資的優點

（1）商業信用容易獲得

商業信用的載體是商品購銷行為，企業總有一批既有供需關係又有相互信用基礎

的客戶，所以對大多數企業而言，應付帳款和預收帳款是自然的、持續的信貸形式。商業信用的提供方一般不會對企業的經營狀況和風險做嚴格的考量，企業無須辦理像銀行借款那樣複雜的手續便可取得商業信用，有利於應對企業生產經營之急需。

（2）企業有較大的機動權

企業能夠根據需要選擇決定籌資的金額和期限，要比銀行借款等其他方式靈活得多，甚至如果在期限內不能付款或交貨時，一般還可以通過與客戶協商，請求延長時限。

（3）企業一般不用提供擔保

通常，商業信用籌資不需要第三方擔保，也不會要求籌資企業用資產進行擔保。這樣，在出現逾期付款或交貨的情況時，可以避免像銀行借款那樣面臨抵押資產被處置的風險，企業的生產經營能力在相當長的一段時間內不會受到限制。

2. 商業信用籌資的缺點

（1）商業信用籌資成本高

儘管商業信用的籌資成本是一種機會成本，但由於商業信用籌資屬於臨時性籌資，如果企業放棄現金折扣，其籌資成本比銀行信用較高。

（2）容易惡化企業的信用水平

商業信用的期限短，還款壓力大，對企業現金流量管理的要求很高。如果長期和經常性地拖欠帳款，會造成企業的信譽惡化。

（3）受外部環境影響較大

商業信用籌資受外部環境影響較大，穩定性較差，即使不考慮機會成本，也是不能無限利用的。一是受商品市場的影響，如當求大於供時，賣方可能停止提供信用。二是受資金市場的影響，當市場資金供應緊張或有更好的投資方向時，商業信用籌資就可能遇到障礙。

第七節　短期融資券

短期融資券（以下簡稱融資券），是由企業依法發行的無擔保短期本票。在中國，短期融資券是指企業依照《短期融資券管理辦法》的條件和程序在銀行間債券市場發行和交易的、約定在期限不超過 1 年內還本付息的有價證券。中國人民銀行對融資券的發行、交易、登記、託管、結算、兌付進行監督管理。

一、短期融資券的特徵和條件

（1）發行人為非金融企業，發行企業均應經過在中國境內工商註冊且具備債券評級能力的評級機構的信用評級，並將評級結果向銀行間債券市場公示。

（2）發行和交易的對象是銀行間債券市場的機構投資者，不向社會公眾發行和交易。

（3）融資券的發行由符合條件的金融機構承銷，企業不得自行銷售融資券，發行融資券募集的資金用於本企業的生產經營。

（4）對企業發行融資券實行餘額管理，待償還融資券餘額不超過企業淨資產的 40%。

（5）融資券採用實名記帳方式在中央國債登記結算有限責任公司（簡稱中央結算公司）登記託管，中央結算公司負責提供有關服務。

（6）融資券在債權債務登記日的次一工作日，即可以在全國銀行間債券市場的機構投資人之間流通轉讓。

二、短期融資券的種類

（1）按發行人不同分類，短期融資券分為金融企業的融資券和非金融企業的融資券。在中國，目前發行和交易的是非金融企業的融資券。

（2）按發行方式不同分類，短期融資券分為經紀人承銷的融資券和直接銷售的融資券。非金融企業發行融資券一般採用間接承銷方式進行，金融企業發行融資券一般採用直接發行方式進行。

三、短期融資券的發行程序

（1）公司做出發行短期融資券的決策；
（2）辦理髮行短期融資券的信用評級；
（3）向有關審批機構（中國人民銀行）提出發行申請；
（4）審批機關對企業提出的申請進行審查和批准；
（5）正式發行短期融資券，取得資金。

四、發行短期融資券的籌資特點

（1）短期融資券的籌資成本較低。相對於發行公司債券籌資而言，發行短期融資券的籌資成本較低。

（2）短期融資券籌資數額比較大。相對於銀行借款籌資而言，短期融資券一次性的籌資數額比較大。

（3）發行短期融資券的條件比較嚴格。必須具備一定信用等級的實力強的企業，才能發行短期融資券。

五、應收帳款保理

（一）保理的概念

保理是保付代理的簡稱，是指保理商與債權人簽訂協議，轉讓其對應收帳款的部分或全部權利與義務，並收取一定費用的過程。

在《國際保理公約》中，保理又稱托收保付，是指賣方（供應商或出口商）與保理商間存在的一種契約關係。根據契約，賣方將其現在或將來的基於其與買方（債務人）訂立的貨物銷售（服務）合同所產生的應收帳款轉讓給保理商，由保理商提供下列服務中的至少兩項：貿易融資、銷售分戶帳管理、應收帳款的催收、信用風險控製與壞帳擔保。可見，保理是一項綜合性的金融服務方式，其同單純的融資或收帳管理

有本質區別。

應收帳款保理是企業將賒銷形成的未到期應收帳款在滿足一定條件的情況下，轉讓給保理商，以獲得銀行的流動資金支持，加快資金的週轉。

(二) 保理的種類

在現實運作中，保理業務有不同的操作方式，因而有多種類型。按照風險承擔方式的不同，保理可以分為如下幾種：

1. 有追索權的保理和無追索權的保理

如果按照保理商是否有追索權來劃分，保理可以分為有追索權的保理和無追索權的保理。如果保理商對毫無爭議的已核準的應收帳款提供壞帳擔保，則稱為無追索權保理，此時保理商必須為每個買方客戶確定賒銷額，以區分已核準與未核準應收帳款。此類保理業務較常見。另一類是有追索權保理，此時保理商不負責審核買方資信，不確定賒銷額度，也不提供壞帳擔保，僅提供貿易融資、帳戶管理及債款回收等服務，如果出現壞帳，無論其原因如何，保理商都有權向供貨商追索預付款。

2. 明保理和暗保理

按保理商是否將保理業務通知買方來劃分，保理可以分為明保理和暗保理。暗保理即供貨商為了避免讓對方知道自己因流動資金不足而轉讓應收帳款，並不將保理商的參與通知給買方，貨款到期時仍由供貨商出面催款，再向保理商償還預付款。

3. 折扣保理和到期保理

如果保理商提供預付款融資，則為融資保理，又稱為折扣保理。供貨商將發票交給保理商時，只要是在信用銷售額度內的已核準應收帳款，保理商立即支付不超過發票金額80%的現款，餘額待收妥後結清。如果保理商不提供預付帳款融資，而是在賒銷到期時才支付，則為到期保理，屆時不管貨款是否收到，保理商都必須支付貨款。

(三) 應收帳款保理的作用

1. 低成本融資，加快資金週轉

保理業務的成本要明顯低於短期銀行貸款的利息成本，銀行只收取相應的手續費用。而且如果企業使用得當，可以循環使用銀行對企業的保理業務授信額度，從而最大限度地發揮保理業務的融資功能。對於那些客戶實力較強、有良好信譽、收款期限較長的企業，作用尤為明顯。

2. 增強銷售能力

銷售商由於有進行保理業務的能力，會對採購商的付款期限做出較大讓步，從而大大增加了銷售合同成功簽訂的可能性，拓寬了企業的銷售渠道。

3. 改善財務報表

在無追索權的買斷式保理方式下，企業可以在短期內大大降低應收帳款的餘額水平，加快應收帳款的週轉速度，改善財務報表的資產管理比率指標。

4. 融資功能

應收帳款保理，實質上還是一種利用未到期應收帳款這種流動資產作為抵押從而獲得銀行短期借款的一種融資方式。

思考與練習

一、簡答題

1. 營運資本管理的內容有哪些？
2. 企業持有現金的動機和現金管理的成本分別是什麼？
3. 應收帳款的持有動機和應收帳款管理的成本分別是什麼？
4. 如何制定收帳政策？
5. 持有存貨的意義和存貨管理的成本分別是什麼？
6. 銀行短期借款的種類有哪些？
7. 企業如何選擇貸款銀行？
8. 短期融資券應該遵循什麼樣的發行程序？

二、計算題

1. 某公司預計全年需要現金 80,000 元，現金與有價證券的交易成本為每次 400 元，有價證券的利息率為 25%。

【要求】

計算該企業的最佳現金餘額。

2. 某企業 2008 年 A 產品銷售收入為 4,000 萬元，總成本為 3,000 萬元，其中固定成本為 600 萬元。2009 年該企業有兩種信用政策可供選用：

甲方案：給予客戶 60 天信用期限（n/60），預計銷售收入為 5,000 萬元，貨款將於第 60 天收到，其信用成本為 140 萬元。

乙方案：信用政策為「2/10，1/20，n/90」，預計銷售收入為 5,400 萬元，將有 30% 的貨款於第 10 天收到，20% 的貨款於第 20 天收到，其餘 50% 的貨款於第 90 天收到（前兩部分貨款不會產生壞帳，後一部分貨款的壞帳損失率為該部分貨款的 4%）。收帳費用為 50 萬元。

該企業 A 產品銷售額的相關範圍為 3,000～6,000 萬元，企業的資金成本率為 8%。（為簡化計算，本題不考慮增值稅因素；1 年按 360 天計算）

【要求】

（1）計算該企業 2008 年的下列指標：

①變動成本總額；

②以銷售收入為基礎計算的變動成本率。

（2）計算乙方案的下列指標：

① 應收帳款平均收帳天數；

② 應收帳款平均餘額；

③ 應收帳款占用資金；

④ 應收帳款機會成本；

⑤ 壞帳損失；

⑥ 乙方案的現金折扣；

⑦ 邊際貢獻總額；

⑧ 稅前收益。

（3）計算甲方案的稅前收益。

（4）為該企業做出採用何種信用政策的決策，並說明理由。

3. 某公司的年賒銷收入為360萬元，平均收帳期為40天，壞帳損失為銷售額的10%，年收帳費用為5萬元。該公司認為通過增加收帳人員等措施，可以使平均收帳期降為30天，壞帳損失下降為銷售額的4%。假設公司的資金成本率為6%，變動成本率為50%。

【要求】

假設上述變更經濟合理，計算新增收帳費用的上限（1年按360天計算）。

4. 甲公司是一家分銷商，商品在香港生產然後運至上海。管理當局預計2011年度需求量為14,400套。購進單價為200元。訂購和儲存這些商品的相關資料如下：

（1）每份訂單的固定成本為280元，每年的固定訂貨費用為40,000元。

（2）產品從生產商運抵上海後，接收部門要進行檢查，為此雇用一名檢驗人員。每個訂單的抽檢工作需要0.5小時，發生的變動費用為每小時16元。

（3）公司租借倉庫來存儲商品，估計成本為每年2,500元，另外加上每件6元。

（4）在儲存過程中會出現破損，估計破損成本為平均每件18元。

（5）占用資金利息等其他儲存成本為每件12元。

（6）從發出訂單到貨物運到上海需要4個工作日。

（7）為防止供貨中斷，公司設置了100套的保險儲備。

（8）公司每年經營50週，每週營業6天。

【要求】

（1）計算每次訂貨費用；

（2）計算單位存貨年變動儲存成本；

（3）計算經濟訂貨批量；

（4）計算每年與批量相關的存貨總成本；

（5）計算再訂貨點；

（6）計算每年存貨總成本。

5. 某企業從銀行取得借款500萬元（名義借款額），期限為1年，名義利率為10%。

【要求】

計算下列幾種情況下的實際利率：

（1）收款法付息；

（2）貼現法付息；

（3）銀行規定補償性餘額為15%；

（4）銀行規定補償性餘額為15%，並按貼現法付息。

6. 某公司購入20萬元商品，賣方提供的信用條件為「2/10，n/30」，若企業由於資金緊張，延至第50天付款。

【要求】

計算放棄折扣的成本是多少。

7. 如果一家公司正面臨兩家提供不同信用條件的賣方。甲公司信用條件為「3/10，n/30」，乙公司信用條件為「2/20，n/30」。

【要求】

（1）如該筆款項在10~30天有機會投資於回報率為60%的項目，公司是否應在10天內歸還甲公司的應付帳款，以取得3%的折扣？

（2）若該公司只能在20~30天付款，那麼應該選擇哪家供應商？

8. 某公司向銀行借款200,000元，借款年利率為8%，借款期限為1年。

【要求】

試計算並比較公司採用收款法、貼現法和加息法這三種付息方式的實際利率（加息法分12個月等額還本付息）。

第八章 股利分配管理

案例導讀：

國際商業機器公司（IBM）為何調整股利政策？

1989 年以前，IBM 公司的股利每年以 7% 的速度增長。1989—1991 年，IBM 公司的每股股利穩定在每年 4.89 美元/股，即平均每季度 1.22 美元/股。1992 年 1 月 26 日上午 9 時 2 分，《財務新聞直線》公布了 IBM 公司新的股利政策，季度每股股利從 1.21 美元調整為 0.54 美元，下降超過 50%。維持多年的穩定的股利政策終於發生了變化。

IBM 公司董事會指出：這個決定是在慎重考慮 IBM 的盈利和公司未來的長期發展的基礎上做出的，同時也考慮到了給廣大股東一個合適的回報率。這是一個為了維護股東利益和公司未來最好發展的長期利益，維持公司穩健的財務狀況，綜合考慮多種影響因素之後做出的決定。1993 年，IBM 的問題累積成堆，股利不得不從 2.16 美元再次削減到 1.00 美元。

在此之前，許多投資者和分析人士已經預計到 IBM 將削減其成利，因為它沒有充分估計到微型計算機的巨大市場，沒有盡快從大型計算機市場轉向微型計算機市場。IBM 的大量資源被套在銷路不好的產品上。同時，在 20 世紀 80 年代，IBM 將一些有利可圖的項目，如軟件開發、芯片等拱手讓給微軟和英特爾，使得後者獲得了豐厚的、創紀錄的利潤。結果是：IBM 公司在 1992 年創造了美國公司歷史上最大的年度虧損，股票價格下跌 60%，股利削減 53%。

面對 IBM 的問題，老的管理層不得不辭職。到了 1994 年，新的管理層所推行的改革措施開始奏效，公司從 1993 年的虧損轉為盈利，1994 年的每股盈餘（EPS）達到 4.92 美元，1995 年的 EPS 則高達 11 美元。因為 IBM 公司恢復了盈利，股利政策又重新提上議事日程……最後，IBM 董事會批准了一個龐大的股票回購計劃——回購 50 億美元，使得股東的政利達到 1.4 美元/股。1993 年是 IBM 股價最為低迷的時候，最低價格是 40.75 美元/股；最高價格是 1987 年，為 176 美元/股。股利政策調整後，IBM 的股價上升到 128 美元/股。

價值線（Value Line）預測：1999 年 IBM 公司的 EPS 將達到 15.5 美元，股利將達到 3 美元/股，股票價格將達到 200 美元/股。結局如何，投資者拭目以待！

資料來源：黃虹. 財務管理基礎 [M]. 上海：上海財經大學出版社，2013：255.

通過 IBM 調整其股利分配方案，我們知道，股利分配政策的變化會影響股價的變化，那麼派發較高的現金股利一定會導致公司股價上升嗎？學習完本章，你將知道答案是並不一定。

第一節　利潤分配概述

根據中國公司法的規定，公司進行利潤分配涉及的項目包括盈餘公積和股利兩部分。公司稅後利潤分配的順序是：

1. 彌補以前年度虧損

按中國財務和稅務制度的規定，公司的年度虧損可以由下一年度的稅前利潤彌補；下一年度稅前利潤尚不足以彌補的，可以自以後年度的利潤繼續彌補，但用稅前利潤彌補以前年度虧損的連續期限不得超過 5 年。5 年內彌補不足的，用本年稅後利潤彌補。本年淨利潤加上年初未分配利潤為公司可供分配的利潤，只有可供分配的利潤大於零時，公司才能進行後續分配。

2. 提取法定盈餘公積金

公司按抵減年初累計虧損後的本年淨利潤計提法定盈餘公積金。提取公積金的基數，不一定是可供分配的利潤，也不一定是本年的稅後利潤。只有不存在年初累計虧損時，才能按本年稅後利潤計算應提取數。法定盈餘公積金以淨利潤扣除以前年度虧損為基數，按 10%提取。即公司年初未分配利潤為借方餘額時，法定盈餘公積金計提基數為：本年淨利潤-年初未分配利潤（借方）餘額。若公司年初未分配利潤為貸方餘額時，法定盈餘公積金計提基數為本年淨利潤，未分配利潤貸方餘額在計算可供投資者分配的淨利潤時計入。當公司法定盈餘公積達到註冊資本的 50%時，可不再提取。法定盈餘公積金主要用於彌補公司虧損和按規定轉增資本金，但轉增資本金後的法定盈餘公積金一般不低於註冊資本的 25%。

3. 提取任意盈餘公積金

公司從稅後利潤中提取法定盈餘公積金後，經股東會或者股東大會決議，還可以從稅後利潤中提取任意盈餘公積金。任意盈餘公積金的提取是企業為了滿足企業管理的需要、控制和調整利潤分配的水平，按公司章程或股東會議決議而對利潤分配做出的限制，提取比例由董事會決定。

股份有限公司以超過股票票面金額的價格發行股份所得的溢價款以及國務院財政部門規定列入資本公積金的其他收入，應當列為公司資本公積金。公司的公積金用於彌補公司的虧損、擴大公司生產經營或者轉增公司資本。但是，資本公積金不得用於彌補公司的虧損。

4. 向投資者分配利潤

公司本年淨利潤扣除彌補以前年度虧損、提取法定盈餘公積金和任意盈餘公積金後的餘額，加上年初未分配利潤貸方餘額，即為公司本年可供投資者分配的利潤，按照分配與累積並重原則，確定應向投資者分配的利潤數額。

分配給投資者的利潤留成,是投資者從公司獲得的投資回報。向投資者分配利潤應遵循納稅在先、公司累積在先、無盈餘不分利的原則,其分配順序在利潤分配的最後階段,這體現了投資者對公司的權利、義務以及投資者所承擔的風險。

一、股利的性質

股利是指公司分發給股東的投資報酬。公司發行的股票有普通股與優先股之分,因而,股利也就有普通股股利和優先股股利之分。一般地,關於優先股股利的支付方法在公司章程中早就有規定,公司管理當局只需按章程規定辦法支付即可。因此,本節所討論的股利僅指普通股股利。

股利,就其性質而言,是公司歷年實現的累積盈餘中的一部分。按照西方國家的有關法律規定,股利只能從公司歷年累積盈餘中支付。這就意味著,財務會計帳面上保有累積盈餘是股利支付的前提。根據這一規定,公司分派的股利,一般情況下就是對累積盈餘的分配。然而,有些國家或地區也允許將超面值繳入資本(資本公積)列為可供股東分配的內容。但相當於普通股股票面額或設定價值的股本是不能作為股利分派給股東的。這是資本保全原則的核心內容之一。

公司管理當局所制定的股利政策,是代理全體普通股股東分配財富。所做的決策不僅要對股東有利,使股東財富極大化,也要對公司的現狀和將來以及對整個社會經濟的發展有利。因此,股利政策涉及的問題很多,政策性很強,是公司管理工作的重要環節。

二、股利支付方式

股利支付方式有多種,常見有以下幾種:

(一)現金股利

現金股利,是指用現金支付股利的形式。這是支付股利的最主要形式。由於現金股利可直接影響股票的市場價格,公司必須依據實際情況對其全面權衡,並制定合理的現金股利政策。從財務角度考慮,現金股利必須具備這樣一些條件:①有足夠的留存收益,以保證資資金的需要;②有足夠的現金,以保證生產經營需要和股利支付需要;③有利於改善公司的財務狀況。

(二)股票股利

股票股利,是指公司以增發的股票作為股利的支付方式。因為這種方式通常按現有普通股股東的持股比例增發普通股,所以它既不影響公司的資產和負債,也不增加股東權益的總額。但是股票股利增加了流通在外的普通股的數量,每股普通股的權益將被稀釋,從而可能會影響公司股票的市價。

(三)財產股利

財產股利,是指以現金以外的資產作為股利發放給股東的支付形式。具體有:①實物股利。即發給股東實物資產或實物產品。這種形式不增加貨幣資金支出,多用於現金支付能力不足的情況,減少了公司的資產淨值,這種形式不被經常採用。②證

券股利。最常見的財產股利是以其他公司的證券代替貨幣資金發放給股東。由於證券的流動性即安全性比較好，僅次於貨幣資金，投資者願意接受。對公司來說，把證券作為股利發給股東，既發放了股利，又保留了對其他公司的控製權，可謂一舉兩得。

從國際上看，財產股利一般以公司持有的其他公司的證券為發放物。發放時，公司按成本記帳，並已繳納有關稅款。

(四) 負債股利

負債股利，是指公司通過建立一項負債來發放股利，通常負債股利都是以應付票據、應付公司債券和臨時借據來分派已宣告分派的股利。以這種形式發放股利，對股東來說，他們又成了公司的債權人；對公司來說，資產總額不變，負債增加，資產淨值減少。發放負債股利的主要原因是，宣告分派股利後，公司財務狀況突然發生變化，現金不足以發放股利時，為了顧全信譽，保證如期發放股利而採用的一種權宜之計。

財產股利和負債股利實際上是現金股利的替代。這兩種股利方式目前在中國公司實務中很少使用，但並非法律所禁止。

三、股利發放程序

在股票市場中，股票可以自由買賣，一個公司的股票不斷地在流通，它的持有者經常在變換，為了明確究竟哪些人應該領取股利，必須有一套嚴格的派發程序，確保股利的正常發放。

(一) 股利宣告日

股利宣告日即公司董事會將股東大會通過的本年度利潤分配方案以及股利支付情況予以公告的日期。宣告股利發放的通知書內容包括股利發放的數目、股利發放的形式、股權登記日、除息日、股利支付以及派發對象等事項。

(二) 股權登記日

股權登記日即有權領取本期股利的股東資格登記截止日期，也稱為除權日，通常在股利宣布自以後的 2 週至 1 個月內。只有在股權登記日前在公司股東名冊上有名的股東，才有權領取本期股利。而在這一天之後登記在冊的股東，即使是在股利支付日之前買入的股票，也無權領取本期分配的股利。證券交易所的中央清算登記系統會為股票登記提供服務。

(三) 除息日

除息日即在除息日當日及以後買入的股票不再享有本次股利分配的權利。在除息日前，股利權從屬於股票，持有股票者即享有領取股利的權利；從除息日開始，股利權與股票相分離，新購入股票的人不能分享股利。除息日的確定是由證券市場交割方式決定的。因為股票買賣的交接、過戶需要一定時間。在美國，當股票交易方式採用例行日交割時，股票在成交後的第 5 個營業日才辦理交割，即在股權登記日的第 4 個營業日以前購入的新股東，才有資格領取股利。在中國，由於採用次日交割方式，則除息日通常是在登記日的下一個交易日。

由於在除息日之後購買股票的股東將不能參與股利分配，在除息日的當天，股票的市場價格一般會下跌，下降的幅度理論上等於支付的現金股利。

(四) 股利支付日

股利支付日是公司確定的股東正式發放股利的日期。在這一天，公司將股利支票寄給有資格獲得股利的股東，也可通過中央清算登記系統直接將股利打入股東的現金帳戶，由股東向其證券代理商領取；同時，抵沖資產負債表中的股利負債金額。

第二節　股利理論

股利理論是關於公司發放股利是否對公司的生產經營、信譽、公司的價值等產生影響的理論。因為，股利理論是制定股利政策的依據。瞭解有關股利理論不僅有助於股利政策的制定，還有助於對公司再投資、每股收益和每股價格等財務問題進行研究。

圍繞著公司股利政策是否影響公司價值這一問題，主要有兩類不同的股利理論：股利無關論和股利相關論。

一、股利無關論

股利無關論認為股利分配對公司的市場價值（或股票價格）不會產生影響。這一理論建立在這樣一些假定之上：①不存在任何個人和公司所得稅；②不存在股票的發行和交易費用（即不存在股票籌資費用）；③公司投資決策獨立於其股利政策（即投資決策不受股利政策的影響）；④投資者和管理者可以公平地獲得關於未來投資機會的信息。上述假定描繪的是一種完美無缺的市場，因而股利無關論又被稱為完全市場理論。

股利無關論之所以提出股利政策不會影響公司的價值，其理論依據是：

1. 投資者並不關心公司股利的分配

如果公司發放較少的股利，留存較多的利潤用於再投資，會導致公司股票價格上升；此時儘管股利較低，但需用現金的投資者可以出售部分股票換取現金。如果公司發放較多的股利，投資者又可以用現金再買入一些股票以擴大投資。也就是說，投資者對股利和資本利得並無偏好。

2. 股利的支付比率不影響公司的價值

既然投資者並不關心股利的分配，公司的價值完全由其投資的獲利能力所決定，公司的盈餘在股利和留存收益之間的分配並不影響公司的價值。（即使公司有理想的投資機會而又支付了高額股利，也可以募集新股，新投資者會認可公司的投資機會）

顯而易見，在當今社會經濟中，上述假定條件是不可能滿足的。因此，公司理財者一般不適宜以股利無關理論為背景來制定股利政策。

二、股利相關論

股利相關論認為公司的股利分配對公司的市場價值並非無關，而是相關的。因為

股東都要求得到股利，而不是將應得的股利放在公司，公司是否發放股利對公司的價值大小有影響。

股利相關理論的流派較多，但較具代表性的有以下幾種：

1. 「一鳥在手」理論

這種股利理論認為，在投資者心目中，經由留存收益再投資而產生資本利得的不確定性，要高於股利支付的不確定性，所以投資者的股利偏好要大於資本利得。在這種條件下，投資者願意以較高的價格購買能支付較多股利的股票，股利政策就會對股票價格產生實際的影響。這樣，如果把將來較高的資本收益和較高的股利比喻為「雙鳥在林」，把現在就支付的較高股利比喻為「一鳥在手」，那麼「雙鳥在林，不如一鳥在手」。這就是「一鳥在手」理論的內涵。

2. 信息傳遞理論

信息傳遞理論認為股利之所以對股價產生影響，是因為股利分配向投資者傳遞了公司收益狀況的信息。例如，如果公司長期穩定的股利支付水平發生了變化，傳遞給投資者的信息則為：公司未來收益水平將發生變化。即投資者用股利來預測公司未來的經營成果，股利傳播了公司管理當局預期未來發展規律前景的信息。這樣，公司股票價格將因此發生變化。因此，從信息傳遞角度看，股利政策會對股票價格產生實際影響。

3. 假設排除理論

這種理論認為，股利無關論假設的一系列條件在現實生活中並不存在。例如，完善的資本市場尚未出現，股票交易不可能不存在交易成本，投資者對公司的投資機會不可能完全瞭解，不可能不存在稅收等。如果排除這些假設，股利政策會對股票價格產生實際的影響。

4. 所得稅差異理論

所得稅差異理論認為，由於普遍存在的稅率的差異及納稅時間的差異，資本利得收入比股利收入更有助於實現收益最大化目標，公司應當採用低股利政策。由於認為股利收入和資本利得收入是不同類型的收入，所以在很多國家，對它們徵收的所得稅稅率不同。一般地，對資本利得收入徵收的稅率低於對股利收入徵收的稅率。另外，即使不考慮稅率差異因素的影響，股利收入納稅和資本利得收入納稅在時間上也是存在差異的。相對於股利收入的納稅來說，投資者對資本利得收入的納稅時間選擇更具有彈性。這樣，即使股利收入和資本利得收入沒有稅率上的差別，僅就納稅時間而言，因為投資者可以自由後推資本利得收入納稅的時間，所以，它們之間也會存在延遲納稅帶來的收益差異。

因此，在其他條件不變的情況下，投資者更偏好於資本利得收入而不是股利收入。而持有高股利支付政策股票的投資者，為了取得與低股利支付政策股票相同的稅後淨收益，必須要求有一個更高的稅前回報預期。所以這會導致資本市場上的股票價格與股利支付水平雖反向變化，而權益資本成本與股利支付水平雖正向變化的情況。

5. 代理理論

代理理論認為，股利政策有助於減緩管理者與股東之間的代理衝突，也就是說，股利政策是協調股東與管理者之間代理關係的一種約束機制。根據代理理論，在存在

代理問題時，股利政策的選擇至關重要。較多地派發現金股利至少具有以下幾點好處：①公司管理者將公司的盈利以股利的形式支付給投資者，則管理者自身可以支配的「閒餘現金流量」就相應減少了，這在一定程度上可以抑制公司管理者過度地擴大投資或進行特權消費，從而保護外部投資者的利益。②較多地派發現金股利，減少了內部融資，導致公司進入資本市場尋求外部融資，因此公司可以經常接受資本市場的有效監督，這樣便可以通過資本市場的監督減少代理成本。因此，高水平的股利支付政策有助於降低公司的代理成本，但同時也增加了公司的外部融資成本。因此，理想的股利政策應當使兩種成本之和最小。

從以上介紹可看出，股利相關理論比較貼近現實。

第三節　股利政策

股利政策（dividend policy）是關於公司是否發放股利、發放多少股利以及何時發放股利等方面的方針和策略。不同的股利政策可產生不同的股息支付量，產生不同的公司留存收益水平。公司在制定股利政策時，要兼顧公司股東和公司未來發展兩方面的需要。因此，制定符合實際的股利政策不僅關係到股東的利益和公司的發展，也是財務管理的重要內容之一。

一、股利政策類型

從國內外經驗看，公司制定股利政策時，應結合自身的情況，權衡利弊得失，並使股利政策盡可能地有利於改善公司財務狀況、提高股票價格。股利分配政策的核心問題是確定支付股利與留用利潤的比例，即股利支付率問題。目前，在進行股利分配的實務中，公司經常採用的股利政策如下：

（一）剩餘股利政策

1. 分配方案的確定

股利分配與公司的資本結構相關，而資本結構又是由投資所需資金構成，因此實際上股利政策要受到投資機會及其資本成本的雙重影響。剩餘股利政策就是在公司有著良好的投資機會時，根據一定的目標資本結構（最佳資本結構），測算出投資所需的權益資本，先從盈餘中留用，然後將剩餘的盈餘作為股利予以分配。

在運用剩餘股利政策時，應遵循以下四個步驟：

（1）設定目標資本結構，即確定權益資本與債務資本的比率，在此資本結構下，加權資本成本將達到最低水平。

（2）確定按此資本結構所需投資的股東權益數額。

（3）最大限度地使用留存收益來滿足投資方案所需的權益資本數額。

（4）投資方案所需權益資本已經滿足後若有剩餘，再將其作為股利發放給股東。

例如，假定某公司遵循剩餘股利政策，其目標資本結構為：權益資本占60%，債

務資本占 40%。如果公司該年已提取盈餘公積之後的稅後淨利潤為 900 萬元，又假設該公司明年的投資計劃所需資金為 1,000 萬元。那麼，按照目標資本結構的要求，公司明年投資計劃所需的權益資本數額為：

1,000×60%＝600（萬元）

公司當年全部可用於分配股利的盈餘為 900 萬元，可以滿足上述投資方案所需的權益資本數額並有剩餘，剩餘部分再作為股利發放。

當年發放的股利額為：

900－600＝300（萬元）

2. 採用本政策的理由

一般來說，目標資本結構應為資本成本最低、公司價值最高時的資本結構。因此，剩餘股利政策可最大限度地降低資本成本，並由此實現公司價值的最大化。但是，在這種政策下，股利支付主要取決於公司的盈利情況和再投資情況。這在很大程度上造成了股利支付的不確定性。如果這樣，剩餘股利政策會給投資者傳遞這樣的信息：公司經營不穩定，財務狀況不穩定，股票價格將會有下滑趨勢。

可見，剩餘股利政策雖可節省籌資成本，但會給股票價格帶來負面影響。

(二) 固定股利政策

1. 分配方案的確定

這一政策首先要求公司在較長時期內支付固定的股利額，只有確信公司未來的利潤將顯著增長，且這種增長被認為不可逆轉時才考慮增長股利。實施這一政策將向市場傳播有利於股份穩定的信號，有利於那些依靠股利維持生活的股東。

2. 採用本政策的理由

固定股利或穩定增長的股利政策的主要目的是避免出現由於經營不善而削減股利的情況。採用這種股利政策的理由在於：

(1) 穩定的股利向市場傳遞著公司正常發展的信息，有利於樹立公司良好形象，增強投資者對公司的信心，穩定股票的價格。

(2) 許多股東以股利收入為生，他們希望能收到有規律的股利。股利的大幅度波動對這些股東來說存在極大的潛在風險，穩定的股利政策吸引了大批股東購買公司股票，他們願意以更高的價格購買這種公司的股票，從而降低了公司資本的成本。

(3) 穩定的股利政策可能會不符合剩餘股利理論，但考慮到股票市場會受到多種因素的影響，其中包括股東的心理狀態和其他要求，因此為了使股利維持在穩定的水平上，即使推遲某些投資方案或者暫時偏離目標資本結構，也可能要比降低股利或降低股利增長率更為有利。

該種股利政策的缺點在於股利的支付與盈餘相脫節。當盈餘較低時仍要支付固定的股利，這可能導致資金短缺、財務狀況惡化；同時，不能像剩餘股利政策那樣保持較低的資本成本。

(三) 固定股利支付率政策

1. 分配方案的確定

固定股利支付率政策，是公司確定一個股利占盈餘的比率，長期按此比率支付股

利的政策。在這一股利政策下，各年股利額隨公司經營的好壞而上下波動，獲得較多盈餘的年份股利額高，獲得盈餘少的年份股利額低。

2. 採用本政策的理由

採用固定股利支付率政策能使股利與公司盈餘緊密地配合，以體現多盈多分、少盈少分、不盈不分的原則，對公司的財務壓力較小。但是，在這種政策下各年的股利變動較大，股利支付的不穩定性會給投資者傳遞公司發展不穩定的信號，並由此導致公司股票價格的波動。

(四) 低正常股利額加額外股利政策

1. 分配方案的確定

低正常股利額加額外股利政策，是公司一般情況下每年只支付一固定的、數額較低的股利；在盈餘多的年份，再根據實際情況向股東發放額外股利。但額外股利並不固定，不意味著公司永久地提高了規定的股利率。

2. 採用本政策的理由

這種股利政策使淨利潤和現金流量不夠穩定的公司具有較大的靈活性：當公司淨利潤較少或需要留存更多的淨利潤用於再投資時，公司仍舊保持固定的股利發放水平，使股東獲得最低股利的保證，降低股東的投資風險；當公司盈利較高或資金需求量較低時，可以向股東發放額外的股利，增加股東的現金收入。所以這種股利政策可使那些依靠股利度日的股東每年至少可以得到雖然較低，但比較穩定的股利收入，從而留住這部分股東。

以上各種股利政策各有所長，公司在分配時應借鑑其基本決策思想，制定適合自己具體實際情況的股利政策。

二、影響確定股利政策的因素

公司需要股利政策，但沒有永久的股利政策。以上四種股利政策是公司在實際工作中常用的股利政策，但公司在選擇股利政策時，受到許多因素的影響，這些影響因素主要有如下幾個方面：

1. 法律方面的因素

從國內外看，為維護債權人和股東的利益，有關法律會對公司的股利分配做出一定的限制。例如：

(1) 資本保全的限制

公司不得用募集的經營資本發放股利，用於股利分配的資金只能是公司的當期利潤或留存利潤。這一限制的目的是使公司將所籌資本用於生產經營，從而保證投資者將來的正當收益。

(2) 公司累積的限制

公司在分配股利之前，必須按法定的程序和比例提取各種公積金，只有當累計的公積金達到註冊資本的50%時才可不再提取；同時，還規定公司當年出現虧損時，一般情況下不得分配股利。這一限制的目的是保證公司自身的財務實力，即保證公司生

產經營和發展所需的基本資金。

（3）償債能力的限制

只有當股利支付不影響公司的償債能力和正常經營活動時，公司才能發放現金股利。這一限制的目的是維護債權人的利益，維護公司的正常發展。

2. 公司方面的因素

從公司的角度看，影響股利分配的因素主要包括資產的流動性、舉債能力、資本成本、投資機會和盈利的穩定程度等。

（1）流動性

公司在分配現金股利時，必須考慮到現金流量和資產的流動性，過多地支付現金股利會減少公司現金持有量，影響未來的支付能力，甚至出現財務困難。即使公司收益可觀，也不應分配過多的現金股利。

（2）舉債能力

具有較強舉債能力的公司因為能夠及時地籌措到所需的現金，有可能採取較寬鬆的股利政策；而舉債能力弱的公司則不得不多滯留盈餘，因而往往採取較緊的股利政策。

（3）資本成本

資本成本是公司選擇籌資方式的基本依據。與發行新股或籌措債務相比，留存收益不需要花費籌資費用，資本成本低，是一種比較經濟的籌資渠道。所以從資本成本考慮，如果公司有擴大資金的需要，也應當採取低股利政策。

（4）投資機會

公司預計將來有較好的投資機會，意味著公司所需的投資資金多，應考慮少發放現金股利，增加留存收益以用於再投資；缺乏良好投資機會的公司，保留大量現金會造成資金閒置，於是傾向於支付較高的股利。正因為如此，處於成長中的公司多採取低股利政策，陷於經營收縮的公司多採取高股利政策。

（5）盈利的穩定程度

股利政策在很大程度上受其盈利穩定程度的影響。一般情況下，盈利相對穩定的公司，對未來盈餘更有信心，因此往往採取較高股利支付率政策；而盈利不太穩定的公司，很難把握未來盈利的多少，往往採取較低的股利支付率政策。

3. 股東方面的因素

（1）穩定的收入觀念

一些依靠公司發放現金股利維持生活的股東，他們往往要求公司能夠定期支付較多的股利，反對公司留用過多的淨利潤；一些高股利收入的股東出於避稅的考慮，往往反對公司發放較多的股利。

（2）控製權的考慮

公司支付較高的股利，會導致留存收益減少，這就意味著將來發行新股的可能性加大。如果發行新股籌集資金，對擁有公司一定控製權的大股東來說，其持股比例可能會降低，其對公司的控製權就有可能被稀釋。為了防止控製權旁落他人，這部分股東則少分配股利，而希望多留存利潤。

（3）避稅考慮

目前中國稅法規定，股東從公司分得的股利和紅利應按20%的稅率繳納個人所得稅，而對資本收益暫未開徵個人所得稅。因此，對股東來說，往往要求限制股利的支付，而保留過多利潤，從而使股票價格上漲而獲得更多的收益。

4. 其他方面的因素

影響股利分配的其他方面因素主要有：

（1）債務合同限制

為保障債權人利益，公司在借款時一般都須制定債務保障方面的條款。為此，公司必須按有關規定撥出相應資金用於還本付息。這在很大程度上限制了股利分配的水平。

（2）通貨膨脹

通貨膨脹可使公司的購買力下降，並由此導致折舊基金不足以重置資產。為此，公司不得不用有關利潤來補充，因此在通貨膨脹時期公司股利政策往往偏緊。

三、股利政策類型的選擇

股利政策不僅會影響股東的利益，也會影響公司的正常運營以及未來的發展，因此，制定恰當的股利政策就顯得尤為重要。由於股利政策各有利弊，所以公司在進行股利政策決策時，要綜合考慮面臨的各種具體影響因素，適當遵循權益分配的各項原則，以保證不偏離公司目標。

另外，每家公司都有自己的發展歷程，就規模和盈利來講，都會有初創階段、增長階段、穩定階段、成熟階段和衰退階段等。在不同的發展階段，公司所面臨的財務、經營等問題都會有所不同，比如在初創階段公司的獲利能力、現金流入量水平、融資能力、對資金的需求等，和公司在經歷高速增長階段之後的成熟階段相比，是完全不同的，所以公司在制定股利政策時還要與其所處的發展階段相適應。

公司在不同成長與發展階段所用的股利政策可用表8-1來描述。

表8-1　　　　　　　　　公司股利分配政策的選擇

公司發展階段	特點	適用的股利政策
公司初創階段	公司經營風險高，有投資需求且融資能力差	剩餘股利政策
公司快速發展階段	公司快速發展，投資需求大	低正常股利加額外股利政策
公司穩定增長階段	公司業務穩定，增長，投資需求減少，淨現金流入量增加，每股淨收益呈上升趨勢	固定或穩定增長型股利政策
公司成熟階段	公司盈利水平穩定，通常已經累積一定的留存收益和資金	固定支付率股利政策
公司衰退階段	公司業務銳減，活力和現金獲得能力下降	剩餘股利政策

第四節　股票分割與股票回購

一、股票分割

股票分割，也稱拆股，是指在公司股票總面值不變的條件下，將面額較高的股票換成數股面額較低的股票的行為。例如，西南公司的股票原來的面值為每股 10 元，若該股票進行一分十的股票分割，則分割後的股票面值為 1 元。股東持有股票的數量將增加 10 倍。

股票分割的最主要原因是降低每股股票的市場價格，從而提高股票在市場上的流通性。面值較大的股票，其市場價格一般較高，往往不受投資者歡迎，在股票市場上流通比較困難。這是由於在大多數國家的股票市場，股票的交易往往以手（100 股）為單位。這樣，面值大的股票每股價格相應也較高，使得一般的投資者難以購買。若降低股票的面值，則相應的市場價格也降低，可以滿足大多數投資者的需要，活躍股票的交易。

股票分割不屬於某種股利方式，但其所產生的效果與發放股票股利近似，故而在此一併介紹。股票分割時發行在外的股數增加，使得每股面額降低，每股盈餘下降，但公司價值不變，股東權益總額、權益各項目的金額及其相互間的比例也不會改變。這與發放股票股利時的情況既有相同之處，又有不同之處。

【例 8-1】某公司原發行面額 2 元的普通股 10 萬股，若按 1 股換成 2 股的比例進行股票分割，分割前後股東權益項目如表 8-2、表 8-3 所示，分割前後的每股收益亦計算如下。

表 8-2　　　　　　　股票分割前所有者權益的構成　　　　　　單位：萬元

項目	金額
普通股（每股面值 2 元，已發行 10 萬股）	20
資本公積	40
未分配利潤	200
股東權益合計	260

由表 8-2 可得出，如果該公司當年的收益為 22 萬元，股票分割前的每股收益為 2.2 元（22/10）。

表 8-3　　　　　　　股票分割後所有者權益的構成　　　　　　單位：萬元

項目	金額
普通股（每股面值 1 元，已發行 20 萬股）	20
資本公積	40
未分配利潤	200
股東權益合計	260

由表8-3可得出，股票分割未使該公司的股東權益結構發生變化。此時假定該公司股票分割後淨收益不變，則股票分割後的每股收益由2.2元變為1.1元（22/20），該公司的每股市價會因此而下降。

儘管股票分割與發放股票股利都能達到降低公司股價的目的，但一般來講，只有在公司股份急遽上漲且預期難以下降時，才採用股票分割的辦法降低股價；而在公司股份上漲幅度不大時，往往通過發放股票股利的方式將股價維持在理想的範圍之內。

相反，若公司認為自己股票的價格過低，為了提高股價，會採取反分割（也稱股票合併）的措施。反分割是股票分割的相反行為，即將數股面額較低的股票合併為一股面額較高的股票。例如，若【例8-1】中原面額2元、發行10萬股的股票，按2股換成1股的比例進行反分割，該公司的股票面額將變為4元，股數將變為5萬股，市價也將上升。

二、股票回購

（一）股票回購的定義

股票回購是指公司在有多餘現金時，向股東回購自己的股票。近幾年，股票回購已成為公司向股東分配利潤的一個重要形式，尤其當避稅效用顯著時，股票回購就可能是股利政策的一個有效的替代方式。

股票是上市公司的所有權證書，代表了投資者在公司中的投資及其衍生權益，因此，股票回購可以理解為減少公司資本的行為。但是，上市公司直接為了「減資」而進行股票回購的情況是比較少的。通常公司回購股票是為了調整資本結構、發揮財務槓桿的作用，從而改善資金運用效率，達到利潤分配或反收購等目的。股票回購是證券市場發展到一定階段的產物，是上市公司財務管理中的一個重要領域，其最終目的在於使股價上升，使股東財富最大化。

中國《公司法》規定，公司只有在以下四種情形下才能回購本公司的股份：①減少公司註冊資本；②與持有本公司股份的其他公司合併；③將股份獎勵給本公司職工；④股東因對股東大會做出的公司合併、分立決議持異議，要求公司收購其股份的。

公司因上述第①種情形收購本公司股份的，應當自收購之日起10日內註銷。屬於第②種和第④種情形的，應當在6個月內轉讓或者註銷。屬於第③種情形收購本公司股份的，不得超過本公司已發行股份總額的5%，用於收購的資金應當從公司的稅後利潤中支出，所收購的股份應當在1年內轉讓給職工。可見中國法律並不允許公司擁有西方實務中常見的庫存股。

（二）股票回購的方式

一旦公司決定回購股票，管理者必須選擇一種恰當的方式來實施股票回購計劃。股票回購的主要方式有以下三種：

1. 公開市場回購

公開市場回購是指公司在股票的公開交易市場上以等同於任何潛在投資者的地位，按照公司股票當前市場價格回購股票。這種方式很容易推高股價，從而增加回購成本。

此外，交易稅和交易佣金也較高。

2. 要約回購

要約回購是指公司在特定期間向市場發出的以高出股票當時市場價格的某一價格，回購既定數量股票。這種方式賦予所有股東向公司出售其所持股票的均等機會。與公開市場回購相比，要約回購通常被認為是更積極的信號，原因在於要約價格存在高出股票當前價格的溢價。但是，溢價會導致回購要約的執行成本較高。

3. 協議回購

協議回購是指公司以協議價格直接向一個或多個主要股東購回股票。協議價格通常低於當前的股票價格。但是，有時公司也會以超常溢價向其認為有潛在威脅的非控股股東收購股票。由於這種股票回購不是面向全部股東，如果回購價格太高將損害其他股東的利益。

(三) 股票回購的動機

公司實施股票回購的目的是多方面的。在證券市場上，股票回購的動機主要有以下七點：

1. 代替現金股利

對公司來講，派發現金股利會對公司形成未來的派現壓力，而股票回購屬於非正常股利政策，不會給公司帶來未來的派現壓力。對股東來講，需要現金的股東可以選擇出售股票，不需要現金的股東可以選擇繼續持有股票。因此，當公司有富餘資金，但又不希望通過派現方式進行分配的時候，股票回購可以作為現金股利的一種替代方式。

2. 提高每股收益

由於財務上的每股收益指標是以流通在外的股份數作為計算基礎的，有些公司出於自身形象和投資人渴望高回報等原因，採取股票回購的方式來減少實際支付股利的股份數，從而提高每股收益。

3. 改善公司的資本結構

股票回購可以通過改變公司的資本結構和每股收益來影響市場價值。當公司認為其權益資金在資本結構中所占的比例過大、負債與權益的比率失衡時，就有可能對外舉債，並用舉債所得資金去購回其自身的股票，以提高公司財務槓桿水平，優化資本結構。

4. 傳遞公司的信息以穩定或提高公司的股價

股票回購是公司向股東傳遞信息的一種方式。由於信息不對稱及其差異，公司的股票價格可能被市場低估，過低的股價將會對公司產生負面影響。因此，當公司認為其股價被低估時，可以進行股票回購，以向市場和投資者傳遞有關公司真實價值的信息，增強投資者對公司股票的信心，穩定或提高公司的股價。

5. 鞏固既定控製權或轉移公司控製權

許多股份公司的大股東為了保證其控製權不變，往往採取直接或間接的方式回購股票，從而鞏固既有的控製權。另外，有些公司的法定代表人並不是公司大股東的代

表，為了保證不改變其在公司中的地位，也為了能在公司中實現自己的意志，往往也採取股票回購的方式分散或削弱原股東的控製權，以實現控製權的轉移。

6. 防止敵意收購

股票回購有助於公司管理者避開競爭對手企圖收購的威脅，因為它可以減少公司流通在外的股份，提高股價，從而使得收購方更難達到控製公司的法定股份比例的目的。

7. 滿足公司兼併與收購的需要

在進行公司兼併與收購時，產權交換的實現方式包括現金購買和換股兩種。如果公司有庫存股，則可以用公司的庫存股來交換被併購公司的股權，這樣可以減少公司的現金支出。

（四）股票回購的影響

1. 股票回購對上市公司的影響

股票回購需要大量現金支付回購的成本，容易造成資金緊張，使資產流動性降低，影響公司的後續發展；公司進行股票回購，無異於股東退股或公司資本的減少，在一定程度上削弱了對債權人利益的保障，股票回購可能使公司的發起人更注重創業利潤的兌現，而忽視公司的長遠發展，損害公司的根本利益；股票回購容易導致公司操縱股價；公司回購自己的股票，容易導致其利用內幕消息進行炒作，或操縱財務信息，加劇公司行為的非規範化，使投資者蒙受損失。

2. 股票回購對股東的影響

對於投資者來說，與現金股利相比，股票回購不僅可以節約個人稅收，而且具有更大的靈活性。因為股東對公司派發的現金股利沒有是否接受的可選擇性，而對股票回購則具有可選擇性，需要現金的股東可以選擇賣出股票，而不需要現金的股東則可以繼續持有股票。如果公司急於回購相當數量的股票，而對股票回購的出價太高，以至於偏離均衡價格，那麼結果會不利於選擇繼續持有股票的股東。因為回購行動過後，股票價格會出現迴歸性下跌。

思考與練習

一、簡答題

1. 股利理論有哪些觀點？你是怎樣理解的？
2. 公司經常採用的股利分配政策有哪幾種類型？每一種股利分配政策有何優缺點？
3. 什麼是剩餘股利政策？它對股票價格有何影響？
4. 試述採用固定股利或穩定增長股利政策的理由及不足之處。
5. 影響股利分配的主要因素有哪些？
6. 試述公司自身因素對制定股利政策的影響。
7. 股利支付形式主要有哪幾種？各有什麼特點？

8. 什麼是股票分割？什麼是股票回購？兩者有何區別？

二、案例分析題

蘋果計算機公司股利政策案例

蘋果計算機公司創立於1976年，到1980年，該公司研製生產的家用電腦已經銷售了約13萬臺，銷售收入達到1.17億美元。1980年蘋果公司首次公開發行股票並上市。上市以後，公司得到快速成長，到1986年，公司的銷售收入已達19億美元，實現淨利潤1.54億美元。1980—1986年，蘋果公司的淨利潤年增長率達到53%。1986年，蘋果公司與馬克公司聯合進入辦公用電腦市場。辦公用電腦市場的主要競爭對手是實力非常強大的IBM公司。儘管競爭非常激烈，1987年，蘋果公司仍然取得了驕人的成績，銷售收入實現了42%的增長。但是，人們仍然對蘋果公司能否持續增長表示懷疑。為了增強投資者的信心，特別是吸引更多的機構投資者，蘋果公司在1987年4月23日宣布首次分配季度股利，每股支付現金股利0.12美元，同時按1∶2的比例進行股票分割（即每1股分拆為2股）。股票市場對蘋果公司首次分配股利反應非常強烈，股利分配方案出來的當天，股價就上漲了1.75美元，在4個交易日裡股價上漲了約8%。在之後的三年多時間裡，蘋果公司的經營業績保持良好的增長態勢，截至1990年，實現銷售收入55.58億美元，淨利潤達4.75億美元。1986—1990年，銷售收入平均年增長率為31%，淨利潤平均年增長率為33%。但是，1990年以後，蘋果公司的業績開始逐年下降，1996年虧損7.42億美元，1997年虧損3.97億美元。蘋果公司的股票價格也從1990年的48美元/股跌到1997年的24美元/股。儘管經營業績發生了較大變化，但蘋果公司從1987年首次分配股利開始，一直堅持每年支付大約每股0.45美元的現金股利，直到1996年，由於經營的困難，不得不停止發放股利。

資料來源：荊新，王化成，等. 財務管理學［M］. 北京：中國人民大學出版社，2015：378.

思考題：

（1）蘋果公司為什麼決定1987年首次發放股利，並進行股票分割？

（2）蘋果公司採用的是何種股利政策？評價這種股利政策的利弊。

三、計算題

1. 某公司2010年可供分配股利的稅後利潤為8,000萬元，發放股利2,000萬元。2011年預計可供分配股利的稅後利潤為12,000萬元，投資所需資金總額為10,000萬元。

【要求】

（1）按2010年度固定股利支付率，計算2011年支付的股利額。

（2）按2011年的投資中55%利用負債籌資，45%利用內部留存利潤，未投資的利潤用於發放股利，計算2011年支付的股利額。

2. 某有限責任公司2010年與利潤分配有關的資料如下：①當年實現稅前利潤1,000萬元，所得稅稅率為25%；②本年利潤分配前可抵稅虧損累積額為500萬元；③公司任意盈餘公積金提取比例為5%；④向投資者分配比例為可向投資者分配利潤

的 50%。

【要求】

計算公司的利潤分配程序。

3. 某公司的股東權益情況如表 8-4 所示。

表 8-4　　　　　　　　　　　股東權益情況表　　　　　　　　　　單位：萬元

項目	金額
普通股（每股面值 6 元，市價 20 元，已發行 600 萬股）	3,600
資本公積	2,400
未分配利潤	14,000
股東權益總額	20,000

【要求】

（1）列出發放 10% 的股票股利情況下的公司股東權益。

（2）計算以 2∶1 的比例進行股票分割的公司股東權益。

第九章　企業併購與收購

案例導讀：

　　投中集團 17 日發布統計數據顯示，2008—2013 年累計完成 858 起出境併購，交易規模達 1,974 億美元，平均單筆完成交易規模 2.3 億美元，其中 2013 年年初以來中國企業出境交易完成案例 80 起，交易規模達 258 億美元。

　　從中國企業出境併購行業分佈來看，在融資規模方面，近 5 年國內能源及礦業企業出境併購以 1,393.93 億美元占比 71% 居各細分行業之首，其次分別是金融行業和公用事業，交易規模分別為 131.73 億美元和 127.33 億美元，占比分別為 6% 和 5%，居於第二位和第三位；從出境交易數量來看，能源、製造、IT 行業分別以 244、182、77 起案例（占比分別為 28%、21%、9%）位於前三位。

　　在能源行業，近 5 年來行業內大型出境併購交易頻現，如 2008 年中國鋁業聯合美國鋁業以 140.5 億美元收購英國礦業巨頭力拓 12% 的股份，2009 年中石油以 500 億澳元收購埃森克持有的澳大利亞 Gorgon 液化天然氣項目，2013 年中海油以 151 億美元現金收購尼克森等。巨型交易的收購主體多以國企為主，更多反應的是國家層面的併購需求，此類交易多擁有充足的現金流和強大的資金籌措能力，其併購交易多以現金支付，或國開行提供貸款等方式來完成。

　　另外在交易規模較大的金融和公共事業領域，大型出境交易如 2008 年工行以 366.7 億南非蘭特（約人民幣 408 億元）收購南非標準銀行 20% 的股份；國家電網 2012 年起相繼收購葡萄牙國家電網 25% 的股權，2013 年以 5 億澳元收購南澳輸電網 41% 的股權；華能集團以 12 億美元收購美國電力公司 50% 股權等，在很大程度上也凸顯出國企背景的特色，交易的背後更多地體現出國家層面的戰略佈局。

　　從交易案例比較集中的製造業和 IT 行業來看，則更多的是民企與國企共同參與，並且以民企為主導，交易平均規模較低。未來在國家走出去戰略的拉動下，也將有更多民企參與出境併購，如三一重工出境收購德國普茨邁斯特，聯想收購 IBM 公司個人電腦業務，吉利收購沃爾沃，復星集團收購希臘奢侈品芙麗芙麗（Folli Follie），康佳集團收購熊津豪威，山東重工收購法拉帝遊艇等均屬製造業及 IT 行業出境收購典型案例。

　　投中集團分析師萬某認為，近幾年在國家主導的大型能源交易的引導下，未來將會有更多民營企業參與出境併購，受限於民企資金不足以及融資方式有限，其單筆交易規模將逐漸降低。另外，國內出境併購中，眾多中小企業出境收購不聘請買方顧問，盡職調查不充分，只關注併購交易價格而不關注併購後融合效應等現狀亟須國內投行

提升買方併購業務水平。

其中，不乏強強聯合、強吃弱、「蛇吞象」式的併購，所以，無論是出於競爭的壓力，還是為了追求利潤，毫無疑問，當任何一個詞能夠長久地與財富創造聯繫在一起的時候，這個詞一定充滿了無限的想像與誘惑。資本運營就是這個讓無數渴望財富的人魂牽夢繞的詞。

資料來源：黃虹. 財務管理基礎 [M]. 上海：上海財經大學出版社，2013：274.

第一節　企業兼併與收購概述

一、公司併購的概念與類型

（一）公司併購的概念

公司併購（merger and acquisition，M&A；或 takeover and mergers，T&M），指的是公司兼併與公司收購。公司併購就其本質而言就是公司控製權的買賣。公司併購的實質是在公司控製權運動過程中，各權利主體對依據公司產權所做出的制度安排而進行的一種權利讓渡行為。公司兼併與公司收購既有聯繫又有區別，雖然常被一起連用，但有必要加以界定和闡述。

1. 公司兼併

公司兼併（merger of enterprise）通常指在市場機制作用下，通過產權交易轉移公司所有權的方式，將一個或多個公司的全部或部分產權轉歸另一個公司所有。公司兼併的結果是被兼併公司的法人資格不需要經過清算而不復存在，兼併公司繼續保持其法人地位；或者兼併與被兼併雙方或多方的法人資格均不復存在，重新組成一個新公司，具有法人地位。從這個角度觀察公司兼併，顯然應包含公司吸收合併（存續合併）和新設合併（創立合併）等形式。

2. 公司收購

公司收購（acquisition or takeover）則是單指一個公司經由購買股票或股份等方式，取得另一個或多個公司的控製權或管理權。公司收購的形式可以是收購公司擁有目標公司全部的股票或股份，將其吞並；也可以是只獲得目標公司較大部分股票或股份，從而達到控製目標公司的目的；還可以是僅具有目標公司少部分股票或股份，成為目標公司的股東之一。公司收購的結果是收購公司取得目標公司的經營控製權，但目標公司的法人地位並不消失。

公司收購因其不必使另一實體（目標公司）消失，從而較之公司兼併有如下優點：①不必因新設一個公司而帶來操作程序上的費用、時間增加和繁瑣等；②不會因整體接管而帶來公司的動盪或導致不穩定的情緒，如雇員的解雇與安置等；③不會因更換或重新明確原有的債權債務而產生對原有股票、債券、附帶權利（如可轉換股票權、期權、隨時贖回權、後續財產分享權等）和雇員計劃另作處理的麻煩等。

3. 公司兼併與收購的比較

公司兼併與收購常常被一起連用，稱為公司併購。公司併購泛指在市場機制作用下，公司為了成功地進入新的產品市場或新的區域市場，以現金、債券、股票或其他有價證券，通過收購債權、直接出資、控股及其他多種手段，購買其他公司的股票或資產，取得其他公司資產的實際控製權，使其他公司失去法人地位或對其他公司擁有控製權的產權交易活動。事實上，公司兼併與公司收購確實存在著很大的區別：

第一，兼併發生在兩個或兩個以上公司之間，是公司之間協商交易的結果，即兼併行為應出於公司之間的真實意願，不許有絲毫強迫或欺詐行為，是公司平等協商、自願合作的結果。收購則是一個公司或個人與另一個公司股東之間的外在交易，也就是說，收購者和被收購者的關係不盡相同，有時被收購公司管理層響應收購方並積極合作，有時則會拒絕被收購，拒購時雙方則表現為一種強迫與抗爭、收購與反收購的不合作關係。

第二，兼併是特定的當事人各方通過合同的方式進行交易，各方的權利、義務通過協議的形式確定下來，主要受《公司法》調整。收購則是通過特定的一方向不特定的股票持有人發出要約並接受承諾的方式，從各股東手中直接購得有表決權的股票，所以主要受《證券法》或《中華人民共和國證券交易法》等調整。

第三，兼併是全部資產或股權的轉讓，被兼併公司作為一個法律實體的地位消失。收購則有部分收購與全面收購的區別。在部分收購的情形中，被收購公司僅僅是控股權的轉移，其作為一個法律實體的地位不變，並可持續經營下去，其與第三人的關係可以照常維繫。

但是，公司兼併與公司收購又有著相同之處：

第一，公司兼併與公司收購實質上都是公司之間自發的經濟行為。或者說，都是作為真正獨立的具有法人財產權的公司在自身成長和發展過程中，對市場投資機會的一種本能反應。

第二，公司兼併與公司收購都是公司的一種外部交易活動，是公司交易戰略的重要組成部分。換言之，它們都是在市場機制作用下，通過公司產權流通來實現公司之間的重新組合。

第三，公司兼併與公司收購都可以省略掉公司解散清算程序，而有償實現公司財產關係和股權關係的轉移，進而實現公司的對外擴張和對更多市場份額的佔有。

(二) 公司併購的主要類型

公司併購從最初的聯合形式發展至今，隨著社會經濟的發展，特別是近幾年經濟的飛躍發展而不斷變化，加上人們的創造性活動，現今已發展成為多種類型。公司併購的種類很多，按不同的分類標準可以將其劃分為不同的類型。

1. 按併購雙方所處行業劃分

公司併購按併購雙方所處的行業不同，可分為公司間的橫向併購、縱向併購和混合併購三大類。

(1) 橫向併購，又稱水平併購，是指具有競爭關係的、經營領域相同或生產同質

產品（即產品的替代性很強）的同行業公司之間的併購行為。橫向併購，一方面，使生產規模擴大，新技術得以應用，有利於公司達到最佳生產規模，取得較好的規模效益；另一方面，易使壟斷產生，降低市場競爭程度，使壟斷者憑藉壟斷地位獲取壟斷超額利潤。

（2）縱向併購，又稱垂直併購，是指被併購公司的產品處在主併購公司的上游或下游，併購雙方是前後生產工序或生產與銷售關係的併購行為。縱向併購又可分為向前併購和向後併購兩種。向前併購是通過併購將生產和分銷置於同一公司之內；向後併購是指為了保證原材料的來源與質量，下游公司通過併購將原材料供應商納入本公司範圍之內。縱向併購，可使公司生產與銷售實現一體化，有助於生產的連續性，減少了商品流轉的中間環節，節約了銷售費用等，並可防止破壞性競爭的種種弊端。同時，這種併購也加強了壟斷，設置了更多的行業進入壁壘，易於獲取壟斷利潤。

（3）混合併購，是指具有不相關經營活動的公司之間的併購行為。混合併購又可分為產品擴張型併購、市場擴張型併購和純混合型併購三種形式。產品擴張型併購是指在生產或銷售方面具有聯繫，但其產品又沒有直接相互競爭關係的公司之間的併購。市場擴張型併購是指生產同種產品，但產品銷售市場不同的公司之間的併購。純混合型併購是指在生產和市場方面沒有任何聯繫，並且處於不同行業的公司之間的併購。進行這類併購的主要目的是謀求生產經營多樣化，降低經營風險。

2. 按併購方式劃分

公司併購按併購方式的不同，可分為出資購買資產併購、購買股票式併購、以股票換取資產式併購。

（1）出資購買資產式併購，指收購公司使用現金購買目標公司全部或絕大部分資產。被收購公司按「購買法」或「權益合併法」計算資產價值並入收購公司，原有法人地位和納稅戶頭被取消。

（2）購買股票式併購，指收購公司使用現金、債券等方式購買目標公司一部分股票，以實現控制後者資產及經營權的目標。出資購買股票可以通過一級市場進行，也可以通過二級市場進行。

（3）以股票換取資產式併購，指收購公司向目標公司發行自己的股票以交換目標公司的大部分資產。一般情況下，收購公司同意承擔目標公司的債務責任，但雙方亦可做出特殊約定，如收購公司有選擇地承擔目標公司的部分責任。

3. 按併購公司性質劃分

（1）一般公司併購，是指無論併購方還是目標公司都是上市公司形式以外的其他性質的公司，如獨資公司、合夥公司、有限責任公司等。一般公司併購的主要目的是兼併目標公司，取得目標公司的資產或股份，從而控制目標公司。一般公司併購產生發展的歷史比較悠久，併購方式靈活多樣，但無一不是經由併購各方磋商達成共同意向、訂立合同、進行交接這一基本程序而完成的。因為一般公司的併購只能是也必須是經由雙方同意才可以進行，所以在一般公司併購中，不存在敵意併購問題。一般公司併購的程序與實體要求主要是適用《公司法》的規定。

（2）上市公司收購，是指目標公司是上市公司，收購方無論是否為上市公司，均

以取得目標公司的控股權為出發點和操作目的而進行的公司併購活動。上市公司的收購完全是以在證券市場上取得目標公司股票的形式來進行的，也就是說，只收股份而不收其他。由於是通過在證券市場上的交易行為來完成對上市公司的收購，該類收購主要適用《證券法》或與《證券法》相關的諸如《中華人民共和國保護投資者法》《中華人民共和國內幕交易法》《中華人民共和國禁止欺詐行為法》等，而不是《公司法》。股票在證券市場上的交易是公開行為，任何人均可進行，而且對上市公司的收購是以取得目標公司股票為目的，意味著任何一個上市公司在任何時候都可能成為目標公司，無論其是否同意，只要收購方經濟實力強大，志在必得，目標公司的控製權都可能易手，成為所謂的「藍魚行動」的對象。這就使得上市公司在收購活動中會出現敵意併購。

4. 按併購態度劃分

在公司併購活動中以目標公司的管理層、股東或董事會是否同意這種併購行為來分類，公司併購可以分為善意併購、敵意併購與惡意併購。

（1）善意併購，一般是指目標公司的管理層或董事會一致同意接受併購。個別情況下，管理層意見可能不一致，那麼在多數同意的條件下附上不同意見與理由，並且在管理層給出最終意見前，按規定必須要得到一些專業顧問如商業銀行、證券經紀人等「完全獨立的建議」。善意併購由於其併購結果可確定，併購方容易獲取目標公司的詳細資料，收購費用相對少並有助於併購方與目標公司維持長期良好關係，故一般為併購公司所樂於採用。

（2）敵意併購，是與善意併購相對立的一種併購活動方式，是指在目標公司不願意的情況下，當事人各方採用各種攻防策略，通過併購與反併購的激戰而完成的公司併購行為，以強烈的對抗為其基本特徵。在實踐中，如併購各方當事人就誰能更好地管理資產、資產應如何評估等問題發生了不能妥協的爭執，就會出現敵意併購。在市場競爭中，公司為擴大自身實力、改善經營結構或吃掉競爭對手，往往需要通過併購其他公司的方式來增加自己的實力，而目標公司的大股東及其管理人員不會輕易放棄對公司的控製權，所以併購公司與目標公司圍繞併購與反併購展開激烈鬥爭在現實中難以避免，敵意併購便成為公司併購行為中的常見現象。與善意併購相比較，敵意併購耗時費力，且併購費用較高，能否成功難以預料。但是，對於一個通過取得資產而使其投資者得到豐厚回報的公司而言，有時敵意併購是其唯一能夠達到公司目的的戰略行為。當然，併購方只會在對有可能得到的利大於弊結果有相當把握時才會進行一次敵意併購。敵意併購雖然不免產生一些負面效應，但它自身是市場經濟發展的必然結果，從總體上看對經濟發展起到了巨大的推動作用。

（3）惡意併購，是對立於善意併購和敵意併購的非法併購行為，是指蓄謀已久，通過不正當手段（如幕後交易、聯手操縱、欺詐行為、散布謠言等），事先未做充分信息披露或聲明而採取突然襲擊的方式，掌握某公司的控製權或合併某公司，使有關當事人、廣大投資者、社會公眾的利益受到不正當、不公平損害的行為。該併購行為的特徵主要是偷襲性、掠奪性和欺騙性。

5. 按併購公司法人地位變化情況劃分

在公司併購中，按併購後公司法人地位的變化情況分類，公司併購可以分為吸收併購和新設併購。

（1）吸收併購，是指一個公司通過吸收其他公司的形式進行併購。併購後，被吸收的目標公司解散並失去法人資格，存續公司要進行變更登記。

（2）新設併購，是指兩個或兩個以上的公司通過併購成為一個新的公司。採取這種形式的併購，併購各方均需解散而失去法人資格，新設公司要重新進行公司設立登記。

6. 按併購獲取的內容劃分

按所要獲取的內容分類，公司併購可分為槓桿收購、管理收購和聯合收購。

（1）槓桿收購（leveraged buy-out，LBO），又稱融資收購、債務收購，是一種利用高負債融資，購買目標公司的股份，以達到控製、重組該目標公司的目的，並從中獲得超過正常收益回報的有效金融工具。換言之，是指籌資公司以其準備收購的公司的資產和將來的收益能力作抵押，通過大量的債務融資來支持併購行動。也可以說，槓桿收購是依靠銀行完成的一種高風險的項目貸款，是真正的投機活動，其本質就是舉債收購。組織槓桿收購的投資者通常有以下幾類：①專業併購公司或專門從事併購業務的投資基金公司；②對併購業務有興趣的機構投資者；③由私人控製的非上市公司或個人；④能通過借債融資收購目標公司的內部管理人員。當運用槓桿收購的主體是目標公司的管理者或經理層時，就演變成 MBO，即管理收購。

（2）管理收購（management，buy-out，MBO），是指一個公司的管理人員通過大舉借債或與外界金融機構合作，收購該管理人員所在的公司，從而改變該公司的所有者結構、控製權和資產結構，進而達到重組該公司的目的並獲得預期收益的一種併購行為。也可以說，它是槓桿收購的一種情況。這種收購由於大舉借債似乎具有很大風險，但是由於收購者就是目標公司內部的經理或「潛在的管理效率空間」的公司，財務結構由優先債、次級債和股權三者構成。一旦決定收購，通常都具有可以避免風險的相當把握，並且通過投資者對目標公司股權、控製權、資產結構以及業務的重組，可以節約代理成本，獲得巨大的現金流入並給投資者以超常收益回報。隨著 MBO 在實踐中的發展，除了目標公司管理者為唯一投資收購者外，又出現了另外兩種 MBO：一是由目標公司管理者與外來投資者或併購專家組成投資集團來實施併購；二是管理者收購與員工持股計劃（ESOP）或職工控股收購（EBO）相結合，通過向目標公司員工發售股權融資，從而免交稅收，降低收購成本來實施併購。

（3）聯合收購，是指兩個或兩個以上的收購方，事先就各自取得目標公司的某一部分以及進行收購時應承擔的費用達成協議而進行的收購行為。聯合收購所選擇的目標公司往往是具有巨大資產潛力的，收購方聯合起來收購一個目標公司，意圖不在於將目標公司分而取之，而在於共同擁有並管理它，建立一個合資公司。聯合收購的起因，要麼是單個投資者的資本或規模不足以向目標公司發起收購，要麼是收購人只想得到目標公司的某些部分，要麼是收購人避免被反壟斷法制裁。成功的關鍵是要選好聯合收購合夥人。

二、公司併購的動因

國內外許多學者對公司併購與重組進行了大量的研究和論證。公司併購與重組這一複雜經濟現象產生的動因多種多樣。在不同地區、不同歷史時期，公司併購的產生和發展都有深刻的社會、經濟、政治等原因；而且對於不同公司來說，其進行併購的動機也是各不相同的，甚至同一公司在不同發展時期的併購活動也有不同的動因。不論公司併購的動因有多麼複雜，一般來說都起源於公司併購原始動機，即公司追求利潤的動機和競爭壓力的動機。具體而言，併購的動因如下。

（一）國外公司併購動因

公司併購的動因和效應往往是聯繫在一起的，許多併購活動的起因源於併購將會出現的後果。總結國外公司併購活動的動因，大致有以下幾個方面：

1. 經營協同效應

所謂協同效應即「1+1>2」效應。併購後公司的總體效益要大於兩個獨立公司效益的算數和。經營協同效應主要是指，併購給公司生產經營活動在效率方面帶來的變化以及效率的提高所產生的效益。規模經濟效益的取得是公司併購對公司提高效率最明顯的作用，而規模經濟由公司生產規模經濟和公司管理規模經濟兩方面構成；同時，通過交易的內部化，發揮了規模經濟的效率和效益。

西方傳統經濟理論認為，公司通過併購實現了生產規模經濟、管理規模經濟和規模經濟的內部化效應，以謀求平均成本的下降和平均利潤的提高。

2. 財務協同效應

財務協同效應主要是指併購給公司在財務方面帶來的種種效益，這種效益的取得不是效率的提高引起的，而是公司規模的擴大和組織結構的改變，綜合稅法、會計處理慣例以及證券交易等方面因素的合理運作而產生的一種純金錢上的效益。它主要表現在兩個方面：一是通過公司併購實現合理避稅的目的，二是預期效應對併購有巨大刺激作用。此外，目標公司股票價值被低估是刺激併購活動的另一重要原因。

3. 市場份額效應

市場份額指的是公司產品在市場上所占的份額，亦即公司對市場的控製能力。公司併購將提高公司對市場的控製能力，從而可以提高其產品對市場的壟斷程度。這種壟斷既能帶來壟斷利潤，又能保持一定的競爭優勢。壟斷利潤的獲得既提高了公司的競爭能力，又為公司進一步擴張提供了動力。就併購的不同形式來說，併購都能提高公司市場份額，只是作用的效果各有其特點。

4. 公司發展動機

在競爭性的市場經濟中，公司只有不斷發展才能保持和增強其在市場中的相對地位，才能得以生存下去。因此，公司本能地具有很強的發展慾望，但同時需要保持適度發展，避免盲目擴張。公司發展主要有兩種基本方式，一是通過公司內部累積，加大投資，提高生產能力；二是通過兼併收購其他公司，來迅速擴大自己的生產能力。相比而言，公司以併購方式實現發展不僅比內部累積方式速度快，而且效率也高。這

是因為併購可以大幅度減少公司發展風險和成本，縮短投入產出時間差；可以有效地降低進入新行業的壁壘；可以充分利用經驗成本曲線效應。

5. 管理者或經理階層動機

階層論是從經理階層追求的目標出發，往往表現為公司併購活動的非利潤動機。在現代公司中，由於股東所有權與經理管理權逐漸分離，經理實際上在很大程度上控製著公司大部分經營管理權，尤其是在股權分散的大型上市公司中，經理幾乎掌控著公司的經營管理和發展。

6. 市場勢力論

公司併購，經常是因為可以借併購活動達到減少競爭對手來增強對公司經營環境的控製，提高市場佔有率，並增加長期的獲利機會的目的。下列三種情況可能導致以增強市場勢力為目的的併購活動：①在需求下降、生產能力過剩的削價競爭的情況下，幾家公司合併，以取得實現本產業合理化的比較有利的地位。②在國際競爭使國內市場遭受外商勢力的強烈滲透和衝擊的情況下，公司可通過聯合組成大規模聯合公司，對抗外部競爭。③由於法律變得更為嚴格，公司間包括合謀等在內的多種聯繫成為非法。在這種情況下，通過合併可以使一些非法的做法「內部化」，達到繼續控製市場的目的。

(二) 中國在向市場經濟轉軌體制下的公司併購與重組的動機

1. 公司併購與重組的政府動機

政府參與和干預公司併購的主要動機和特徵有：

(1) 通過併購消除虧損的「扶貧」動機。

(2) 通過公司併購轉變經營機制。

(3) 組建超大型公司集團提高政績動機。

(4) 國有公司經理階層利益動機。

2. 低成本擴張動機

略。

3. 追求多元化經營動機

應該說，多元化經營戰略是許多大型公司集團發展的重要戰略選擇。在美國，特別是進入20世紀60年代，多元化經營戰略越來越得到普遍應用，成為公司集團發展壯大的一種典型方式。但是，多元化不一定會減少公司的經營風險。表面上看，多元化使公司「不把所有的雞蛋放在一個籃子裡」，似乎減少了風險，但實際上，如果公司實行無關聯多元化經營戰略，不太熟悉所進入的行業，反而會加大風險。正如美國著名管理理論家德魯克所言，一個公司的多元化經營程度越高，協調活動和可能造成的決策延誤就越多。

4. 追求「資產經營」時尚的動機

目前，資產經營概念很時髦，似乎不談資產經營就跟不上形勢。相當一部分人士認為資產經營是高於生產經營的一種高級經營形式，公司要從生產經營轉向資產經營等。許多公司不是把資產經營作為搞好主業的手段，而是把資產經營理解為公司的一

個獨立業務構成，甚至盲目地進入金融業，忽視自己的主業，忽視生產經營，抓住所謂資產經營題材，在行業內外、地區內外大舉併購擴張。

5. 調整經濟結構、優化資源配置動機

多年來各地區、各部門以及公司為了局部利益需要，進行盲目投資、重複建設，造成各種資源結構失調、低層次需求產品的生產相對過剩、競爭激烈的狀況。由於在一定時期內，社會資源的增量投入是有限的，不合理的經濟結構調整主要靠存量的再分配來實現，而公司併購就是為優化資源配置而調整經濟結構的主要方式。在併購過程中，被併購公司的資源流向併購者，其本質上也是分散資本集中的過程。這種調整對國家宏觀經濟和公司微觀經濟來說，都是必要的優化配置過程。

6.「買殼」上市動機

非上市公司通過二級市場或「一級半市場」收購上市公司股票，或通過有償受讓上市公司固有股及法人股，達到控制上市公司的目的。這也就是通常所說的「買殼上市」。由於按照股票交易所以及證監會的規範要求，非上市公司只有具備了較為嚴格的條件才有上市資格，而希望上市的非上市公司數量又很多，導致許多希望上市籌資的公司被關在證券市場門外。因此上市公司的「殼」是一種稀缺的資源。一般來說，非上市公司收購「上市公司」股權，主要是為了獲得「殼」資源，即為了取得上市資格、募集資金或合併自身業務，因而對殼公司的資產質量與經營業績不重視。在國際上，這類殼公司一般是指具有和保持上市資格，但相對業務規模小或半停業，業績一般或無業績，總股本或流通股本規模較小，股價較低的上市公司。

7. 投機炒作動機

部分公司以投機心態來運作資產，片面追求短期的資本利益。這是一種急功近利型的產權交易，形成了一些公司「炒資產」的思維定式，把資產經營理解為產權炒作。它主要包括獲取買賣差價動機、上市圈錢動機和以重組題材炒作操縱股市動機等。

8. 獲得拆分重組利益動機

拆分重組指將母公司部分資產或某個子公司從母公司獨立出來單獨上市或原公司分裂成幾個相對獨立的經濟單位的資產重組方式。拆分流行於美國等發達國家，也活躍於中國香港資本市場。近年來，不少香港大財團紛紛把前幾年在內地開發的權益性資產包括公路、電廠、碼頭等基建項目拆分上市或配售給國際基金持有。拆分重組對於母公司在套現、分散風險方面有重要意義。可以預見，拆分也將是中國國企資產重組可供選擇的方式之一。從目前來說，國企資產拆分有兩種形式：一種是集團公司將其部分資產剝離拆分上市或將整個資產逐步拆分上市；另一種是有較大項目但資金短缺的公司可將項目分拆出來組建項目公司上市，從而在證券市場上籌措資金。

9. 資產置換動機

資產置換是指兩個公司之間為了調整資產結構，突出各自的主營方向或出於特定的目的而相互置換資產的重組方式。一般是以等價值的資產進行互換，以避免大量現金融資的麻煩。這種以資產置換資產的重組方式既可以發生在不同公司之間，也可以發生在上市公司內部。主要形式有關聯交易和收購母公司優質資產等。

10. 利用重組逃避債務的動機

現在，一些負債沉重的公司把資產重組當作逃債的出路，甚至視其為逃債的「天賜良機」，而進行惡意破產逃債。這不僅使公司的再生無法得到銀行的支持，還會累及上級主管公司及其他相關公司，更重要的是銀行資金及資信的惡化，將使公司的海內外融資更加困難，最終倒霉的還是這些公司。

第二節　企業併購的成本效益分析

一、企業併購的方法

由於併購各方的戰略、策略思想不同，財務、資本結構各異，具體的併購方法也往往不同。國內外併購實踐中創造出如下一些方法可供借鑑。

1. 現金收購

凡不涉及發行新股票的收購都可以視為現金收購，就算是收購者直接發行某種形式的票據完成收購，也屬於現金收購。

現金收購是一種單純的收購行為，收購者支付一定數量的現金，從而取得被收購公司的所有權，一旦被收購公司的股東得到了自己所擁有的股份的現金支付，就失去了任何選舉權或所有權。

現金收購涉及稅務管理問題。目前世界上絕大多數國家都奉行相同的稅務準則，即公司股票的出售變化是一項潛在的應稅事件，在實際取得資本收益的情況下，則需要交付資本收益稅。

現金收購方式的決策，主要根據收購者的資產流動能力、資產結構、貨幣問題和融資等幾個方面因素做出。具體內容是：首先，要考慮有無足夠付現能力；其次，要考慮現金回收率；最後，要考慮自己擁有的現金是否是可以直接支付的貨幣或是可自由兌換的貨幣。

2. 股票收購

這裡是指收購方靠增加發行本公司的股票，以新發行的股票替換被收購公司的股票。它不需要支付大量現金，因而不會影響收購公司的現金狀況。另外，被收購公司的股東不會因此失去所有權，只是所有權發生了轉移，他們轉而成為擴大了的公司的新股東。併購後的公司所有者由收購公司和被收購公司的股東共同組成，但原股東在經營控制權方面占主導地位。

採用股票收購方式要著重考慮的問題是：

（1）股權結構。由於股票收購方式的一個突出特點是原股東所有權結構發生變化，因此，收購方首先必須確定主要股東在多大程度上可以接受這種股權的淡化。

（2）收益。增加發行新股票可能會對原股的每股收益產生不利影響。儘管每股收益的減少只是短期的，長期看還是有利的，但是，每股收益的減少可能會給股份帶來不利影響。因此，收購方在採取行動之前，要審慎計算是否會出現這種情況，如果出

現這種情況，那麼可以被接受的比例是多大。

（3）每股資產。由於在某些情況下，新股的發行會減少每股所擁有的真實資產數量，也會對股份造成不利影響，因此，收購方則需要考慮原有股東可能接受的比例是多少。

（4）槓桿比例。發行新股可能會影響公司的財務槓桿的比例。所以，收購方應考慮是否會出現比例升高的情況，以及具體的負債產權比的合理水平。

（5）當前股價。對於多數併購者來說，當前股價是併購方決定採用發行股票或是使用現金的一個主要因素。如果股票價格處於歷史的高水平，則新股對接受者有較大的吸引力；否則，接受者不願持有，可能會立即變現，於是情況進一步惡化，導致股價進一步下跌。所以，應事先考慮股價所處的水平，同時要預測若發行新股會對股價波動帶來多大影響。

（6）當前股息收益率。發行新股通常與發行者原有的股息、政策有一定的聯繫。一般而言，股東都希望得到較高的股息收益率。在股息收益率較高的情況下，發行固定利率較低的債權證券可能更為有利。如果股息收益率較低，發行股票就比借貸更為有利。所以，併購者在實施併購方案時，要比較股息收益率和借貸利率的高低，以決定採取何種併購方式。

（7）上市規則的限制。對上市公司來講，不論是收購非上市公司還是收購上市公司，都受到其所在證券交易所上市規則的限制。很有可能，併購公司的併購活動完成以後，要作為新上市公司重新要求上市。這樣一來，由於某種原因，公司就可能得不到上市的批准。因而，併購公司在採用股票方式併購時，要事先調查清楚是否與其所在證券交易所上市規則的條文發生衝突。若有此類情況，則可請求證券監督管理部門予以豁免。

（8）股息或貨幣的限制。在國際併購中，如果併購者要向其他國家的居民發行本公司的股票，就必須確認本國政府在現在和將來都不會限制股息的支付或外匯的支付。外國持有者在決定接受新股票之前，也需要得到這種確認。

（9）外國股權的限制。一些國家對於本國居民持有外國公司或外幣的所有權證券實行限制，也有的國家不允許外國公司直接向本國居民發行新股。所以，在國際併購中存在著某些法律障礙，妨礙了以股票方式進行的併購。

（10）信息披露要求。因為上市公司的收購活動對股票市場和本公司股票價格都有很大的影響，所以，各國的證券法律都要求上市公司在進行重大交易活動時，予以披露。

3. 綜合證券併購

併購公司進行併購活動時，不僅可以採用現金併購、股票併購等方法，還可以以綜合證券併購或者稱為混合證券併購的方式併購。所謂綜合證券併購，是指併購公司對目標公司或被併購公司提出併購要約時，其出價不僅僅有現金、股票，還有認股權證、可轉換債券等多種形式。

（1）認股權證（warrant）是一張由上市公司發出的證明文件，賦予持有人一種「權利」即持有人有權在指定的時間內即有效期內，用指定的價格即換股價，認購由該

公司發出指定數目即換股比率的新股。必須提出的是，認股權證本身不是股票，其持有人不能視作股東，因此不能享受股東權益，如分享股息派發、投票權等，也無權影響公司的現行政策。

一家公司發行認股權證時，必須詳細規定認購新股權利的條款，如有效期限、換股價及每份認股權證可換普通股的股數。為保證持有人利益，這類條款在認股權證發出後，除非在送股、供股等特殊情況外，一般不能隨意改變，而有關任何條款的修改必須經股東特別大會通過才能算數。

由於認股權證的行使涉及未來控股權益的改變，為保障現行公司的股東權益，公司在發行認股權證時，一般要按控股比例派送給股東。股東可用這種證券行使優先低價認購公司新股的權利，也可以在市場上隨意將證券出售。購入認股權證後，持有人獲得的是一個換股權利而不是責任，行使與否在於他本身的決定，不受任何約束。

投資者之所以樂意購買認股權證，主要原因首先是投資者對該公司的前景看好，在投資股票的同時，也投資認股權證；其次是由於大多數認股權證比股票便宜，一些看好該公司而無能力購買其股票的投資者只好轉買其認股權證，而且認購款項可延期支付，投資者只需出少額款項就可以轉賣認股權證而獲利。

（2）可轉換債券（convertial bonds）是在特定的條款和條件下，可用持有者的選擇權以債券或優先股交換普通股。可轉換債券一般含有以下權利：發行可轉換債券時，事前就確定轉換為股票的期限、確定所轉換股票屬於何種類型股票和該股票每股的發行價格（即兌換價格）等。投資者對可轉換債券看好的主要原因在於這種債券具有債券的安全性和作為股票可使本金增值的有利性相結合的雙重性質。從發行公司來看，可轉換債券有兩個有利之處：①通過發行可轉換債券，公司能以比單純債券更低的利率和較寬鬆的契約條件出售債券；②它們提供了一種能以比現行價格更高的價格出售股票的方式。

公司在併購目標公司時採取綜合證券的方法，一是可避免支出更多的現金，造成本公司的資本結構惡化；二是可以防止控股權的轉移。

二、企業併購的程序

1. 確定併購對象

併購公司依據併購目的尋找併購對象。對併購公司來說，尋找併購目標大致有三條途徑：一是自己廣泛搜尋信息，選擇目標對象；二是通過有關銀行、工商部門等對公司比較熟悉的機構牽線搭橋；三是通過新聞媒介公開「招聘」目標公司。

2. 進行可行性論證

在併購過程中，可行性研究是重點環節。可行性研究在公司的併購中起著舉足輕重的作用，是公司併購取得成功的關鍵因素之一。可行性研究既是一門科學，又是一門藝術。據統計，在確定目標公司後，經可行性研究分析未能最終形成協議的占50%。

因此，在可行性研究中要注意以下問題：要組成有實際經驗的研究小組，明確各方面專家的角色；要力爭從目標公司得到所需的全部信息；要向有經驗的法律專家諮詢；要按計劃在規定時間內完成可行性研究等。

進行可行性研究有以下要點：

（1）有關財務問題的要點：會計和稅收政策與辦法，公司的收益，未在資產負債表中反應的問題，公司內部財務稅制的可靠性，有關會計方針的比較，併購完成後公司的財務狀況和經營狀況預測，有關兩個公司財務合併的問題。

（2）有關管理和併購問題的要點：併購前後公司內部的結構和責任，關於公司的計劃增長情況和業績的衡量，管理部門結構的有效性和併購後的管理模式，公司採用的決策方法和信息來源，職工業績的考核和獎勵辦法。

（3）有關公司管理問題的要點：併購後公司銷售收入變化趨勢和生產盈利狀況，產品平均銷售價格、數量和產品組成，主要客戶，現有訂貨數量，市場開拓情況，生產流程，生產能力的限制，資金計劃。

（4）管理信息系統問題的要點：管理信息報告系統的質量和可靠性，管理信息系統的能力和先進程度，管理信息系統軟件和硬件的靈活性，管理信息系統的安全性。

（5）有關職工福利問題的要點：已退休職工福利的債務責任，公司併購後福利計劃改變所帶來的開支，雇員合同和雇用協議書的管理等。

（6）有關法律等問題的要點：被併購公司是否受到過法律訴訟，是否存在未記錄的債務，有關環境問題，保險的程度和保險總額，自身保險的責任等。

目標公司應為併購公司提供併購所必需的詳細資料，如目標公司具有獨立財產權利的公司法人證明、目標公司資產與債務的明細清單、目標公司的職工名冊等。兼併公司要對目標公司提供的材料進行調查、核實，對有出入的問題要諮詢，力求論證清楚，在此基礎上寫出可行性分析報告，提出併購的具體報告。

3. 職代會討論併購方案

中國《關於企業兼併的暫行辦法》（以下簡稱《兼併辦法》）規定，被併購公司在被併購前需經職工代表大會討論通過，以充分聽取職工的意見，爭取多數職工的支持，同時做好職工的思想工作。

4. 報國有資產管理部門審批

中國《兼併辦法》規定，全民所有制公司被併購，由各級國有資產管理部門審核批准，尚未建立國有資產管理部門的地方，由財政部門會同公司主管部門報同級政府做出決定。

5. 進行資產評估，確定成交價

對被併購企業進行準確合理的評估，是公司併購的關鍵環節。通常來說，應請國家認定的有資格的專業資產評估機構進行評估，公司資產評估的結果即為資產轉讓的底價，也就是成交價的基礎。在資產評估的同時，還要全面、及時地進行被併購公詞的債權、債務、各種合同關係的審查清理，以確定處理債務合同的辦法。資產評估完成後，必須報國有資產管理局批准，向委託單位提交書面的資產評估報告，依據資產評估結果，同時考慮其他因素，在雙方平等協商談判的基礎上，確定雙方都能接受的成交價格。

6. 簽訂併購協議

在併購價格和其他條件都得到滿意解決以後，雙方就併購具體內容達成一致意見，

並正式簽訂併購協議。併購協議應明確雙方的權利和義務。通常，併購協議主要包括以下內容：併購雙方的名稱、地址、法人代表，併購的形式，併購價格，併購轉讓費的支付形式、期限，被併購公司的債權、債務及各類合同的處理方式，被併購公司職工的安置和福利待遇，違約責任，合同生效期限及其他事項。協議簽訂後，經雙方代表簽字，報國有資產管理局、工商局、稅務局、土地局等部門審批，再通過司法機關的法律公證，併購協議具有法律效力。

7. 併購協議的履行

協議生效後，併購雙方要向工商管理部門及房產等部門申請辦理公司登記、被併購公司註銷、房產變更、土地使用權轉讓手續，同時根據併購協議規定，辦理資產的移交及轉讓費的支付手續，被併購公司的債權、債務應按協議進行清理，並據此調整帳戶，辦理更換合同等手續。

8. 發布併購公告

併購完成後，要通過有關公共媒體發布併購公告。

三、企業併購存在的風險及應注意的問題

毫無疑問，企業併購具有很高的風險。我們在關注併購的有關效益和功能的同時，絕不能忽視它所存在的風險，要做到多謀善斷、規避風險，以便最終實現成功併購。一般而言，併購的風險包括以下幾種：

第一，信息風險。真實的信息可以減少誤判，進而大大提高併購行動的成功率。在實際併購行動中，因沒有準確掌握信息而貿然行動以致失敗的事例並不少，這就是「信息不對稱」的結果。

第二，融資風險。公司在掌握了大量相關信息的基礎上決定實施併購，就需要籌集大量的資金；同時，實施併購後，併購公司的資本結構將發生較大的變化。這些都會給併購公司帶來融資風險。融資風險具體包括：資金是否能及時足額地保證需要，融資方式是否與併購動因一致，現金支付是否會對公司正常的支付行為產生影響，槓桿收購是否面臨較強的償債壓力等。

第三，營運風險。通過併購形成的公司集團，因規模過於龐大，如不能或無法善加管理，就會產生規模不經濟，甚至被併購的目標公司所拖累。併購公司在完成併購後，因種種原因可能無法使整個公司集團產生經營協同效應、財務協同效應、市場份額效應等，以至於難以實現資源共享互補和規模經濟，這就產生了營運風險。

第四，反收購風險。在通常情況下，尤其是目標公司目前生產經營正常時，往往對併購持一種不歡迎與不合作的態度，尤其當面對敵意收購時。因此，目標公司可能會不惜一切代價，設置種種障礙實施反收購，這無疑給收購方帶來了極大的不利，增加了收購的風險。

另外，公司在併購中還會面臨一些法律上、體制上的風險。總之，公司的併購風險是極為複雜和廣泛的，必須對之謹慎對待，盡量避免風險和設法消除風險，以獲得併購重組的成功實現。

企業併購對公司發展具有重大意義，但是並非所有的併購都能取得令人滿意的效

果。在美國完成的收購案中，有 30%～50% 是失敗的；在歐洲發生的收購案中，也有近一半是敗筆。為保證併購的成功，應注意以下幾個問題：

（1）在公司戰略指導下選擇目標公司。在併購一個公司之前，必須明確本公司的發展戰略，在此基礎上對目標公司所從事的業務、資源情況進行審查。如果對其收購後，目標公司能夠很好地與本公司的戰略相配合，增強本公司的實力，提高整個系統的運作效率，最終增強競爭優勢，這樣才可以考慮對目標公司進行收購。如果目標公司與本公司的發展戰略不能很好地吻合，即使併購目標公司所需費用較低，也應慎重行事。因為對其收購後，不僅不能通過公司之間的協作、資源的共享獲得競爭優勢，反而會分散收購方的力量，降低其競爭能力，最終導致併購失敗。

（2）併購前應對目標公司進行詳細審查。許多併購的失敗是由於事先沒有能夠很好地對目標公司進行詳細審查造成的。在併購過程中，由於信息不對稱，買方很難像賣方一樣對目標公司有著充分的瞭解，許多收購方在事先都想當然地以為自己已經十分瞭解目標公司，並自信可以通過對目標公司的良好運營使其發揮更大的價值。但是，許多公司在收購程序結束後，才發現事實並不像當初想像的那樣。目標公司中可能會存在沒有注意到的重大問題，或者以前所設想的機會根本不存在，或者雙方的公司文化、管理制度、管理風格很難融合，因此很難將目標公司融合到整個公司運作體系中，從而導致併購的失敗。

（3）合理估計自身的實力。在併購過程中，併購雙方的實力對於併購的效果有著很大影響。因為在併購中，收購方通常要向外支付大量現金，這必須以公司的實力和良好的現金流量作為支撐；否則公司便要大規模舉債，造成本身財務狀況的惡化，很容易因為沉重的利息負擔或者到期不能歸還本金而導致破產。這種情況在併購中經常出現。

（4）併購後對目標公司進行迅速有效的整合。目標公司被併購後，很容易形成經營混亂的局面，尤其是在惡意收購的情況下，許多管理人員紛紛離去，客戶流失，生產混亂，因此需要目標公司進行迅速有效的整合。一般是向目標公司派駐高級管理人員，穩定目標公司的經營，然後對各個方面進行整合。其中公司文化整合尤其應受到重視，因為研究發現，很多併購的失敗都是由於雙方公司文化不能很好地融合造成的。對目標公司整合，使其經營重新步入正軌並與整個公司運作系統的各個部分有效配合。

思考與練習

一、簡答題

1. 什麼是企業併購？兼併與收購有什麼聯繫？
2. 簡述企業併購的動因。
3. 簡述中國企業併購的特點。
4. 簡述企業併購的風險。

二、案例分析題

美國西爾斯公司的併購案例

西爾斯公司是一家向農民郵購起家的零售公司，它的創始人理查德·西爾斯在1884年就開始嘗試郵購商品，並於1886年創建了西爾斯郵購公司。公司開始專門從事郵購業務，出售手錶、表鏈、表針、珠寶以及鑽石等小件商品。西爾斯公司順應市場形勢的變化，不斷調整自己的行銷策略以驚人的速度發展起來。從1925年開始，西爾斯公司進入百貨商店的經營領域，此後它就一直占據美國零售業第一的位置。直到20世紀90年代初，超級市場、便利店等新型業態迅猛發展，百貨商店逐漸衰落，以折扣店起家的沃爾瑪公司超過了西爾斯公司。然而西爾斯公司依然是零售業的巨頭，它擁有30多萬名職工、1,600多家連鎖商店、800多家供應商，其子公司遍布歐美各大城市。在《財富》雜誌2003年度公布的世界500強企業中，西爾斯公司以414億美元的銷售額名列第81位，緊隨沃爾瑪、家樂福、麥德龍等企業之後，西爾斯公司被人們譽為「零售業科學院」。

然而，西爾斯公司在20世紀70年代末到90年代中期的十幾年時間裡卻經歷了一段曲折的歷程。

1978年愛德華·特林（Edward Teling）被任命為西爾斯公司的首席執行官，此時他面對的是西爾斯公司經營業績的連年下滑。公司1979年的銷售額比1978年下降了13%，1980年又比1979年下降了43%；投資報酬率在1978年時比行業平均值高16%，到1980年則比行業平均值低31%，比競爭對手沃爾瑪低40%。供應商對西爾斯的未來前景也開始擔憂。面對這樣的困境，愛德華·特林制定了公司發展的新戰略，決定實施多元化經營戰略，擴展金融服務業務。原來，在20世紀70年代初期，西爾斯公司就表現出對金融服務的興趣，並且已經擁有一家保險公司——Allstate，Allstate公司還先後收購了一個互助基金和一家抵押保險公司，同時也進入了不動產投資領域。特林決定在此基礎上進一步擴展金融業務。於是，1981年10月，公司以1.79億美元收購了當時全美最大的房地產經紀公司——Goldwell Banker（GB），以6.07億美元收購了當時美國最大的證券經紀公司——Dean Witter（DW）。西爾斯公司的戰略委員會對其多元化經營戰略的解釋是：

（1）GB和DW可以進入西爾斯公司現有的龐大客戶群並銷售其金融產品，該客戶群已建立了超過90年，包括大約3,000萬個活躍的信用卡持有人。

（2）西爾斯公司不僅可以向擴大的客戶群提供金融和房地產服務業務，還可以提供商品和保險產品。

特林在推行公司重組和加強日常管理的同時，還為集團公司設計了一個內部資本市場，可以將集團的資本配置到最具盈利前景的項目上。

股票市場對上述兩筆收購做出了積極的反應，收購GB時股價上漲了4%，收購DW時股價上漲了8%，這為西爾斯的股東帶來了約4億美元的財富收益。這符合西爾斯公司管理層對協同效應的預期。在隨後的4年中，西爾斯公司在金融服務業還進行了一些小規模的收購。

儘管金融服務業在整體上表現良好，但是與沃爾瑪及其他同行相比，西爾斯的零售業務依然表現糟糕。而且，DW 的投資銀行業務缺乏競爭力，在美國和英國倫敦的分部，西爾斯不斷受到員工流失的困擾，員工抱怨西爾斯在經營金融業務時依然秉持著零售業的思維習慣。

1985 年至 1994 年 11 月，西爾斯公司面臨著持續不斷的壓力：

（1）公司進行銀行業務的嘗試受到美國聯邦儲備委員會的阻撓；

（2）公司整體業績持續惡化，零售業務的業績對整體業績構成相當不利的影響；

（3）公司股價下滑，吸引了外部接管投機者的注意，來自股東的壓力越來越大。

為了重振零售業務，西爾斯公司開始撤出金融服務業，1994 年將 Allstate 和 DW 分拆出售。至此，西爾斯公司進軍金融服務業的多元化經營戰略以失敗告終。西爾斯對金融業的分拆出售使其股票市場增加了 11 億美元，這表明投資者讚同公司放棄多元化。

導致西爾斯公司多元化戰略失敗的因素是多方面的，其中主要有以下幾方面：

（1）各部門之間沒有合作，沒有出現交叉銷售，而且各部門之間意見不同，理念不同，沒有實現協同效應。

（2）DW 存在的管理問題分散了西爾斯公司的注意力，使其不能專注於改善零售業務的業績。

（3）股價下跌，來自股東的壓力較大，引致相當強烈的重組要求。

（4）股東遭受了明顯的機會損失。

資料來源：荊新，王化成，等．財務管理學［M］．北京：中國人民大學出版社，2015：404-405．

思考題：

（1）多元化經營對於西爾斯公司來說是否有意義？

（2）你認為西爾斯公司的多元化經營戰略的失敗是一個重大的戰略錯誤還是僅僅是組織失誤？

（3）西爾斯公司為什麼沒有實現期望中的併購協同效應？

（4）你認為應當如何修正西爾斯的多元化問題？

三、計算題

1. 甲公司擬收購乙公司，預計收購乙公司後前三年的自由現金流量分別為 30 萬元、45 萬元、37 萬元。如果預測期的資本成本為 10%，永續期的資本成本為 8%。

【要求】

（1）如果收購後預計乙公司第 4 年之後每年的自由現金流量均為 15 萬元，計算乙公司的價值。

（2）如果收購後預計乙公司第 4 年之後每年的自由現金流量均以 2% 的比例遞增，計算乙公司的價值。

2. M 公司通過股權收購方式收購 N 公司。N 公司現有 10 萬股普通股，每股收益為 5.5 元，如果與 M 公司合併，預計合併後的收益為 150 萬元。N 公司當前的股價為每股 55 元。M 公司以雙重出價實施股權乎購：前 50,001 股出價為每股 65 元，餘下的股票

以每股 50 元收購。

【要求】

（1）如果收購成功，計算 M 公司的併購收益。

（2）如果 M 公司的雙重出價為 65 元、40 元，N 公司的股東是否會接受此收購價格？M 公司的最低出價應為多少？

第十章　企業重組、破產與清算

案例導讀：

通用汽車破產的案例分析

擁有百年歷史的通用汽車公司成立於 1908 年 9 月，曾是世界上最大的汽車製造企業。在 2008 年以前，通用連續 77 年蟬聯全球汽車銷量冠軍。2009 年 6 月 1 日，由於經營管理失誤以及債務等問題，美國通用汽車公司正式遞交破產保護申請。這是美國歷史上第四大破產案，也是美國製造業最大的破產案。

一、通用汽車的百年歷程

作為全球歷史超過百年的為數不多的汽車廠家，通用汽車由杜蘭特創建於 1908 年 9 月 16 日。而且，從一開始，通用汽車就通過聯合兼併等現代工業發展的基本模式奠定了汽車產業的經濟規模性。

在百年的歷史發展中，通用汽車大致經歷了 1910 年至 1929 年的「快速發展期」、1930 年至 1959 年的「黃金年代」、1969 年至 1979 年的「改革期」、1989 年至 1999 年的「全球化」、2000 年至破產保護之前的「創新與變革交錯」五個時期。

在百年歷史中，伴隨美國經濟和全球局勢的潮起潮落，通用汽車的發展也經歷了無數次危機與機遇的輪迴。從公司早期的爭權風波到擴張危機、從 20 世紀 30 年代美國經濟大蕭條到二戰時的「戰爭機器」化、從 1973 年至 1974 年及 1979 年至 1980 年的兩次石油危機、從 20 世紀 80 年代日本汽車工業的衝擊到 20 世紀 90 年代美國經濟的衰退、從「9‧11」到 2007 年美國金融危機的爆發，通用汽車也曾有過銷量大幅回落 200% 以上的時期。如在 1928 年到 1932 年的經濟大蕭條時期，其銷量就從 190 萬輛下跌至 56 萬輛；也曾有過虧損超過 40 億美元的時期，如 1991 年的虧損就高達 44.5 億美元。

但是，自 2005 年以來通用汽車持續虧損，而且累計虧損超過 800 億美元，這在其歷史上是絕無僅有的。這一切，也許就是通用帝國沒落的徵兆。

二、百年通用破產保護之路

政府重視美國汽車產業，2008 年，經濟衰退和信貸萎縮令通用遭受重創，美國國會批准向通用提供巨額緊急援助款，到申請破產保護前，通用已從美國政府累計獲得 194 億美元的貸款援助。同時，美國政府拒絕背負擔，2009 年，美國政府任命弗里茨‧亨德森為通用新的首席執行官，並要求通用 6 月 1 日前提交令政府滿意、工會和 90% 債權人認可的重組方案，否則只能破產重組。雖然政府投入巨資，但政府既不情願擔任通用汽車的股東，也無意插手通用汽車的日常運營。

通用計劃通過破產重組，保留旗下有較大利潤空間的別克、凱迪拉克、雪佛蘭和吉姆西品牌，而悍馬、薩博、土星和龐蒂亞克等品牌將面臨出售或者停產的命運。

三、通用汽車破產保護的原因分析

從企業層面看，導致通用汽車破產有三大內因：

第一，冒進的全球擴張戰略，有規模卻不經濟。通用汽車依靠資本紐帶發展，但未充分消化收購的資產。

第二，對市場需求判斷不準，側重於大型車、SUV產品，而忽視小型車的發展，輕視燃油經濟性。

第三，勞工成本過高，產品優質不廉價。長年累月的高昂工資和豐厚的員退休金等成本，壓垮了通用汽車。

正因如此，夕法尼亞大學沃頓商學院製造業專家約翰·麥克杜菲認為，底特律所有的失敗中——掌控小型車的失敗、削減成本的失敗、對汽車工人聯合會強硬的失敗、提高燃油效率的失敗——最大的罪責可能在於學習的失敗。

從企業外部看，金融危機對通用是個「致命傷」，尤其是對北美業務來說。主要通過兩個方面表現出來。一個是金融危機本身造成美國汽車市場消費需求減少，銷量下滑帶來收入下跌、現金流減少。一個是金融危機中，通用汽車十年來一直倚仗頗深的通用汽車金融公司（GMAC），讓其嘗足了苦頭。

四、案例啟示

通用汽車很可能置之死地而後生。其破釜沉舟之舉讓人期待，已經走過100多年風雨的「巨人」最終一定能實現「打造一個更精簡、具有持續盈利能力、更具競爭力的通用汽車」的復興目標。儘管通用公司走出破產可期，但重組並非包治百病，再生之路依舊任重道遠。

雖然新的勞資協議壓低了勞工成本，但通用公司與輕裝上陣的日本汽車廠相比，依然有著不小的差距。而且新的協議除了工會同意裁員之外，並沒有什麼更實質性的舉措，每年節省的12億美元成本，尚不足以令通用與豐田等企業站在同一起跑線上。

在產品結構方面，儘管通用公司也推出了自己的電動車計劃及小型車計劃，但由於消費者已形成的「消費慣性」，即買節能環保車型首先想到的就是日系車，對通用節能車型的認知度和接受度究竟有多高，尚未可知。

有人認為，通用汽車公司的再生與復甦，單靠重組顯然是不夠的。以美國經濟的回暖帶動汽車業觸底回升才是推動通用走出困境的真正希望所在。否則，「金蟬脫殼」式的破產重組帶給通用公司的，也許僅是一次短暫的喘息。

美國通用汽車破產，也給實體經濟敲響了警鐘，企業不進則退，沒有大牌與小牌企業的絕對之分，小企業在市場競爭中當然困難重重，但大企業也沒敢保證絕對不死。

第一節　企業重組

　　企業重組，是對企業的資金、資產、勞動力、技術、管理等要素進行重新配置，構建新的生產經營模式，是企業在變化中保持競爭優勢的過程。企業重組有廣義與狹義之分，廣義的企業重組包括擴張重組、收縮重組和破產重組三種類型。擴張重組是指擴大公司經營規模和資產規模的重組活動，主要是通過公司併購實現規模的擴張；收縮重組是指對公司現有的經營業務或資產規模進行縮減的重組活動，主要包括資產剝離、公司分立、股權出售、股份置換等；破產重組是指對瀕臨破產的公司進行債務重整，以使其恢復正常的經營狀況的重組活動。

一、資產剝離

（一）資產剝離的概念

　　資產剝離是指企業將其擁有的某些子公司、部門或固定資產等出售給其他的經濟主體，以獲得現金或有價證券的經濟活動。

　　企業通過剝離不適於企業長期戰略、沒有成長潛力或影響企業整體業務發展的部門、產品生產線或單項資產，可使資源集中於經營重點，從而更具有競爭力。同時，資產剝離還可以使企業資產獲得更有效的配置，提高企業資產的質量和資本的市場價值。

（二）資產剝離的動因

　1. 滿足經營環境和公司戰略目標改變的需要

　　一個公司為了適應經營環境的變化，其經營方向和戰略目標也要隨之做出調整和改變，而資產剝離則是實現這一改變的有效手段。

　2. 改變公司的市場形象，提高公司股票的市場價值

　　一些集團公司由於實行多元化經營，其業務範圍往往涉及廣泛的領域，可能使得市場投資者以及證券分析人員對其所涉及的複雜業務無法做到正確理解和分析，因此導致低估其股票的市場價值。

　3. 滿足公司的現金需求

　　有時公司需要大量現金來滿足主營業務擴張和減少債務負擔的需要，而通過借貸和發行股票的方式來籌集資金可能會面臨著一系列的障礙，此時，通過出售公司部分非核心或非相關業務的方式來籌集所需的資金，是一種有效的選擇。

　4. 甩掉經營虧損業務的包袱

　　實現利潤增長是公司發展的最終目標，因此，利潤水平低或正在產生虧損，以及達不到初期利潤增長預期的子公司或部門，往往成為剝離方案的首選目標，除非這些業務能滿足公司長期發展戰略的需要。

二、企業分立

(一) 企業分立的概念

企業分立是企業收縮經營規模的一種重要方式。廣義上的企業分立是指在不改變原公司股東持股比例的前提下，將一個企業分解成兩個以上的各自獨立的公司。狹義上的企業分立是指將母公司在子公司中所擁有的股份按比例分配給母公司的股東，形成與母公司股東相同的新公司，從而在法律上和組織上將子公司從母公司中分立出去。

企業分立中一般不發生現金交易，子公司資產也不需要重新評估，只涉及權益在兩個獨立實體之間的劃分，不存在股權和控製權向第三者轉移的情況，因為股東對母公司和分立出來的子公司仍然保留原有的權力。

(二) 企業分立的動因

1. 通過消除「負協同效應」來提高企業的價值

一個企業的某些業務對實現企業整體戰略目標來說，可能是不重要的，或者這些業務不適合於企業其他業務的發展，這時就會產生所謂的「負協同效應」，即「1+1<2」。對於一個大型企業來說，由於其經營的業務各有特點，不適合按照同樣的管理模式來經營，因此，如果按照業務特點，將企業劃分成兩個或更多獨立實體，配備不同類型的管理人員進行經營，可能會營造出更好的管理環境，減少甚至消除因管理原因而造成的低效率運作。

2. 企業分立可以滿足企業適應經營環境變化的需要

企業的經營環境包括技術進步、產業發展趨勢、國家有關法規和稅收條例的變化、經濟週期的變化等。這些因素經常隨著經濟形勢的發展而變化，一旦這些因素發生變動，企業現有的戰略安排可能會失效。因此，對於規模巨大的企業，由於其運轉不如小企業靈活，如果不能隨經營環境的變化而適時改變戰略安排，可能會給企業帶來不可估量的損失。所以，當企業規模超過適度的標準時，採取分立的策略，在保證取得規模效益的前提下，增強企業的靈活性，可以大大提高資本的運營效率。

3. 企業分立可以滿足企業擴張的需要

實際上，企業分立也是擴張的一種重要手段。在通常情況下，企業作為一個整體，要擴張進入其他領域難度較大，而採取派生分立的方式，在目標地區或目標領域內設立一個新的企業，就可深入滲透進去，達到預期目的。

4. 分立可以幫助企業糾正錯誤的併購

企業實施併購可能達到企業的某一方面的戰略目標，但併購之後有可能出現這樣或那樣的問題。

例如，某跨國公司為了獲得穩定增長的收入，相繼通過併購遠洋運輸、金礦開採等業務來實現多元化經營。併購之後，雖然達到了多元化經營的戰略目標，但在資本市場上，由於投資者及證券分析人員無法將其歸入某一特定行業，使其在證券市場上表現出較低的股票價格和市盈率。該公司遂將其分立為 3 個公司，即遠洋運輸公司、電子設備公司和金礦開採公司。企業分立後，該公司股票價格大幅上升，遠遠超過了

股票市場的平均收益。

5. 分立可以作為企業反併購的一項策略

併購企業可能因為看好目標公司的某項特定資產而實施併購策略。如果目標公司清楚地意識到這一點，就可以通過將這部分資產甚至某一子公司分立出去的方式避免整個公司被併購的風險。

(三) 企業分立的程序

1. 董事會提出分立方案

當企業董事會初步達成企業分立的意向後，即應著手提出草案，起草分立方案，以便企業股東大會討論。

2. 股東大會做出分立決定

有限責任公司做出分立決定，必須由代表 2/3 以上表決權的股東同意；股份有限公司的分立，必須經出席股東大會的，持 2/3 以上表決權的股東同意通過。

3. 簽訂分立合同

企業分立時，應當根據股東大會做出的決議簽訂分立合同，以便對原企業的債權、債務、權利、義務、職工安置等做出安排。分立合同應採用書面形式，一般應包括下列內容：分立後原公司存續與否，存續公司或新設公司的名稱與地址，企業的財產如何分割，原企業債權、債務的處理方法，分立後各方的公司章程內容，分立時需要載明的其他事項（如企業職工的安置）等。

4. 編制資產負債表及財產清單

企業分立時，應將分立各方擁有的資產、負債及所有者權益記載於資產負債表中，並將各方分得的全部動產、不動產、債權、債務以及其他財產注意列入財產目錄，編制財產清單。財產清單要準確、翔實、清楚，並要妥善保存。

5. 進行公告

企業應當在自做出分立決議之日起 10 天內，通知債權人，並於 30 天內在報紙上公告三次。債權人自接到通知之日起 30 天內，未接到通知書的自第一次公告之日起 30 天內，有權要求清償債務或提供相應的擔保。不清償債務或者不提供相應擔保的，企業不得分立。在法定期限內，如果債權人未提出異議，則視為同意企業分立。

6. 辦理工商登記

派生分立時，新企業要履行註冊登記手續，老企業如果因分立而導致有關工商登記事項的，也應到工商管理機關進行變更登記。

三、股權出售

股權出售是指公司將持有的子公司的股份出售給其他投資者。與資產剝離，出售公司資產或部門不同，股權出售的對象是公司所持有的子公司的全部或部分股份。如果僅僅是出售部分股份，則公司將繼續留在子公司所處的行業當中。

股權出售的動因與資產剝離大致相同，所產生的效應也相近。股權出售能夠給母公司股價帶來積極影響，從而給股東帶來正向的財務效應。

第二節　企業破產和清算

一、破產重整

破產重整是指專門針對可能或已經具備破產原因但又有維持價值和再生希望的企業，經由各方利害關係人的申請，在法院的主持和利害關係人的參與下，進行業務上的重組和債務調整，以幫助債務人擺脫財務困境，恢復營業能力的法律制度。破產重整制度的實施，對於彌補破產和解、破產整頓制度的不足，防範大公司破產帶來的社會問題，具有不可替代的作用。

(一) 破產重整流程

企業法人不能清償到期債務，並且資產不足以清償全部債務或者明顯缺乏清償能力的，債權人和債務人可直接向法院提出重整申請，啓動重整程序。在債權人申請對債務人進行破產清算，法院受理申請之後宣告破產之前，債務人或者出資額占債務人註冊資本十分之一以上的出資人，可以向法院申請重整。

(1) 法院對重整申請進行審查，認為符合法律規定的，應當裁定債務人重整，並予以公告。法院指定管理人，與此同時，通知已知的債權人並公告通知未知的債權人。法院應當確定債權人申報債權的期限，並確定第一次債權人會議召開的時間和地點。

(2) 債權人向管理人申報債權，管理人收到債權申報材料後應當登記造冊，並對申報的債權進行審查，編制債權表並提交第一次債權人會議核查。債權申報期滿之日起 15 日內召開第一次債權人會議。

(3) 在破產重整中，進入重整期間後，經債務人申請法院批准，債務人可以在管理人的監督下自行管理財產和經營事務，管理人應當向債務人移交財產和經營事務。

(4) 債務人或者管理人應當自法院裁定之日起 6 個月內，同時向法院和債權人會議提交《重整計劃草案》。其內容應當包括：債務人的經營方案、債券分類、債權調整方案、債權受償方案、重整計劃的執行期限、重整計劃執行的監督期限，以及有利於債務人重整的其他方案。經債務人或者管理人請求，法院可以裁定延期 3 個月。未按期提交的，法院應當裁定終止重整程序，並宣告破產。

(5) 法院應當自收到《重整計劃草案》之日起 30 日內召開債權人會議，債權人參加會議進行討論，並分組進行表決。各表決組通過《重整計劃草案》的，《重整計劃》即為通過。未獲得通過的依《中華人民共和國破產法》進行處理。

(6) 自《重整計劃》通過之日起 10 日內，債務人和管理人應當向法院提出批准《重整計劃》的申請，法院審查認為合法的，應當自收到申請之日起 30 日內裁定批准，終止重整程序並予以公告。法院批准的《重整計劃》對債務人和全體債權人均具有約束力。

(7)《重整計劃》獲批准後，進入《重整計劃》的執行程序，由債務人負責執行。此時，已經接管財產和營業事務的管理人應當向債務人移交財產和營業事務。在《重

整計劃》規定的監督期內，由管理人監督《重整計劃》的執行。在監督期內，債務人應當向管理人報告《重整計劃》的執行情況和收入財務情況。

（8）監督期屆滿，管理人向法院提交監督報告。在報告之日，管理人監督職責終止。經管理人申請，法院可以裁定延長監督期限。

（9）《重整計劃》執行期限屆滿，債務人執行完畢，公司已恢復良好狀態的，重整程序結束，公司恢復正常運行。債務人不能執行或者不執行《重整計劃》的，法院經管理人或利害關係人的請求，應當裁定終止《重整計劃》的執行，並宣告債務人破產，此後進入破產程序。

（二）債務和解

債務和解是指在債務人發生財務危機的情況下，債權人按照其與債務人達成的協議或法院的裁定做出讓步，使債務人減輕債務負擔，渡過難關，從而解決債務人債務問題的行為。通過債務重組，債務人可以推遲債務的償還期限，減輕債務負擔，調節資本結構，從而幫助企業擺脫困境。

1. 債務和解的條件

並非所有的債務問題都可以通過債務和解的方式來解決，一般而言，債務和解必須具有以下條件：

（1）債務人長期不能償付債務

當債務人因經營失敗導致企業缺乏償債能力，其債務總額已經大於資產的公允價值時，只能通過破產或債務和解的方式來解決債務問題。

（2）債權人和債務人均同意通過債務和解方式解決債務問題

債務和解必須在債權人和債務人雙方一致同意的情況下，經雙方共同協商來解決問題。只要有一方不同意進行債務和解，債務人就只能進入破產清算程序，進行債務清償。

（3）債務人具備恢復正常經營的能力和良好的信譽

首先，債務人的債務問題必須是由經營失敗導致的，不存在故意損害債權人合法利益的資產處置情況。其次，經過債務重組，債務人有能力恢復正常的生產經營活動，能夠盡快改善企業的財務狀況，並恢復償債能力。

2. 債務和解的方式

債務和解的方式大致有以下三種，即以資產清償債務、債權轉為股權，以及修改債務條件。三種債務和解方式可以組合使用。

（1）以資產清償債務

以資產清償債務是指債權人和債務人達成協議或者經法院的裁定，由債務人用現金或非現金資產來清償全部或部分債務。此時，債權人通常都要做出一些讓步，如減免部分債務本金或利息等，這樣可以緩解債務人的財務壓力，有助於債務人擺脫困境，同時，債務人可以由此得到債務重組收益。

（2）債權轉為股權

債權轉為股權的和解方式是指經債權人和債務人協商，債權人將全部或部分債權

轉為對債務人的股權。對於債務人來說，這將負債轉為了股東權益，不再需要償還。這實際上是改變了負債企業的資本結構，也減輕了債務人的債務負擔。

(3) 修改債務條件

修改債務條件是指經債權人和債務人協商，對債務合同的某些條款進行修改，如延長償還期限、降低利率、免去應付未付利息、減少本金等。這種方式主要是為了減輕債務人的債務負擔，使其盡快走出困境。

二、企業清算

企業清算是企業在終止過程中，為終結現存的各種經濟關係，對企業的財產進行清查、估值和變現，清理債權和債務，分配剩餘財產的行為。

(一) 破產清算程序

1. 進入破產清算程序

對於嚴重虧損、無力清償到期債務的公司，由其債權人或債務人向公司所在地法院提交破產申請，人民法院依法裁定並宣告企業破產，企業由此正式進入破產程序。

2. 成立清算組

企業進入破產程序後，由人民法院自宣告之日起 15 日內成立清算組，清算組由人民法院與同級人民政府協商指定，由相關人員包括律師、會計師等專業人員組成。

3. 破產企業的全面接管

清算組正式成立並進駐破產企業後，便正式替代破產企業以其自身名義進行運作。對破產企業的全面接管，包括破產企業印章的接收，破產企業法人營業執照的接收，破產企業重要文件、合同的接收，破產企業財務的接收，破產企業財產的接收。

清算組作為替代破產企業運作的實體，還須對破產企業進行必要的管理。主要包括：① 對破產企業的人事管理，如留守人員的確定、員工的安置及人事檔案的管理；② 對破產企業生產經營的管理；③ 對破產企業的資產管理，如固定資產的管理、流動資產的管理、無形資產的管理、投資資產的管理、在建工程的管理；④ 對破產企業的財務管理，如財務帳冊、財務憑證的管理，銀行帳號的管理，日常開銷的管理和控製。

4. 破產企業的財務審計

對破產企業的財務審計包括：① 破產企業的基本情況，如公司註冊登記情況、股東情況及股權比例情況；② 破產企業註冊資本情況及到位情況；③ 破產企業財務管理情況；④ 破產企業財務人員情況和變動情況；⑤ 財務憑證及帳冊保存情況；⑥ 帳目記錄情況；⑦ 財務審批情況，如負責人、支出程序等；⑧ 財務帳冊及原始憑證的真實和完整情況；⑨破產企業負債情況；⑩破產企業涉訴案件情況，包括破產企業作為原、被告處於訴訟中的情況，敗訴案件的執行情況及破產企業不作為原、被告，但為其他公司提供財產抵押或經營擔保而涉訴的案件；⑪破產企業的主要資產流向等。

5. 破產財產的清理、清算

破產企業財產的清理，主要是指清算組對破產企業的財產進行權屬界定、範圍界定、分類界定和登記造冊的活動。

企業的對外投資包括項目投資、證券投資和股權投資三種形式，因此對破產企業的對外投資的清算也相應地分為：對破產企業項目投資的清算、對破產企業證券投資的清算，以及對破產企業股權投資的清算。

對外債權的清算是將真正的對外債權清理出來，將所謂的對外債權清理出去，對已確認的對外債權進行實際追討。

6. 破產財產分配

破產財產分配的程序是：① 由清算組提出破產財產分配方案；② 破產財產分配方案經債權人會議討論通過後，報請法院裁定後執行；③ 清算組在破產財產分配方案經法院確認後三日內製作分配表；④ 清算組執行分配方案，並通知債權人限期領取財產。

其中，破產財產分配方案包括破產財產總額及構成、應有限撥付的破產費用總額及構成、破產企業所欠員工工資和社會保險費用總額及構成、破產企業所欠稅款總額及構成、提留款（暫不分配的款項）總額及構成，以及用於破產債權分配的財產總額及構成。

7. 終結破產程序

清算組完成破產財產分配後，應及時向法院提交破產財產分配報告，並提請法院裁定終結破產程序。法院應當自收到清算組終結破產程序的請求之日起 15 日內做出是否終結破產程序的裁定。裁定終結時，應當予以公告。清算組應當自破產程序終結之日起 10 日內，持法院終結破產程序的裁定，向破產人的原登記機關辦理註銷登記。

(二) 破產財產的界定

破產申請受理時屬於債務人的全部財產，以及破產申請受理後至破產程序終結前債務人取得的財產為債務人財產。債務人被宣告破產後，債務人財產即破產財產。

根據《中華人民共和國破產法》的規定，破產財產由下列財產構成：① 宣告破產時企業經營管理的全部財產；② 破產企業在宣告破產後至破產程序終結前所取得的財產；③ 應當由破產企業行使的其他財產權利，如專利權等；④ 擔保物的價款，超過其所擔保的債務數額的，超過部分屬於破產財產；⑤ 在法院受理破產案件前 6 個月至破產宣告之日的期限內，破產企業隱匿、私分、無償轉讓、非法出售的財產，經追回後屬於破產財產；⑥ 破產企業與其他單位聯營時所投入的財產和應得收益。

破產財產確定以後，通常需要變賣為貨幣資金，以便清償債務。其變賣方式應採取公開拍賣的形式。

(三) 破產債權的界定

法院受理破產申請時，對債務人享有的債權稱為破產債權。破產債權可分為優先破產債權和普通破產債權。

對破產人的特定財產享有擔保權的權利人，對該特定財產享有優先受償的權利，該部分債權為優先破產債權。在破產宣告前成立的，對破產人發生的，依法在規定的申報期內申報確認，並且只能通過破產程序由破產財產中得到公平清償的債權為普通破產債權。

在界定和確認普通破產債權時，應遵循以下標準：① 破產宣告前成立的無財產擔

保的債權，以及放棄優先受償權的有財產擔保的債權為普通破產債權；② 破產宣告前未到期的債權視為已到期債權，但應減去未到期利息；③ 破產宣告前成立的有財產擔保的債權，債權人擁有就該擔保品優先受償的權利，其不能構成普通破產債權，但是，有財產擔保的債權，其數額超過擔保品價款的，未受償部分應作為普通破產債權；④ 債權人對破產企業負有債務的，其債權可於破產清算之前抵消，抵消部分不能作為破產債權；⑤ 破產企業未履行合同的對方當事人，因清算組解除合同受到損害的，以損害賠償額作為普通破產債權；⑥ 為破產企業債務提供保證者，因代替破產企業清償債務所形成的擔保債權為普通破產債權；⑦ 債務人是委託合同的委託人，受託人不知債務人被法院裁定破產的事實，繼續處理委託事務的，受託人由此產生的債權為普通破產債權；⑧ 債務人是票據的出票人，在債務人被法院裁定破產後，該票據的付款人繼續付款或者承兌的，付款人由此產生的債權為普通破產債權。

思考與練習

一、簡答題

1. 公司為什麼要進行資產剝離或股權出售？
2. 公司分立的主要動因有哪些？分立可以帶來什麼效應？
3. 企業重組與債務和解有哪些區別？

二、案例分析題

　　1997 年，摩托羅拉公司銥星移動通信網路投入商業運營，成為第一個真正能覆蓋全球每個角落的通信網路系統。隨之，公司股票大漲，其股票價格從發行時的每股 20 美元飆升到 1998 年 5 月的 70 美元。崇尚科技的人士尤其看好銥星系統。1998 年，美國《大眾科學》雜誌將其評為年度全球最佳產品之一。1998 年年底，在由中國兩院院士評選的年度十大科技成就中，它名列第二位。

　　就高科技而言，銥星系統不但採用了複雜、先進的星上處理和星間鏈路技術，使地面實現無縫隙通信，而且解決了衛星網與地面蜂窩網之間的跨協議漫遊。銥星系統開創了全球個人通信的新時代，使人類在地球上任何「能到達的地方」都可以相互聯絡。

　　然而，價格不菲的「銥星」通信在市場上遭受了冷遇，用戶最多時才 5.5 萬人，而據估算，它必須發展到 50 萬用戶才能盈利。由於巨大的研發費用和系統建設費用，銥星背上了沉重的債務負擔，整個銥星系統耗資達 50 多億美元，每年僅系統的維護費就要幾億美元。除了摩托羅拉等公司提供的投資和發行股票籌集的資金外，銥星公司還舉債約 30 億美元，每月僅償還債務利息就要 4,000 多萬美元。從一開始，銥星公司就一直在與銀行和債券持有人等組成的債權方集團進行債務重組的談判，但雙方最終未能達成一致。債權方集團於 1999 年 8 月 3 日向紐約聯邦法院提出了迫使銥星公司破

產改組的申請，加上無力支付兩天後到期的 9,000 萬美元的債券利息，銥星公司被迫於同一天申請破產保護。2000 年 3 月 18 日，銥星因背負 40 多億美元債務正式破產。

請分析回答下列問題：

1. 銥星公司在高科技上的登峰造極與市場上的全線潰敗的強烈對比說明了什麼？
2. 導致銥星公司最終破產的原因有哪些？
3. 由銥星公司破產引發的經驗與教訓是什麼？

第十一章　財務控製

案例導讀：

　　上海東亞建築實業有限公司，簡稱「東建」，是一家從事建築裝潢、房地產、動拆遷、物業管理經營活動的綜合性企業。1997 年企業資產總額為 8,000 萬元，主營業務收入為 10 億元，利稅總額為 8,000 萬元。近年來，該公司通過不斷完善財務制度、加大監控力度、謹慎理財等措施，使得經濟效益不斷提高。

（一）「東建」公司財務取得成效的原因

　　「東建」公司財務取得成效的原因主要有以下幾個方面。

1. 實行會審核簽，避免決策失誤

　　該公司先後制定了《重大經濟事項由總經理、總會計師會簽制度》《項目立項、論證、評審、審批程序的暫行規定》等制度。關於資金運作，公司規定必須由經辦部門提出書面報告，經過總經理閱示後送交各個職能部門傳閱、會簽，提出處理意見，然後集中到總會計師那裡，並經其審核、簽署意見後再由總經理簽字確認，下達落實。

2. 限制應收帳款，減少壞帳損失

　　在應收帳款管理上，該公司規定建築施工業務的應收帳款額度不得超過其產值的 5%。房地產業務的應收帳款額度不得超過其產值的 1%。同時，對已經發生的應收帳款經常進行結構分析，組織力量加強催討，比較應收帳款的資金成本和回報，並加以嚴格的考核。1997 年該公司應收帳款占產值的比例得到較大程度的壓縮，其平均週轉天數降至 13 天，遠遠低於同行業平均水平，從而加速了資金週轉，降低了壞帳風險。

3. 規範融資擔保，控製債務風險

　　公司在事先調查預測的基礎上制訂全年的融資計劃，同時分解下達至各個子公司，並列入考核指標。規定下屬有權獨立融資的子公司按照計劃融資，融資時要求先填寫「融資擔保審批表」，註明貸款銀行、金額、期限以及所貸資金的用途和可能產生的資金效益等，經法定代表人簽字，並加蓋本單位財務專用章及行政章後，報公司總部投資結算部審核。投資結算部同意後，再報總經理簽字確認，方可由公司總部出面進行融資擔保。經同意由公司總部擔保融資的子公司還必須每月上報準確的融資情況報告，如果需要在核定的範圍之外追加融資，則仍然需要重新履行相應的申請、審批手續。

4. 委派財務主管，加強財務監督

　　公司以「雙向選擇」的形式委派優秀會計人員到下屬子公司擔任財務主管，協助子公司理財。同時，賦予財務主管代表公司總部行使監督職責的必要權限，根據公司總部的要求和有關制度規定，有權對可能導致損失、危害投資者、債權人和職工利益

的財務收支行為予以否決。通過這種有效的監督，化解了子公司經營活動中的財務風險。

(二)「東建」公司財務成功帶來的啟示

「東建」公司財務成功帶來的啟示主要有以下幾個方面。

1. 樹立正確的財務風險觀念

企業追求利潤的同時不可忽視風險的防範。任何厭惡風險或試圖逃避風險的做法既不現實，也不客觀。企業身處商戰之中，猶如舟在河心，不進則退。不思進取，就必然冒著被淘汰的風險，這是市場經濟的基本規律。總之，隨著市場經濟的深入發展，企業應成為自主經營、自負盈虧的法人實體和市場主體，因而必須衝破傳統觀念的束縛，樹立正確的風險觀念，掌握應付風險的本領，敢於向風險挑戰，將風險防範作為企業財務管理的重要內容。

2. 準確認識財務風險內涵

傳統意義上的財務風險概念主要指企業資金籌措過程中因為運用財務槓桿而給股東增加的風險。顯然，企業財務風險防範不能僅僅拘泥於這一狹義財務風險的範圍。因為，財務活動是資金籌集、投放、收回及分配等活動環節的有機統一，在每一活動環節中都有可能發生風險，所以必須從財務活動的全過程出發認識財務風險。「東建」公司財務風險防範成功的原因之一，就是正確認識到財務風險廣泛存在於企業經營的方方面面，從而有效地防範了多方面的財務風險。

此外，「東建」公司還特別關注企業內部管理中的風險，由於兼顧了非系統風險的防範，財務活動更加安全，保證了經營活動的正常開展。

3. 採取多種風險防範策略

「東建」公司的行業特點決定了公司的經營項目一般都涉及較高的金額，而資產的可轉移性較差，一旦發生風險損失，將嚴重影響公司的正常經營。為此，該公司堅持「預防」原則，嚴格對外投資等重大經濟事項的立項、審批管理。完善的內部監控製度和健全的科學決策體系進一步有助於風險的防範。「東建」公司先後制定了一系列內部管理制度，尤其是子公司財務主管由總公司委派，並實行「以崗定薪，一崗一薪」和「一司兩制」的工資制度，使財務風險防範制度化，從而在內部管理上消除和控制了因風險產生的隱患。

4. 注意規避風險

該公司採用的策略主要有：一是通過投資項目抵押承包制、淨資產全員風險抵押承包制及合理設定有限公司註冊資本規模等手段，實現風險鎖定。二是通過分散投資經營的時間、空間、風險承擔主體，實現風險分散。三是通過利用市場機制將自身風險轉移給保險公司、其他企業甚至政府及社會，實現風險轉嫁。四是通過科學設計市場經營的行業、產品、投資項目、地區分佈結構，實現風險對沖。五是建立風險補償基金，包括壞帳準備、投資減值準備、存貨跌價準備、資本公積金及盈餘公積金等。

第一節　財務控製概述

一、財務控製的概念及特徵

財務控製是指按照一定的程序和方法，確保企業及其內部機構和人員全面落實、實現對企業資金的取得、投放、使用和分配過程的控製。財務控製作為企業財務管理的重要環節，具有以下特徵。

1. 財務控製是一種價值控製

財務控製的對象是以實現財務預算為目標的財務活動，而財務預算所包括的現金預算、預計利潤表和預計資產負債表都是以價值形式反應的，這就決定了財務控製必須實行價值控製。

2. 財務控製是一種全面控製

由於財務控製是利用價值手段來實施其控製過程，因此，它不僅可以將各種不同性質的業務綜合起來控製，而且可以將不同層次、不同部門的業務綜合起來控製，體現了財務控製的全面性。

3. 財務控製以現金流量為控製重點

企業的財務活動歸根結底反應的是企業的資金運動，企業日常的財務活動表現為組織現金流量的過程，因此，財務控製的重點應放在對現金流量表的控製上，通過現金預算、現金流量表等保證企業資金活動的順利進行。

二、財務控製的基礎

財務控製的基礎是指進行財務控製所必須具備的基本條件，主要包括以下幾個方面。

1. 組織基礎

財務控製的首要基礎是圍繞控製目標建立組織機構。例如，為確定財務預算建立的決策和預算編制機構，為組織和實施日常財務控製建立的監督、協調、仲裁機構，為便於內部結算建立的內部結算組織，為考評預算的執行結果建立的考評機構等。在實際工作中，可以根據需要將這些機構的職能合併到企業的常設機構中。

2. 制度基礎

內部控製制度是指企業為了順利實施控製過程所進行的組織機構的設計、控製手段的採取及各種措施的制訂。這些方法和措施的主要作用在於檢查財務預算目標的制定、會計信息的準確性和可靠性，保證財務預算的有效執行，以提高控製效率。

3. 預算目標

健全的財務預算目標是進行財務控製的依據。財務預算既能滿足企業經營目標的要求，又能使決策目標具體化、系統化、定量化。量化的財務目標可以成為日常控製和業績考核的依據。在實踐中，企業應將預算目標層層分解並落實到各責任中心，使

之成為控制各責任中心經濟活動的標準。

4. 會計信息

準確、及時、真實的會計信息是財務控製實施過程中的基本保障。財務控製必須以會計信息為前提。原因在於以下兩點：

（1）財務預算總目標的執行情況必須通過企業的匯總會計核算資料予以反應。透過這些會計資料可以瞭解、分析企業財務預算總目標的執行情況、存在的差異及其原因，並提出相應的措施。

（2）各責任中心財務預算目標的執行情況也是通過各自的會計核算資料予以反應的，透過這些會計資料可以瞭解、分析各責任中心財務預算目標的完成情況，為考核各責任中心的工作業績和正確地進行財務控製提供依據。

5. 信息反饋系統

財務控製是一個動態的控製過程，要確保財務預算目標的貫徹實施，必須對各責任中心執行預算的情況進行跟蹤監督，並不斷調整執行偏差，以確保控製過程下情上報、上情下達。

6. 獎罰制度

獎罰制度是保證控製系統長期有效的重要因素。在利用獎罰制度來保證財務控製順利實施的過程中，要注意結合各責任中心的財務預算目標，建立公平、合理的獎罰標準；同時，要嚴格完善考評機制，保證獎罰分明。

三、財務控製的種類

1. 按控製的主體分類

按控製主體的不同，可以將財務控製分為出資者財務控製、經營者財務控製和財務部門的財務控製。

出資者財務控製是指資本所有者為了實現其資本保全和增值的目的，而對經營者的財務收支活動進行的控製，如對成本開支範圍和標準的規定等。

經營者財務控製是指管理者為了實現財務預算目標，而對企業的財務收支活動進行的控製。這種控製是通過管理者制定財務決策目標，並促使這些目標被貫徹執行而實現的，如企業的籌資、投資、資產運用、成本支出決策及執行等。

財務部門的財務控製是指財務部門為了有效地保證現金供給，通過編制現金預算，對企業日常財務活動進行的控製。

一般來說，出資者財務控製是一種外部控製，而經營者財務控製和財務部門的財務控製是內部控製，更能反應出財務控製的作用和效果。

2. 按控製的時間分類

按控製時間的不同，可以將財務控製分為事前財務控製、事中財務控製和事後財務控製。

事前財務控製是指在財務收支活動尚未發生之前所進行的控製，如財務收支活動發生之前的申報審批制度等。事中財務控製是指在財務收支活動發生過程中進行的控製，如按財務預算要求監督預算的執行過程，對各項收入的去向和支出的用途進行監

督等。事後財務控製是指對財務收支活動的結果進行考核及相應的懲罰。

3. 按控製的依據分類

按控製依據的不同,可以將財務控製分為預算控製和制度控製。

預算控製是指以財務預算為依據,對預算執行主體的財務收支活動進行監督、調整的一種控製形式。預算表明了執行主體的責任和奮鬥目標,規定了預算執行主體的行為。

制度控製是指通過制定企業內部規章制度,並以此為依據約束企業和各責任中心財務收支活動的一種控製形式。制度控製通常規定能做什麼,不能做什麼。制度控製具有防護性的特徵,而預算控製具有激勵性特徵。

4. 按控製的對象分類

按控製對象的不同,可以將財務控製分為收支控製和現金控製。

收支控製是指對企業及其各責任中心的財務收支活動所進行的控製。企業可以通過收支控製來促使企業收入達到既定目標,並使成本開支達到最小,以實現企業利潤最大化。

現金控製是指對企業及其各責任中心的現金流入和現金流出活動所進行的控製。現金控製的目的在於實現企業現金流入、流出的基本平衡,既要防止因現金短缺而可能出現的支付危機,也要防止因現金沉澱而可能出現的機會成本增加。

5. 按控製的手段分類

按控製手段的不同,可以將財務控製分為絕對控製和相對控製。

絕對控製是指對企業及其各責任中心的財務指標採用絕對數進行控製。一般而言,對激勵性指標,通過絕對數控製其最低限度;對約束性指標,通過絕對數控製其最高限度。

相對控製是指對企業及其各責任中心的財務指標採用相對比率進行控製。一般而言,相對控製具有反應投入與產出對比、開源與節流並重的特徵。

第二節　責任中心

一、責任中心的概念及特徵

企業為了實行有效的內部協調與控製,通常都按照統一領導、分級管理的原則,在其內部合理劃分責任單位,明確各責任單位應承擔的經濟責任、應有的權力和利益,促使各責任單位各盡其職,各負其責。責任中心就是指具有一定的管理權限,並承擔相應的經濟責任的企業內部單位。責任中心通常具有以下特徵。

1. 責任中心是一個責、權、利相統一的實體

每一個責任中心都要對一定的財務指標的完成情況負責任,同時,責任中心被賦予與其所承擔責任的範圍大小相適應的權力。

2. 責任中心具有承擔經濟責任的條件

責任中心具有履行經濟責任中心條款的行為能力,責任中心一旦不能履行經濟責

任，就要對其後果承擔責任。

3. 責任中心所承擔的責任和行使的權力都應是可控的

責任中心對其職權範圍內的成本、收入、利潤和投資負責。因此，這些內容必定是該責任中心所能控制的內容。一般而言，責任中心層次越高，其可控範圍越大。

4. 責任中心具有獨立核算業績評價的能力

責任中心的獨立核算是實施責、權、利相統一的基本條件。只有獨立核算，工作業績才可能得到正確評價。因此，只有既能分清責任又能進行獨立核算的企業內部單位，才是真正意義上的責任中心。

二、成本中心

1. 成本中心的含義

成本中心是指對成本或費用承擔責任的責任中心。成本中心往往沒有收入，其職責是用一定的成本去完成規定的具體任務，一般包括產品的生產部門、提供勞務的部門和企業管理部門。

成本中心是責任中心中應用最為廣泛的一種責任中心形式。任何發生成本的責任領域，都可以確定為成本中心，上至企業，下至車間、工段、班組，甚至個人都可以劃分為成本中心。成本中心的規模不一，一個較大的成本中心可以由若干個較小的成本中心組成，因而，在企業可以形成一個逐級控制、層層負責的成本中心體系。

2. 成本中心的類型

成本中心有標準成本中心和費用中心兩種類型。

標準成本中心是指有穩定而明確的產品，且單位產品的成本可以通過技術分析測算出來的成本中心。標準成本中心的典型代表有製造業工廠、車間、班組等，這類中心的每種產品都有明確的原材料、人工費用及各種間接費用的數量標準與價格標準。

費用中心是指費用發生的多少由管理人員的決策行為決定，費用的投入與產出之間無密切關係的成本中心。它一般包括各種管理費用和某些間接成本項目，如廣告宣傳費、職工培訓費等。

3. 成本中心的特徵

（1）成本中心只考核成本和費用，不考核收益

一般而言，成本中心沒有經營權和銷售權，其工作成果不會形成可以用貨幣計量的收入。例如，某一車間生產的產品只能是產成品的某一部件，無法單獨出售，因而不可能計量其貨幣收入。有的成本中心可能有少量收入，但這種收入數量少，零星發生，也沒有考核的必要。總之，以貨幣形式衡量投入，而不以貨幣形式衡量產出，是成本中心的基本特徵。

（2）成本中心只對可控成本負責

凡是成本中心能夠控制的各種耗費，都稱為可控成本；凡是成本中心不能控制的各種耗費，都稱為不可控成本。具體來說，可控成本應同時具備以下三個條件。

①成本中心能夠通過一定的方式瞭解將要發生的成本。

②成本中心能夠對發生的成本進行計量。

③成本中心能夠通過自己的行為對成本加以調節和控製。

（3）成本中心控製和考核的責任是責任成本

成本中心控製和考核的是責任成本，而不是產品成本。責任成本是責任中心所發生的各項可控成本之和。責任成本與產品成本是既有區別又有聯繫的兩個概念。責任成本是以責任為對象歸集的經營耗費，歸集的原則是誰負責，誰承擔；產品成本是以產品為對象歸集的生產耗費，歸集的原則是誰受益，誰承擔。

4. 成本中心的考核指標

對成本中心工作業績的考核，主要是將實際責任成本同預算責任成本進行比較，從而評價成本中心工作業績的好壞。成本中心的考核指標主要包括成本（費用）變動額和成本（費用）變動率。其計算公式如下：

$$成本(費用)變動額 = 實際責任成本(費用) - 預算責任成本(費用)$$

$$成本(費用)變動率 = \frac{成本(費用)變動額}{預算責任成本(費用)} \times 100\%$$

在對成本中心進行考核時，如果實際產量與預算產量不一致，應按彈性預算的編制方法先調整預算責任成本（費用）指標，然後再進行計算。調整時應注意：

$$預算責任成本（費用）= 實際產量 \times 單位預算責任成本$$

【例11-1】某企業內部一車間為成本中心，生產甲產品，預算產量為1,500件，單位成本為30元，實際產量為1,600件，單位成本為25元。試計算該成本中心的成本變動額和成本變動率。

解答：

成本變動額 = 1,600×25 - 1,600×30 = -8,000（元）

$$成本變動率 = \frac{-8,000}{1,600 \times 30} \times 100\% = -16.67\%$$

練一練

成本中心的特徵是什麼？它有哪些類型？其考核指標是什麼？如何計算？

三、利潤中心

1. 利潤中心的含義

利潤中心是指既能控製成本，又能控製收入，對利潤負責的責任中心。它是比成本中心高一層次的責任中心，其權力和責任都相對較大。利潤中心通常是指企業內部有產品經銷權或提供勞務服務的部門。

2. 利潤中心的類型

利潤中心有自然利潤中心和人為利潤中心兩種類型。

自然利潤中心是指以對外銷售產品而取得實際收入的利潤中心。這種利潤中心一般具有產品的銷售權、價格決策權、材料採購權。它雖是企業內部的一個部門，但功能和獨立企業類似，能獨立地控製成本，取得收入。

人為利潤中心是指以產品在企業內部流轉而取得「內部銷售收入」的利潤中心。這種利潤中心一般不直接對外銷售產品，只對本企業內部各責任中心按內部結算價格

提供產品或勞務。人為利潤中心一般也具有獨立經營權；同時，能夠與其他責任中心一起確定合理的轉移價格，以實現利潤中心的功能和責任。

3. 利潤中心的考核指標

對利潤中心的考核，必然涉及對成本的計算，利潤中心的成本計算通常有以下兩種方式可供選擇。

（1）利潤中心只計算可控成本，不計算共同成本或不可控成本。這種方式主要適合於共同成本難以合理分攤的情況。按這種方式計算出來的利潤相當於「貢獻毛益總額」。利潤中心的指標必須經過調整才能得到，所以，這種計算方式下的利潤中心已失去了原來的意義，變成了貢獻毛益中心。人為利潤中心適合採用這種方式。這種方式的考核指標是貢獻毛益總額。其計算公式如下：

利潤中心貢獻毛益總額＝該利潤中心銷售收入總額
－該利潤中心可控成本總額（變動成本總額）

一般而言，可控成本總額等於變動成本總額。

（2）利潤中心既計算可控成本，也計算共同成本或不可控成本。這種情況下，共同成本易於分割，自然利潤中心一般採用這種方式。這種方式的考核指標主要有貢獻毛益總額、利潤中心負責人可控利潤總額、利潤中心可控利潤總額和公司利潤總額。其計算公式如下：

利潤中心貢獻毛益總額＝該利潤中心銷售收入總額－該利潤中心變動成本總額

利潤中心負責人可控利潤總額＝該利潤中心貢獻毛益總額－該利潤中心負責人可控固定成本

利潤中心可控利潤總額＝該利潤中心負責人可控利潤總額－該利潤中心負責人不可控固定成本

公司利潤總額＝各利潤中心可控利潤總額之和－公司不可分攤的各種管理費用、財務費用等

【例11-2】某企業某部門是一個自然利潤中心，本期實現銷售收入15,000元，銷售變動成本為10,000元，部門可控固定成本為800元，部門不可控但應由該部門負擔的固定成本為1,200元。試計算該利潤中心的考核指標。

解答：

利潤中心貢獻毛益總額＝15,000－10,000＝5,000（元）

利潤中心負責人可控利潤總額＝5,000－800＝4,200（元）

利潤中心可控利潤總額＝4,200－1,200＝3,000（元）

四、投資中心

1. 投資中心的含義

投資中心是對投資負責的責任中心，該中心既要對成本和利潤負責，又要對投資效果負責。由於投資的目的是獲得利潤，因而投資中心同時也是利潤中心。

投資中心與利潤中心的主要區別在於：首先，利潤中心沒有投資決策權，而投資中心擁有投資決策權，即投資中心能夠相對獨立地運用其所掌握的資金，有權購置和

處理固定資產，擴大或縮小生產能力；其次，投資中心一般都是獨立法人，而利潤中心可以是獨立法人，也可以不是獨立法人。

投資中心處於責任中心的最高層次，有最大的決策權，同時也承擔最大的責任。

2. 投資中心的考核指標

投資中心的考核指標主要有投資報酬率和剩餘收益兩種。

（1）投資報酬率

投資報酬率也稱投資利潤率，是指投資中心所獲得的利潤與投資額的比率。計算公式如下：

$$投資報酬率 = \frac{利潤}{投資額} \times 100\%$$

$$= \frac{銷售收入}{投資額} \times \frac{成本費用}{銷售收入} \times \frac{利潤}{成本費用}$$

$$= 資本週轉率 \times 銷售成本率 \times 成本（費用）利潤率$$

從上述公式中可以看出，為了提高投資報酬率，不僅要千方百計地降低成本，增加銷售，還要經濟有效地使用營業資本，提高資本週轉率。

投資報酬率是評價投資中心業績的常用指標。該指標的優點是：①能反應投資中心的綜合盈利能力；②能比較投資報酬率的投資中心的業績大小，具有橫向可比性，應用範圍廣；③通過投資報酬率進行投資中心業績評價，可以正確引導投資中心的經營管理行為，促使其行為長期化。如果投資中心只考慮增加資產或擴大投資規模，而不考慮利潤的同比例增加，該指標就會下降。因此，利用該指標，將促使各投資中心盤活閒置資產，減少不合理資產占用，加強對應收帳款及固定資產的管理。

但是，投資報酬率作為評價指標也存在不足。這種不足主要有兩點：①利潤在計算時受人為因素的影響，使投資報酬率無法反應投資中心的實際盈利能力。②投資報酬率指標會造成各投資中心只顧本中心利益而放棄對整個企業有利的投資行為，缺乏全局觀念。例如，某總公司的平均投資報酬率為10%，其所屬的A投資中心的投資報酬率達到15%。現A投資中心有一投資機會，投資利潤率為13%。若以投資報酬率來衡量，A投資中心肯定會放棄這一對總公司有利的投資機會，從而出現A投資中心與總公司目標不一致的情況。克服這一缺陷的方法是採用另一評價指標，即剩餘收益。

（2）剩餘收益

剩餘收益是指投資中心獲得的利潤扣減最低投資收益後的餘額。其計算公式如下：

$$剩餘收益 = 利潤 - 投資額 \times 預期最低投資報酬率$$

$$= 投資額 \times （投資利潤率 - 預期最低投資報酬率）$$

以剩餘收益作為投資中心經營業績評價指標的基本要求是：只要投資利潤率大於預期的最低投資收益率，即剩餘收益大於零，該項投資便是可行的，從而可避免投資中心單純地追求利潤而放棄一些有利可圖的投資機會，有利於提高資金的使用效率。

需要注意的是，以剩餘收益作為評價指標，所採用的預期最低投資報酬率的值對剩餘收益的影響很大，通常應以整個企業的平均投資報酬率作為最低報酬率。

【例11-3】某企業有若干個投資中心，預期最低投資報酬率為16%，其中甲投資中

心的投資報酬率為20%，該中心的經營資產平均餘額為140萬元。在預算期內，甲投資中心有一追加投資的機會，投資額為100萬元，預計利潤為17萬元，投資報酬率為17%。

要求：

（1）假定甲投資中心接受了上述投資項目，分別用投資報酬率和剩餘收益指標來評價考核甲投資中心追加投資後的工作業績。

（2）從整個企業的角度，說明是否應當接受這一追加投資項目。

解答：

（1）甲投資中心接受投資後的評價指標分別為：

投資報酬率 = $\frac{140 \times 20\% + 17}{140 + 100} \times 100\% = 18.75\%$

剩餘收益 = 17−100×16% = 1（萬元）

從投資報酬率指標來看，甲投資中心接受投資後的投資報酬率為18.75%，低於該中心原有的投資報酬率20%，追加投資使甲投資中心的投資報酬率指標下降。從剩餘收益指標來看，甲投資中心接受投資後可增加剩餘收益1萬元，大於零，說明追加投資使甲投資中心的利潤增加。

（2）從整個企業的角度分析，該追加投資項目的投資報酬率為17%，高於企業的預期最低投資報酬率16%；剩餘收益為10,000元，大於零。因此，無論從哪個指標看，企業都應該接受該項追加投資。

第三節　內部轉移價格

一、內部轉移價格的含義

內部轉移價格是指企業內部各責任中心之間轉移中間產品或相互提供勞務而發生內部結算和進行內部責任結轉所使用的結算價格。例如，將上道工序加工完成的成品轉移到下道工序繼續加工，輔助生產部門為基本生產車間提供勞務等，都是一個責任中心向另一個責任中心「出售」產品或提供勞務，必須採用內部轉移價格進行結算。

採用內部轉移價格進行內部結算的兩個責任中心之間的關係類似於市場交易的買賣關係，但並不是真正意義上的市場買賣雙方，因為這裡的「買」「賣」雙方共同存在於一個企業之中。

在其他條件不變的情況下，內部轉移價格的變動，會使買賣雙方的收入或利潤以同等的數額朝相反的方向變動。因此，從企業整體來看，無論內部轉移價格怎樣變動，企業的利潤總數不會變，變動的只是利潤在各責任中心之間的分配情況。

二、內部轉移價格的類型

1. 市場價格

市場價格簡稱「市價」，是指責任中心在確定內部轉移價格時，以產品或勞務的市

場供應價格作為計價標準。能採用市場價格作為內部轉移價格的責任中心一般具有獨立法人地位，能自主決定產品生產的數量、產品出售或購買的數量及相應價格。以市場價格作為制定內部轉移價格的優點在於，由公平、公開的競爭決定的市場價格，可以在企業內部形成競爭機制，使各責任中心之間進行公平的競爭。

以市場價格作為內部轉移價格時，應注意以下兩個方面的問題：①以市場價格為標準制定內部轉移價格時，中間產品有完全競爭的市場或提供中間產品的部門無限制生產能力；②以市場價格作為內部轉移價格並不表示應以價格作為結算價格，因為純粹的市場價格一般都包括銷售費、廣告費及運輸費等，而當產品在企業內部轉移時，這些費用則可以避免。因此，為使企業各責任中心間的利益分配更公平，應對市場價格做一些必要的調整，將這些沒有發生的費用從市場價格中減去，然後確定為內部轉移價格。

2. 協商價格

協商價格也稱為「議價」，是指企業內部責任中心的「買」「賣」雙方以正常的市場價格為基礎，通過共同協商所確定的雙方都能夠接受的價格。

成功的協商價格依賴於以下兩個條件：①責任中心轉移的產品應有在非競爭性市場上買賣的可能性，在這種市場內，買賣雙方有權自行決定是否買賣這種中間產品；②當價格協商的雙方發生矛盾不能自行解決，或雙方的談判可能導致企業非最優決策時，企業的高一級管理階層要進行必要的干預。當然，這種干預是有限的、適當的，不能使整個談判變成上級領導完全決定一切。

協商價格的上限是市價，下限是變動成本，具體價格應由買賣雙方在上下限範圍內協商決定。當產品沒有適當的市價時，就只能採用議價方式確定。各相關責任中心通過討價還價，將企業內部的模擬「公允市價」，作為計價基礎。採用協商價格的不足在於：協商價格的過程要花費人力、物力和時間；協商定價的各方往往會相持不下，需要企業高層領導進行裁定，這樣就弱化了分權管理的作用。

3. 雙重價格

雙重價格是指責任中心「買」「賣」雙方採用不同的內部轉移價格作為本中心的計價標準。例如，對產品（半成品）的供應方可按協商的市場價格計價，對使用方則按供應方的產品（半成品）的單位變動成本計價，其差額最終由會計調整。

之所以採用雙重價格，是因為內部轉移價格主要是為了對企業內部各責任中心的業績進行評價、考核，故相關責任中心所採用的價格並不需要完全一致，可分別選用對責任中心最有利的價格作為計價依據。

通常，雙重價格有兩種形式：一是雙重市場價格，即當某種產品或勞務在市場上出現幾種不同價格時，「買」方採用最低市價，「賣」方則採用最高市價；二是雙重轉移價格，即「賣」方在經營上充分發揮其主動性和積極性。採用雙重價格的前提條件是：內部轉移的產品或勞務有外部市場，供應方有剩餘生產能力，而且其單位變動成本要低於市價。

4. 成本加成價格

成本加成價格是指在產品或勞務成本的基礎上，加上一定比例的利潤作為內部轉

移價格。由於成本有多種不同形式，因此，成本加成也有多種不同形式，其中用途較為廣泛的有以下兩種。

(1) 標準成本加成

標準成本加成即根據產品（半成品）或勞務的標準成本加上一定比例的利潤作為佳佳基礎。它的優點是能分清買賣雙方的責任，但確定加成利潤率時，則需要穩妥慎重，以保證加成利潤的合理性。

(2) 實際成本加成

實際成本加成即根據產品（半成品）或勞務的實際成本加上一定比例的利潤作為內部轉移價格。它的優點是能調動「賣方」的積極性，缺陷是容易削弱「買方」降低成本的責任感。

思考與練習

一、選擇題

1. 下列說法錯誤的是（　　）。
   A. 財務控製以資金控製為核心　　B. 財務控製是一種價值控製
   C. 財務控製是一種全面控製　　　D. 財務控製以現金流量控製為重點
2. 具有最大的決策權，承擔最大的責任，處於最高層次的責任中心是（　　）。
   A. 成本中心　　　　　　　　　　B. 人為利潤中心
   C. 自然利潤中心　　　　　　　　D. 投資中心
3. 協商價格的下限是（　　）。
   A. 生產成本　　　　　　　　　　B. 市價
   C. 單位固定成本　　　　　　　　D. 單位變動成本

二、簡答題

1. 財務控製的基礎是什麼？它有哪些分類？
2. 利潤中心有哪些類型？其考核指標是什麼？如何計算？
3. 投資中心的考核指標是什麼？如何計算？
4. 什麼是內部轉移價格？它有哪些類型？

三、計算題

某公司某一部門 2014 年的銷售收入為 300 萬元，變動成本率為 60%，固定成本為 40 萬元，其中折舊為 15 萬元。該部門為利潤中心，其固定成本中只有折舊為不可控的。試對該部門經理的業績進行考核，評價該部門對公司的貢獻有多大。

附錄 常用貨幣時間價值係數表

年金現值係數表

n \ i	1%	2%	3%	4%	5%	6%	7%	8%	9%	10%	12%	14%	15%	16%	18%	20%	24%	28%	32%
1	0.990,1	0.980,4	0.970,9	0.961,5	0.952,4	0.943,4	0.934,6	0.925,9	0.917,4	0.909,1	0.891,3	0.877,2	0.869,6	0.862,1	0.847,5	0.833,3	0.806,5	0.781,3	0.757,6
2	1.970,4	1.941,6	1.913,5	1.886,1	1.859,4	1.833,4	1.808,0	1.783,3	1.759,1	1.735,5	1.685,6	1.646,7	1.625,7	1.605,2	1.565,6	1.527,8	1.456,8	1.391,6	1.331,5
3	2.941,0	2.883,9	2.828,6	2.775,1	2.723,2	2.673,0	2.624,3	2.577,1	2.531,3	2.486,9	2.393,6	2.321,6	2.283,2	2.245,9	2.174,3	2.106,5	1.981,3	1.868,4	1.766,3
4	3.902,0	3.807,7	3.717,1	3.629,9	3.546,0	3.465,1	3.387,2	3.312,1	3.239,7	3.169,9	3.024,6	2.913,7	2.855,0	2.798,2	2.690,1	2.588,7	2.404,3	2.241,0	2.095,7
5	4.853,4	4.713,5	4.579,7	4.451,8	4.329,5	4.212,4	4.100,2	3.992,7	3.889,7	3.790,8	3.587,0	3.433,1	3.352,2	3.274,3	3.127,2	2.990,6	2.745,4	2.532,0	2.345,2
6	5.795,5	5.601,4	5.417,2	5.242,1	5.075,7	4.917,3	4.766,5	4.622,9	4.485,9	4.355,3	4.088,2	3.888,7	3.784,5	3.684,7	3.497,6	3.325,5	3.020,5	2.759,4	2.534,2
7	6.728,2	6.472,0	6.230,3	6.002,1	5.786,4	5.582,4	5.389,3	5.206,4	5.033,0	4.868,4	4.535,0	4.288,3	4.160,4	4.038,6	3.811,5	3.604,6	3.242,3	2.937,0	2.677,5
8	7.651,7	7.325,5	7.019,7	6.732,7	6.463,2	6.209,8	5.971,3	5.746,6	5.534,8	5.334,9	4.933,1	4.638,9	4.487,3	4.343,6	4.077,6	3.837,3	3.421,2	3.075,8	2.786,0
9	8.566,0	8.162,2	7.786,1	7.435,3	7.107,8	6.801,7	6.515,2	6.246,9	5.995,2	5.759,0	5.288,0	4.946,4	4.771,6	4.606,5	4.303,0	4.031,0	3.565,5	3.184,2	2.868,1
10	9.471,3	8.982,6	8.530,1	8.110,9	7.721,7	7.360,1	7.023,6	6.710,1	6.417,7	6.144,6	5.604,8	5.216,1	5.018,8	4.833,2	4.494,1	4.192,5	3.681,9	3.268,9	2.930,4
11	10.368	9.786,8	9.252,6	8.760,5	8.306,4	7.886,9	7.498,7	7.139,0	6.805,2	6.495,1	5.886,5	5.452,7	5.233,7	5.028,6	4.656,0	4.327,1	3.775,7	3.335,1	2.977,6
12	11.255	10.575	9.954,0	9.385,1	8.863,3	8.383,8	7.942,7	7.536,1	7.160,7	6.813,7	6.137,1	5.660,3	5.420,6	5.197,1	4.793,2	4.439,2	3.851,4	3.386,8	3.013,3
13	12.134	11.348	10.635	9.985,6	9.393,6	8.852,7	8.357,7	7.903,8	7.486,9	7.103,4	6.361,3	5.842,4	5.583,1	5.342,3	4.909,5	4.532,7	3.912,4	3.427,2	3.040,4
14	13.004	12.106	11.296	10.563	9.898,6	9.295,0	8.745,5	8.244,2	7.786,2	7.366,7	6.560,9	6.002,1	5.724,5	5.467,5	5.008,1	4.610,6	3.961,6	3.458,7	3.060,9

续表

n\i	1%	2%	3%	4%	5%	6%	7%	8%	9%	10%	12%	14%	15%	16%	18%	20%	24%	28%	32%
15	13.865	12.849	11.938	11.118	10.380	9.712,2	9.107,9	8.559,5	8.060,7	7.606,1	6.738,8	6.142,2	5.847,4	5.575,5	5.091,6	4.675,5	4.001,3	3.483,4	3.076,4
16	14.718	13.578	12.561	11.652	10.838	10.106	9.446,6	8.851,4	8.312,6	7.823,7	6.897,3	6.265,1	5.954,2	5.668,5	5.162,4	4.729,5	4.033,3	3.502,6	3.088,2
17	15.562	14.292	13.166	12.166	11.274	10.477	9.763,2	9.121,6	8.543,6	8.021,6	7.038,6	6.372,9	6.047,2	5.748,7	5.222,3	4.774,7	4.059,1	3.517,7	3.097,1
18	16.398	14.992	13.754	12.659	11.690	10.828	10.059	9.371,9	8.755,6	8.201,4	7.164,5	6.467,4	6.128,0	5.817,8	5.273,2	4.812,4	4.079,9	3.529,4	3.103,9
19	17.226	15.678	14.324	13.134	12.085	11.158	10.336	9.603,6	8.950,1	8.364,9	7.276,4	6.550,4	6.198,2	5.877,5	5.316,2	4.843,5	4.096,7	3.538,6	3.109,0
20	18.046	16.351	14.877	13.590	12.462	11.470	10.594	9.818,1	9.128,5	8.513,6	7.376,8	6.623,1	6.259,3	5.928,8	5.352,7	4.869,6	4.110,3	3.545,8	3.112,9
21	18.857	17.011	15.415	14.029	12.821	11.764	10.836	10.017	9.292,2	8.648,7	7.465,9	6.687,0	6.312,5	5.973,1	5.383,7	4.891,3	4.121,2	3.551,4	3.115,8
22	19.660	17.658	15.937	14.451	13.163	12.042	11.061	10.201	9.442,4	8.771,5	7.545,4	6.742,9	6.358,7	6.011,3	5.409,9	4.909,4	4.130,0	3.555,8	3.118,0
23	20.456	18.292	16.444	14.857	13.489	12.303	11.272	10.371	9.580,2	8.883,2	7.616,2	6.792,1	6.398,8	6.044,2	5.432,1	4.924,5	4.137,1	3.559,2	3.119,7
24	21.243	18.914	16.936	15.247	13.799	12.550	11.469	10.529	9.706,6	8.984,7	7.679,3	6.835,1	6.433,8	6.072,6	5.450,9	4.937,1	4.142,8	3.561,9	3.121,0
25	22.023	19.523	17.413	15.622	14.094	12.783	11.654	10.675	9.822,6	9.077,0	7.735,6	6.872,9	6.464,1	6.097,1	5.466,9	4.947,6	4.147,4	3.564,0	3.122,0
26	22.795	20.121	17.877	15.983	14.375	13.003	11.826	10.810	9.929,0	9.160,9	7.785,9	6.906,1	6.490,6	6.118,2	5.480,4	4.956,1	4.151,1	3.565,6	3.122,7
27	23.560	20.707	18.327	16.330	14.643	13.211	11.987	10.935	10.027	9.237,2	7.830,4	6.935,2	6.513,5	6.136,4	5.491,9	4.963,9	4.154,2	3.566,9	3.123,3
28	24.316	21.281	18.764	16.663	14.898	13.406	12.137	11.051	10.116	9.306,7	7.870,2	6.960,7	6.533,5	6.152,0	5.501,6	4.969,7	4.156,6	3.567,9	3.123,7
29	25.066	21.844	19.188	16.984	15.141	13.591	12.278	11.158	10.198	9.369,6	7.905,8	6.983,0	6.550,9	6.165,6	5.509,8	4.974,7	4.158,5	3.568,7	3.124,0
30	25.808	22.396	19.600	17.292	15.372	13.765	12.409	11.258	10.274	9.426,9	7.937,2	7.002,7	6.566,0	6.177,2	5.516,8	4.978,9	4.160,1	3.569,3	3.124,2
35	29.409	24.999	21.487	18.665	16.374	14.498	12.948	11.655	10.567	9.644,2	8.050,9	7.070,0	6.616,6	6.215,3	5.538,6	4.991,5	4.164,4	3.570,8	3.124,8
40	32.835	27.355	23.115	19.793	17.159	15.046	13.332	11.925	10.757	9.779,1	8.114,7	7.105,0	6.641,8	6.233,5	5.548,6	4.996,5	4.165,9	3.571,2	3.125,0
45	36.095	29.490	24.519	20.720	17.774	15.456	13.606	12.108	10.881	9.862,8	8.150,6	7.123,2	6.654,3	6.242,1	5.552,3	4.998,4	4.166,4	3.571,4	3.125,0
50	39.196	31.424	25.730	21.482	18.256	15.762	13.801	12.233	10.962	9.914,8	8.170,8	7.132,7	6.660,5	6.246,3	5.554,1	4.999,1	4.166,6	3.571,4	3.125,0
55	42.147	33.175	26.774	22.109	18.633	15.991	13.940	12.319	11.014	9.947,1	8.182,1	7.137,6	6.663,6	6.248,2	5.554,9	4.999,8	4.166,6	3.571,4	3.125,0

附錄 常用貨幣時間價值係數表

年金終值係數表

n\i	1%	2%	3%	4%	5%	6%	7%	8%	9%	10%	12%	14%	15%	16%	18%	20%	24%	28%	32%	36%
1	1.000,0	1.000,0	1.000,0	1.000,0	1.000,0	1.000,0	1.000,0	1.000,0	1.000,0	1.000,0	1.000,0	1.000,0	1.000,0	1.000,0	1.000,0	1.000,0	1.000,0	1.000,0	1.000,0	1.000,0
2	2.010,0	2.020,0	2.030,0	2.040,0	2.050,0	2.060,0	2.070,0	2.080,0	2.090,0	2.100,0	2.120,0	2.140,0	2.150,0	2.160,0	2.180,0	2.200,0	2.240,0	2.280,0	2.320,0	2.360,0
3	3.030,1	3.060,4	3.090,9	3.121,6	3.152,5	3.183,6	3.214,9	3.246,4	3.278,1	3.310,0	3.374,4	3.439,6	3.472,5	3.505,6	3.572,4	3.640,0	3.777,6	3.918,4	4.062,4	4.209,6
4	4.060,4	4.121,6	4.183,6	4.246,5	4.310,1	4.374,6	4.439,9	4.506,1	4.573,1	4.641,0	4.779,3	4.921,1	4.993,4	5.066,5	5.215,1	5.368,0	5.684,2	6.015,6	6.362,4	6.725,1
5	5.101,0	5.204,0	5.309,1	5.416,3	5.525,6	5.637,1	5.750,7	5.866,6	5.984,7	6.105,1	6.352,8	6.610,1	6.742,4	6.877,1	7.154,2	7.441,6	8.048,4	8.699,9	9.398,3	10.146,1
6	6.152,0	6.308,1	6.468,4	6.633,0	6.801,9	6.975,3	7.153,3	7.335,9	7.523,3	7.715,6	8.115,2	8.535,5	8.753,7	8.977,5	9.442,0	9.929,9	10.980,1	12.135,9	13.405,8	14.798,7
7	7.214	7.434	7.662	7.898	8.142	8.394	8.654	8.923	9.200	9.487	10.089	10.730	11.067	11.414	12.142	12.916	14.615	16.534	18.696	21.126
8	8.286	8.583	8.892	9.214	9.549	9.897	10.260	10.637	11.028	11.436	12.300	13.233	13.727	14.240	15.327	16.499	19.123	22.163	25.678	29.732
9	9.369	9.755	10.159	10.583	11.027	11.491	11.978	12.488	13.021	13.579	14.776	16.085	16.786	17.519	19.086	20.799	24.712	29.369	34.895	41.435
10	10.462	10.950	11.464	12.006	12.578	13.181	13.816	14.487	15.193	15.937	17.549	19.337	20.304	21.321	23.521	25.959	31.643	38.593	47.062	57.352
11	11.567	12.169	12.808	13.486	14.207	14.972	15.784	16.645	17.560	18.531	20.655	23.045	24.349	25.733	28.755	32.150	40.238	50.398	63.122	78.998
12	12.683	13.412	14.192	15.026	15.917	16.870	17.888	18.977	20.141	21.384	24.133	27.271	29.002	30.850	34.931	39.581	50.895	65.510	84.320	108.437
13	13.809	14.680	15.618	16.627	17.713	18.882	20.141	21.495	22.953	24.523	28.029	32.089	34.352	36.786	42.219	48.497	64.110	84.853	112.303	148.475
14	14.947	15.974	17.086	18.292	19.599	21.015	22.550	24.215	26.019	27.975	32.393	37.581	40.505	43.672	50.818	59.196	80.496	109.612	149.240	202.926
15	16.097	17.293	18.599	20.024	21.579	23.276	25.129	27.152	29.361	31.772	37.280	43.842	47.580	51.660	60.965	72.035	100.815	141.303	197.997	276.979
16	17.258	18.639	20.157	21.825	23.657	25.673	27.888	30.324	33.003	35.950	42.753	50.980	55.717	60.925	72.939	87.442	126.011	181.868	262.356	377.692
17	18.430	20.012	21.762	23.698	25.840	28.213	30.840	33.750	36.974	40.545	48.884	59.118	65.075	71.673	87.068	105.931	157.253	233.791	347.309	514.661
18	19.615	21.412	23.414	25.645	28.132	30.906	33.999	37.450	41.301	45.599	55.750	68.394	75.836	84.141	103.74	128.12	195.99	300.25	459.45	700.94
19	20.811	22.841	25.117	27.671	30.539	33.760	37.379	41.446	46.018	51.159	63.440	78.969	88.212	98.603	123.41	154.74	244.03	385.32	607.47	954.28

續表

n\i	1%	2%	3%	4%	5%	6%	7%	8%	9%	10%	12%	14%	15%	16%	18%	20%	24%	28%	32%	36%
20	22.019	24.297	26.870	29.778	33.066	36.786	40.995	45.762	51.160	57.275	72.052	91.025	102.44	115.38	146.63	186.69	303.60	494.21	802.86	1,298.8
21	23.239	25.783	28.676	31.969	35.719	39.993	44.865	50.423	56.765	64.002	81.699	104.77	118.81	134.84	174.02	225.03	377.46	633.59	1,060.8	1,767.4
22	24.472	27.299	30.537	34.248	38.505	43.392	49.006	55.457	62.873	71.403	92.503	120.44	137.63	157.41	206.34	271.03	469.06	812.00	1,401.2	2,404.7
23	25.716	28.845	32.453	36.618	41.430	46.996	53.436	60.893	69.532	79.543	104.60	138.30	159.28	183.60	244.49	326.24	582.63	1,040.4	1,850.6	3,271.3
24	26.973	30.422	34.426	39.083	44.502	50.816	58.177	66.765	76.790	88.497	118.16	158.66	184.17	213.98	289.49	392.48	723.46	1,332.7	2,443.8	4,450.0
25	28.243	32.030	36.459	41.646	47.727	54.865	63.249	73.106	84.701	98.347	133.33	181.87	212.79	249.21	342.60	471.98	898.09	1,706.8	3,226.8	6,053.0
26	29.526	33.671	38.553	44.312	51.113	59.156	68.676	79.954	93.324	109.182	150.33	208.33	245.71	290.09	405.27	567.38	1,114.6	2,185.7	4,260.4	8,233.1
27	30.821	35.344	40.710	47.084	54.669	63.706	74.484	87.351	102.723	121.100	169.37	238.50	283.57	337.50	479.22	681.85	1,383.1	2,798.7	5,624.8	11,198
28	32.129	37.051	42.931	49.968	58.403	68.528	80.698	95.339	112.968	134.210	190.70	272.89	327.10	392.50	566.48	819.22	1,716.1	3,583.3	7,425.7	15,230
29	33.450	38.792	45.219	52.966	62.323	73.640	87.347	103.966	124.135	148.631	214.58	312.09	377.17	456.30	669.45	984.07	2,129.0	4,587.7	9,802.9	20,714
30	34.785	40.568	47.575	56.085	66.439	79.058	94.461	113.28	136.31	164.49	241.33	356.79	434.75	530.31	790.95	1,181.9	2,640.9	5,873.2	12,941	28,172
40	48.886	60.402	75.401	95.026	120.800	154.762	199.64	259.06	337.88	442.59	767.09	1,342.0	1,779.1	2,360.8	4,163.2	7,343.9	22,729	69,377	※	※
50	64.463	84.579	112.797	152.667	209.348	290.336	406.53	573.77	815.08	1,163.9	2,400.0	4,994.5	7,217.7	10,436	21,813	45,497	※	※	※	※
60	81.670	114.052	163.053	237.991	353.584	533.128	813.52	1,253.2	1,944.8	3,034.8	7,471.6	18,535	29,220	46,058	※	※	※	※	※	※

註：※>99,999

複利現值系數表

n\i	1%	2%	3%	4%	5%	6%	7%	8%	9%	10%	12%	14%	15%	16%	18%	20%	24%	28%	32%	36%
1	0.990,1	0.980,4	0.970,9	0.961,5	0.952,4	0.943,4	0.934,6	0.925,9	0.917,4	0.909,1	0.892,9	0.877,2	0.869,6	0.862,1	0.847,5	0.833,3	0.806,5	0.781,3	0.757,6	0.735,3
2	0.980,3	0.961,2	0.942,6	0.924,6	0.907,0	0.890,0	0.873,0	0.857,3	0.841,7	0.826,4	0.797,2	0.769,7	0.756,1	0.743,2	0.718,2	0.694,4	0.650,4	0.610,4	0.573,9	0.540,7
3	0.970,6	0.942,3	0.915,1	0.889,0	0.863,8	0.839,6	0.816,3	0.793,8	0.772,2	0.751,3	0.711,8	0.675,0	0.657,5	0.640,7	0.608,6	0.578,7	0.524,5	0.476,8	0.434,8	0.397,5
4	0.961,0	0.923,8	0.888,5	0.854,8	0.822,7	0.792,1	0.762,9	0.735,0	0.708,4	0.683,0	0.635,5	0.592,1	0.571,8	0.552,3	0.515,8	0.482,3	0.423,0	0.372,5	0.329,4	0.292,3
5	0.951,5	0.905,7	0.862,6	0.821,9	0.783,5	0.747,3	0.713,0	0.680,6	0.649,9	0.620,9	0.567,4	0.519,4	0.497,2	0.476,1	0.437,1	0.401,9	0.341,1	0.291,0	0.249,5	0.214,9
6	0.942,0	0.888,0	0.837,5	0.790,3	0.746,2	0.705,0	0.666,3	0.630,2	0.596,3	0.564,5	0.506,6	0.455,6	0.432,3	0.410,4	0.370,4	0.334,9	0.275,1	0.227,4	0.189,0	0.158,0
7	0.932,7	0.870,6	0.813,1	0.759,9	0.710,7	0.665,1	0.622,7	0.583,5	0.547,0	0.513,2	0.452,3	0.399,6	0.375,9	0.353,8	0.313,9	0.279,1	0.221,8	0.177,6	0.143,2	0.116,2
8	0.923,5	0.853,5	0.789,4	0.730,7	0.676,8	0.627,4	0.582,0	0.540,3	0.501,9	0.466,5	0.403,9	0.350,6	0.326,9	0.305,0	0.266,0	0.232,6	0.178,9	0.138,8	0.108,5	0.085,4
9	0.914,3	0.836,8	0.766,4	0.702,6	0.644,6	0.591,9	0.543,9	0.500,2	0.460,4	0.424,1	0.360,6	0.307,5	0.284,3	0.263,0	0.225,5	0.193,8	0.144,3	0.108,4	0.082,2	0.062,8
10	0.905,3	0.820,3	0.744,1	0.675,6	0.613,9	0.558,4	0.508,3	0.463,2	0.422,4	0.385,5	0.322,0	0.269,7	0.247,2	0.226,7	0.191,1	0.161,5	0.116,4	0.084,7	0.062,3	0.046,2
11	0.896,3	0.804,3	0.722,4	0.649,6	0.584,7	0.526,8	0.475,1	0.428,9	0.387,5	0.350,5	0.287,5	0.236,6	0.214,9	0.195,4	0.161,9	0.134,6	0.093,8	0.066,2	0.047,2	0.034,0
12	0.887,4	0.788,5	0.701,4	0.624,6	0.556,8	0.497,0	0.444,0	0.397,1	0.355,5	0.318,6	0.256,7	0.207,6	0.186,9	0.168,5	0.137,2	0.112,2	0.075,7	0.051,7	0.035,7	0.025,0
13	0.878,7	0.773,0	0.681,0	0.600,6	0.530,3	0.468,8	0.415,0	0.367,7	0.326,2	0.289,7	0.229,2	0.182,1	0.162,5	0.145,2	0.116,3	0.093,5	0.061,0	0.040,4	0.027,1	0.018,4
14	0.870,0	0.757,9	0.661,1	0.577,5	0.505,1	0.442,3	0.387,8	0.340,5	0.299,2	0.263,3	0.204,6	0.159,7	0.141,3	0.125,2	0.098,5	0.077,9	0.049,2	0.031,6	0.020,5	0.013,5
15	0.861,3	0.743,0	0.641,9	0.555,3	0.481,0	0.417,3	0.362,4	0.315,2	0.274,5	0.239,4	0.182,7	0.140,1	0.122,9	0.107,9	0.083,5	0.064,9	0.039,7	0.024,7	0.015,5	0.009,9
16	0.852,8	0.728,4	0.623,2	0.533,9	0.458,1	0.393,6	0.338,7	0.291,9	0.251,9	0.217,6	0.163,1	0.122,9	0.106,9	0.093,0	0.070,8	0.054,1	0.032,0	0.019,3	0.011,8	0.007,3
17	0.844,4	0.714,2	0.605,0	0.513,4	0.436,3	0.371,4	0.316,6	0.270,3	0.231,1	0.197,8	0.145,6	0.107,8	0.092,9	0.080,2	0.060,0	0.045,1	0.025,8	0.015,0	0.008,9	0.005,4
18	0.836,0	0.700,2	0.587,4	0.493,6	0.415,5	0.350,3	0.295,9	0.250,2	0.212,0	0.179,9	0.130,0	0.094,6	0.080,8	0.069,1	0.050,8	0.037,6	0.020,8	0.011,8	0.006,8	0.003,9
19	0.827,7	0.686,4	0.570,3	0.474,6	0.395,7	0.330,5	0.276,5	0.231,7	0.194,5	0.163,5	0.116,1	0.082,9	0.070,3	0.059,6	0.043,1	0.031,3	0.016,8	0.009,2	0.005,1	0.002,9

続表

n \ i	1%	2%	3%	4%	5%	6%	7%	8%	9%	10%	12%	14%	15%	16%	18%	20%	24%	28%	32%	36%
20	0.819,5	0.673,0	0.553,7	0.456,4	0.376,9	0.311,8	0.258,4	0.214,5	0.178,4	0.148,6	0.103,7	0.072,8	0.061,1	0.051,4	0.036,5	0.026,1	0.013,5	0.007,2	0.003,9	0.002,1
21	0.811,4	0.659,8	0.537,5	0.438,8	0.358,9	0.294,2	0.241,5	0.198,7	0.163,7	0.135,1	0.092,6	0.063,8	0.053,1	0.044,3	0.030,9	0.021,7	0.010,9	0.005,6	0.002,9	0.001,6
22	0.803,4	0.646,8	0.521,9	0.422,0	0.341,8	0.277,5	0.225,7	0.183,9	0.150,2	0.122,8	0.082,6	0.056,0	0.046,2	0.038,2	0.026,2	0.018,2	0.008,8	0.004,4	0.002,2	0.001,2
23	0.795,4	0.634,2	0.506,7	0.405,7	0.325,6	0.261,8	0.210,9	0.170,3	0.137,8	0.111,7	0.073,8	0.049,1	0.040,2	0.032,9	0.022,2	0.015,1	0.007,1	0.003,4	0.001,7	0.000,8
24	0.787,6	0.621,7	0.491,9	0.390,1	0.310,1	0.247,0	0.197,1	0.157,7	0.126,4	0.101,5	0.065,9	0.043,1	0.034,9	0.028,4	0.018,8	0.012,6	0.005,7	0.002,7	0.001,3	0.000,6
25	0.779,8	0.609,5	0.477,6	0.375,1	0.295,3	0.233,0	0.184,2	0.146,0	0.116,0	0.092,3	0.058,8	0.037,8	0.030,4	0.024,5	0.016,0	0.010,5	0.004,6	0.002,1	0.001,0	0.000,5
26	0.772,0	0.597,6	0.463,7	0.360,7	0.281,2	0.219,8	0.172,2	0.135,2	0.106,4	0.083,9	0.052,5	0.033,1	0.026,4	0.021,1	0.013,5	0.008,7	0.003,7	0.001,6	0.000,7	0.000,3
27	0.764,4	0.585,9	0.450,2	0.346,8	0.267,8	0.207,4	0.160,9	0.125,2	0.097,6	0.076,3	0.046,9	0.029,1	0.023,0	0.018,2	0.011,5	0.007,3	0.003,0	0.001,3	0.000,6	0.000,2
28	0.756,8	0.574,4	0.437,1	0.333,5	0.255,1	0.195,6	0.150,4	0.115,9	0.089,5	0.069,3	0.041,9	0.025,5	0.020,0	0.015,7	0.009,7	0.006,1	0.002,4	0.001,0	0.000,4	0.000,2
29	0.749,3	0.563,1	0.424,3	0.320,7	0.242,9	0.184,6	0.140,6	0.107,3	0.082,2	0.063,0	0.037,4	0.022,4	0.017,4	0.013,5	0.008,2	0.005,1	0.002,0	0.000,8	0.000,3	0.000,1
30	0.741,9	0.552,1	0.412,0	0.308,3	0.231,4	0.174,1	0.131,4	0.099,4	0.075,4	0.057,3	0.033,4	0.019,6	0.015,1	0.011,6	0.007,0	0.004,2	0.001,6	0.000,6	0.000,2	0.000,1
35	0.705,9	0.500,0	0.355,4	0.253,4	0.181,3	0.130,1	0.093,7	0.067,6	0.049,0	0.035,6	0.018,9	0.010,2	0.007,5	0.005,5	0.003,0	0.001,7	0.000,5	0.000,2	0.000,1	※
40	0.671,7	0.452,9	0.306,6	0.208,3	0.142,0	0.097,2	0.066,8	0.046,0	0.031,8	0.022,1	0.010,7	0.005,3	0.003,7	0.002,6	0.001,3	0.000,7	0.000,2	0.000,1	※	※
45	0.639,1	0.410,2	0.264,4	0.171,2	0.111,3	0.072,7	0.047,6	0.031,3	0.020,7	0.013,7	0.006,1	0.002,7	0.001,9	0.001,3	0.000,6	0.000,3	0.000,1	※	※	※
50	0.608,0	0.371,5	0.228,1	0.140,7	0.087,2	0.054,3	0.033,9	0.021,3	0.013,4	0.008,5	0.003,5	0.001,4	0.000,9	0.000,6	0.000,3	0.000,1	※	※	※	※
55	0.578,5	0.336,5	0.196,8	0.115,7	0.068,3	0.040,6	0.024,2	0.014,5	0.008,7	0.005,3	0.002,0	0.000,7	0.000,5	0.000,3	0.000,1	※	※	※	※	※

註：※＜1

複利終值系數表

n \ i	1%	2%	3%	4%	5%	6%	7%	8%	9%	10%	12%	14%	15%	16%	18%	20%	24%	28%	32%	36%
1	1.010,0	1.020,0	1.030,0	1.040,0	1.050,0	1.060,0	1.070,0	1.080,0	1.090,0	1.100,0	1.120,0	1.140,0	1.150,0	1.160,0	1.180,0	1.200,0	1.240,0	1.280,0	1.320,0	1.360,0
2	1.020,1	1.040,4	1.060,9	1.081,6	1.102,5	1.123,6	1.144,9	1.166,4	1.188,1	1.210,0	1.254,4	1.299,6	1.322,5	1.345,6	1.392,4	1.440,0	1.537,6	1.638,4	1.742,4	1.849,6
3	1.030,3	1.061,2	1.092,7	1.124,9	1.157,6	1.191,0	1.225,0	1.259,7	1.295,0	1.331,0	1.404,9	1.481,5	1.520,9	1.560,9	1.643,0	1.728,0	1.906,6	2.097,2	2.300,0	2.515,5
4	1.040,6	1.082,4	1.125,5	1.169,9	1.215,5	1.262,5	1.310,8	1.360,5	1.411,6	1.464,1	1.573,5	1.689,0	1.749,0	1.810,6	1.938,8	2.073,6	2.364,2	2.684,2	3.036,0	3.421,0
5	1.051,0	1.104,1	1.159,3	1.216,7	1.276,3	1.338,2	1.402,6	1.469,3	1.538,6	1.610,5	1.762,3	1.925,4	2.011,4	2.100,3	2.287,8	2.488,3	2.931,6	3.436,2	4.007,5	4.652,6
6	1.061,5	1.126,2	1.194,1	1.265,3	1.340,1	1.418,5	1.500,7	1.586,9	1.677,1	1.771,6	1.973,8	2.195,0	2.313,1	2.436,4	2.699,6	2.986,9	3.635,2	4.398,5	5.289,9	6.327,5
7	1.072,1	1.148,7	1.229,9	1.315,9	1.407,1	1.503,6	1.605,8	1.713,8	1.828,0	1.948,7	2.210,7	2.502,3	2.660,0	2.826,2	3.185,4	3.583,2	4.507,5	5.629,4	6.982,6	8.605,4
8	1.082,9	1.171,7	1.266,8	1.368,6	1.477,5	1.593,8	1.718,2	1.850,9	1.992,6	2.143,6	2.476,0	2.852,6	3.059,0	3.278,4	3.758,9	4.299,8	5.589,5	7.205,8	9.217,0	11.703
9	1.093,7	1.195,1	1.304,8	1.423,3	1.551,3	1.689,5	1.838,5	1.999,0	2.171,9	2.357,9	2.773,1	3.251,6	3.517,9	3.803,0	4.435,5	5.159,8	6.931,0	9.223,4	12.166	15.917
10	1.104,6	1.219,0	1.343,9	1.480,2	1.628,9	1.790,8	1.967,2	2.158,9	2.367,4	2.593,7	3.105,8	3.707,2	4.045,6	4.411,4	5.233,8	6.191,7	8.594,4	11.806	16.060	21.647
11	1.115,7	1.243,4	1.384,1	1.539,5	1.710,3	1.898,3	2.104,9	2.331,6	2.580,4	2.853,1	3.478,5	4.226,2	4.652,4	5.117,3	6.175,9	7.430,1	10.657	15.112	21.199	29.439
12	1.126,8	1.268,2	1.425,8	1.601,0	1.795,9	2.012,2	2.252,2	2.518,2	2.812,7	3.138,4	3.896,0	4.817,9	5.350,3	5.936,0	7.287,6	8.916,1	13.215	19.343	27.983	40.037
13	1.138,1	1.293,6	1.468,5	1.665,1	1.885,6	2.132,9	2.409,8	2.719,6	3.065,8	3.452,5	4.363,5	5.492,4	6.152,8	6.885,8	8.599,4	10.699	16.386	24.759	36.937	54.451
14	1.149,5	1.319,5	1.512,6	1.731,7	1.979,9	2.260,9	2.578,5	2.937,2	3.341,7	3.797,5	4.887,1	6.261,3	7.075,7	7.987,5	10.147	12.839	20.319	31.691	48.757	74.053
15	1.161,0	1.345,9	1.558,0	1.800,9	2.078,9	2.396,6	2.759,0	3.172,2	3.642,5	4.177,2	5.473,6	7.137,9	8.137,1	9.265,5	11.974	15.407	25.196	40.565	64.359	100.71
16	1.172,6	1.372,8	1.604,7	1.873,0	2.182,9	2.540,4	2.952,4	3.425,9	3.970,3	4.595,0	6.130,4	8.137,2	9.357,6	10.748	14.129	18.488	31.243	51.923	84.954	136.97
17	1.184,3	1.400,2	1.652,8	1.947,9	2.292,0	2.692,8	3.158,8	3.700,0	4.327,6	5.054,5	6.866,0	9.276,5	10.761	12.468	16.672	22.186	38.741	66.461	112.14	186.28
18	1.196,1	1.428,2	1.702,4	2.025,6	2.406,6	2.854,3	3.379,3	3.996,0	4.717,1	5.559,9	7.690,0	10.575	12.375	14.463	19.673	26.623	48.039	85.071	148.02	253.34
19	1.208,1	1.456,8	1.753,5	2.106,8	2.527,0	3.025,6	3.616,5	4.315,7	5.141,7	6.115,9	8.612,8	12.056	14.232	16.777	23.214	31.948	59.568	108.89	195.39	344.54

續表

n\i	1%	2%	3%	4%	5%	6%	7%	8%	9%	10%	12%	14%	15%	16%	18%	20%	24%	28%	32%	36%
20	1.220,2	1.485,9	1.806,1	2.191,1	2.653,3	3.207,1	3.869,7	4.661,0	5.604,4	6.727,5	9.646,3	13.743	16.367	19.461	27.393	38.338	73.864	139.38	257.92	468.57
21	1.232,4	1.515,7	1.860,3	2.278,8	2.786,0	3.399,6	4.140,6	5.033,8	6.108,8	7.400,2	10.804	15.668	18.822	22.574	32.324	46.005	91.592	178.41	340.45	637.26
22	1.244,7	1.546,0	1.916,1	2.369,9	2.925,3	3.603,5	4.430,4	5.436,5	6.658,6	8.140,3	12.100	17.861	21.645	26.186	38.142	55.206	113.57	228.36	449.39	866.67
23	1.257,2	1.576,9	1.973,6	2.464,7	3.071,5	3.819,7	4.740,5	5.871,5	7.257,9	8.954,3	13.552	20.362	24.891	30.376	45.008	66.247	140.83	292.30	593.20	1,178.7
24	1.269,7	1.608,4	2.032,8	2.563,3	3.225,1	4.048,9	5.072,4	6.341,2	7.911,1	9.849,7	15.179	23.212	28.625	35.236	53.109	79.497	174.63	374.14	783.02	1,603.0
25	1.282,4	1.640,6	2.093,8	2.665,8	3.386,4	4.291,9	5.427,4	6.848,5	8.623,1	10.835	17.000	26.462	32.919	40.874	62.669	95.396	216.54	478.90	1,033.6	2,180.1
26	1.295,3	1.673,4	2.156,6	2.772,5	3.555,7	4.549,4	5.807,4	7.396,4	9.399,2	11.918	19.040	30.167	37.857	47.414	73.949	114.48	268.51	613.00	1,364.3	2,964.9
27	1.308,2	1.706,9	2.221,3	2.883,4	3.733,5	4.822,3	6.213,9	7.988,1	10.245	13.110	21.325	34.390	43.535	55.000	87.260	137.37	332.95	784.64	1,800.9	4,032.3
28	1.321,3	1.741,0	2.287,9	2.998,7	3.920,1	5.111,7	6.648,8	8.627,1	11.167	14.421	23.884	39.204	50.066	63.800	102.97	164.84	412.86	1,004.3	2,377.2	5,483.9
29	1.334,5	1.775,8	2.356,6	3.118,7	4.116,1	5.418,4	7.114,3	9.317,3	12.172	15.863	26.750	44.693	57.575	74.009	121.50	197.81	511.95	1,285.6	3,137.9	7,458.1
30	1.347,8	1.811,4	2.427,1	3.243,4	4.321,9	5.743,5	7.612,3	10.063	13.268	17.449	29.960	50.950	66.212	85.850	143.37	237.38	634.82	1,645.5	4,142.1	10,143
40	1.488,9	2.208,0	3.262,0	4.801,0	7.040,0	10.285,7	14.974,5	21.725	31.409	45.259	93.051	188.88	267.86	378.72	750.38	1,469.8	5,455.9	19,427	66,521	※
50	1.644,6	2.691,6	4.383,9	7.106,7	11.467,6	18.420,2	29.457,0	46.902	74.358	117.39	289.00	700.23	1,083.7	1,670.7	3,927.4	9,100.4	46,890	※	※	※
60	1.816,7	3.281,0	5.891,6	10.519,6	18.679,6	32.987,7	57.946,4	101.26	176.03	304.48	897.60	2,595.9	4,384.0	7,370.2	20,555	56,348	※	※	※	※

註：※ >99,999

國家圖書館出版品預行編目(CIP)資料

財務管理 / 陶水俠, 王青亞 主編. -- 第一版.
-- 臺北市 : 財經錢線文化出版 : 崧博發行, 2018.12
　面 ;　公分

ISBN 978-957-680-305-5(平裝)

1.財務管理

494.7　　　　107019309

書　名：財務管理
作　者：陶水俠、王青亞 主編
發行人：黃振庭
出版者：財經錢線文化事業有限公司
發行者：崧博出版事業有限公司
E-mail：sonbookservice@gmail.com
粉絲頁　　　　　網　址：
地　址：台北市中正區延平南路六十一號五樓一室
8F.-815, No.61, Sec. 1, Chongqing S. Rd., Zhongzheng Dist., Taipei City 100, Taiwan (R.O.C.)
電　話：(02)2370-3310　傳　真：(02) 2370-3210
總經銷：紅螞蟻圖書有限公司
地　址：台北市內湖區舊宗路二段 121 巷 19 號
電　話：02-2795-3656　傳真：02-2795-4100　網址：
印　刷：京峯彩色印刷有限公司（京峰數位）

　　本書版權為西南財經大學出版社所有授權崧博出版事業有限公司獨家發行電子書及繁體書繁體版。若有其他相關權利及授權需求請與本公司聯繫。

定價：550元

發行日期：2018 年 12 月第一版

◎ 本書以POD印製發行